MySQL 数据库应用教程
（第 2 版）

主　　编　董国钢　杨　彦　朱　华

副主编　马　涛　陈建雄　黄　金

参　　编　汪怀杰　吴晓凌　吴天乙

　　　　　刘　丹　周秀云　王　欣

　　　　　董乐强　施　建　李　宽

主　　审　丰洪才　周　方

U0246491

合肥工业大学出版社

内 容 简 介

本书以应用为导向、以服务学生(或社会学习者)自主学习为出发点,结合"互联网＋"和一线教师课程教学改革的实践编写而成。全书理论部分由预备篇、MySQL 操作篇、MySQL 编程篇合计 17 章的内容组成;而书中的实训篇,则围绕理论部分中的一些重要的技能点,按照由浅入深、循序渐进的原则精心设计了十六个上机实验任务,并根据这些任务为学生提供"纸上谈兵、沙盘推演"乃至"实操"的记录用纸,同时老师以视频形式给出指导。

本书可供普通高等学校计算机类相关专业本(专)科学生使用,也可供 IT 行业相关人员学习参考。

图书在版编目(CIP)数据

MySQL 数据库应用教程/董国钢,杨彦,朱华主编 . —2 版 . —合肥:合肥工业大学出版社,2023.12
ISBN 978 - 7 - 5650 - 6391 - 6

Ⅰ.M… Ⅱ.①董… ②杨… ③朱… Ⅲ.①SQL 语言—数据库管理系统—教材
Ⅳ.①TP311.132.3

中国国家版本馆 CIP 数据核字(2023)第 232448 号

MySQL 数据库应用教程
(第 2 版)

董国钢　杨　彦　朱　华　主编　　　　　　责任编辑　马成勋

出　版	合肥工业大学出版社		版　次	2019 年 1 月第 1 版	
地　址	合肥市屯溪路 193 号			2023 年 12 月第 2 版	
邮　编	230009		印　次	2023 年 12 月第 3 次印刷	
电　话	理工图书出版中心:15555129192		开　本	787 毫米×1092 毫米　1/16	
	营销与储运管理中心:0551 - 62903198		印　张	18.25　字　数　445 千字	
网　址	press.hfut.edu.cn		印　刷	安徽昶颉包装印务有限责任公司	
E-mail	hfutpress@163.com		发　行	全国新华书店	

ISBN 978 - 7 - 5650 - 6391 - 6　　　　　　　　　　　　　定价：52.00 元

如果有影响阅读的印装质量问题,请与出版社营销与储运管理中心联系调换。

前　言

随着计算机技术与 Internet 的飞速发展,"大数据""云计算"已成为当今最热门的技术,"互联网＋"也成为各行各业转型升级的利器,而数据库则是"互联网＋""大数据""云计算"这些热门技术的基础。了解和掌握一定的数据库知识与技术是计算机类各专业本(专)科学生及 IT 从业者最基本的要求。

MySQL 数据库是当前广受欢迎的一种数据库,它功能齐全、性能强悍、支持跨平台与多用户,而且还免费、开源,在中小型企事业单位网站的建设及信息系统的开发中应用广泛。

本书(《MySQL 数据库应用教程》第 2 版)针对高校计算机类专业学生及社会上的 IT 从业者编写,为他们提供数据库应用的一些基础知识与技能训练知识。本书以服务学生(或其他学习者)学习为出发点、以应用能力的培养为核心,结合《MySQL 数据库应用教程》第 1 版出版以来笔者基于它收获的课程建设成果(2020 年笔者主讲的"MySQL 数据库应用"获批为武汉生物工程学院一流本科建设课程)进行了两个创新:一是创新了知识体系结构,将 MySQL 知识与应用分成数据库基础知识与数据库设计篇、MySQL 操作篇、MySQL 编程篇、实训篇等四篇,在数据库基础知识与数据库设计篇中主要介绍数据库的基础知识与MySQL 软件的安装使用以及数据库的设计相关内容(其中数据库的设计是相对第 1 版新增加的内容);在 MySQL 操作篇中主要介绍 MySQL 中数据库、数据表(含表中记录)、视图、索引等数据库对象的有关操作(包括添加、删除、修改、查询等)及存储引擎、数据类型的相关知识;在 MySQL 编程篇中主要介绍 MySQL 程序设计的相关知识,包括运算符(表达式)、常量与变量、内部函数、存储函数、存储过程、程序结构控制、触发器、事务等;在实训篇中围绕前面三个部分的内容由浅入深、循序渐进地精心设计了十六个上机实验任务。二是创新了实训及其指导方式,在上机实验中,我们强调学生对每一次上机任务的"纸上谈兵、沙盘推演"与"实操记录"。因此在给出实验任务外,我们并不直接给出关于完成当次任务的相关指导,而是以二维码的形式把老师的上机指导以视频方式在书中给出来,要求学生先期进行"纸上谈兵、沙盘推演"、甚至"实操练习",只有经过自己独立思考与实操练习后确实有不能完成的,才让他们通过扫描二维码去观看老师的上机指导视频并在视频指导下最终完成当次上机任务。

此外,在本书中,笔者还结合自己主持的武汉生物工程学院 2020 年校级课程思政教学改革项目(项目编号:2020KCSZ10)"基于三全育人的 IT 类课程教学改革研究"及 2022 年校级教学改革项目(项目编号:2022J23)"线上线下混合式教学中学生输出式学习能力的培养与运用"、2022 年校级科研项目(项目编号:2022SKY22)"'五育并举'背景下有声学习的意义与作用研究——以在高校 IT 类课程教学中的应用为例"的研究与实践融入了一些课程思政与素质教育的元素,鼓励学生在课下进行自主学习,尤其是高阶的"输出式学习"——"有声学习",并在书中(主要是在各个实验任务书中)以二维码的形式分享了部分优秀的"有声学习"视频,希望以此来引导、培养学生的自主学习与合作学习能力。这里的"有声学习"是指基于古训"书读百遍、其义自现",学习者在进行自主学习时不是只停留在看书、看老师提供的 PPT 与 MOOC 视频等这些入耳、入眼的"输入式学习",而是能够围绕某个主题内容的学习准备合适形式的脚本,并按照脚本去把这些内容用自己的话讲出来的一种自主学习方式,它是"输出式学习"中的一种("输出式学习"还包括其他一些需要动手来进行的学习,如撰写学习笔记或学习心得、绘制思维导图等)。在"输出式学习中"编著者鼓励把自己进行"有声学习"的过程录制成视频在同学间进行分享,这对学习者本人的自主学习能力以及同学间合作学习能力的提高都是有好处的。对"有声学习"感兴趣的同学可以关注"有声学习与互学分享"微信公众号来获取关于"有声学习与互学分享"的方法、示例作品,并可以将你的有声学习视频投稿至该微信公众号与其他学习者进行交流。

本书全部内容及学时安排建议如下表:

理论章节	理论学时	上机实训	上机学时
第一章 数据库基础知识与 MySQL 软件的安装、使用	2	实验一:MySQL 的安装、配置及用户连接(登入)MySQL 服务器的方法	2
第二章 数据库设计(步骤与范式)	2		
第三章 MySQL 数据库及其相关操作(建库、查看库、修改库、删除库等)	1	实验二:MySQL 数据库的创建等操作及存储引擎的设置与查看	2
第四章 MySQL 的存储引擎与数据类型	2		

（续表）

理论章节	理论学时	上机实训	上机学时
第五章　MySQL 数据表的有关操作（创建表、删除表、查看表结构、修改表等）	3	实验三：MySQL 数据表的创建与显示	2
第六章　MySQL 表数据的有关操作（数据记录的添加、修改、删除等）	2	实验四：MySQL 数据表的修改、删除与表中记录的有关操作	2
第七章　MySQL 的数据备份、恢复与导入、导出	自学	实验五：MySQL 的单表查询	2
第八章　MySQL 的单表查询	2		
第九章　MySQL 的多表查询	2	实验六：MySQL 的多表连接查询	2
第十章　MySQL 的嵌套查询	2	实验七：MySQL 的合并查询与嵌套查询	2
第十一章　MySQL 的视图	1	实验八：MySQL 的视图操作	2
第十二章　MySQL 的索引	1	实验九：MySQL 的索引操作	2
第十三章　MySQL 的变量、数据运算与内部函数	3	实验十：MySQL 的运算符与正则查询	2
第十四章　MySQL 的存储函数、存储过程与流程控制语句	5	实验十一：存储函数与内部函数（上：存储函数）	2
		实验十二：存储函数与内部函数（下：内部函数）	2
		实验十三：条件判断函数与流程控制语句	2
		实验十四：存储过程	2
第十五章　MySQL 的触发器	1	实验十五：触发器与事务	2
第十六章　MySQL 事务与事务操作	1		
第十七章　MySQL 的用户与权限管理	2	实验十六：MySQL 的用户与权限管理	2
注：上机开课比理论开课迟一个星期。			

　　本书（第 2 版）在编写过程中得到了武汉生物工程学院计算机科学与技术学院及软件工程学院诸多同仁的大力支持和帮助，是武汉生物工程学院 2020 年立项的一流本科课程"MySQL 数据库应用"建设成果，也是武汉生物工程学院 2020 年立项的校级课程思政教学改革项目（编号：2020KCSZ10）、2022 年立项的

校教改项目(编号:2022J23)、2022 年立项的校科研项目(编号:2022SKY22)的研究成果之一。全书由武汉生物工程学院董国钢、杨彦、朱华等老师担任主编,湖北孝感美珈职业学院马涛、武汉生物工程学院陈建雄、黄金等老师担任副主编,武汉生物工程学院汪怀杰、吴晓凌、吴天乙、周秀云、王欣、董乐强、施建、李宽及武汉文理学院刘丹等参加了部分编写,武汉生物工程学院计算机科学与技术学院院长丰洪才教授、武汉铁路职业技术学院周方教授对全书进行了审阅,黎同根、董国习、王静等参与了书稿的部分校对工作,以严泽宇为代表的一批"互学分享讲师"参与录制并提供了书中部分内容的"有声学习视频",湖北商贸学院罗涛涛、武汉船舶职业技术学院王晶晶、湖北科技职业学院陈小艳等兄弟院校老师及武汉软帝信息科技有限责任公司董事长李杰参与了本书第 1 版的部分工作,在此表示衷心的感谢。

由于时间仓促和作者水平有限,书中难免有错误和不足之处,恳请广大读者指正。作者联系方式:E－mail:strongrain@163.com,QQ:307692158。

董国钢

2023 年 2 月

于武汉生物工程学院

目　　录

中　篇　MySQL 编程篇

下　篇　MySQL 实训篇

预备篇

数据库基础知识与数据库设计篇

第1章 数据库基础知识与 MySQL 软件的安装、使用

1.1 数据管理及数据库技术的发展

1.1.1 "数据"概念及数据管理技术的发展

当前,互联网的发展已经历了个人计算机时代和移动互联网时代,而且在很短的时间里跨越移动互联网,向着物联网、人工智能的方向进发,一个以"大数据、云计算"为支撑的物联网、人工智能时代即将开启。

这里的"大数据"是相对传统的"数据"来说,规模很大(可以说是海量的数据),是在获取、管理、分析等方面都远远超出传统数据管理技术能力范围的数据,除了海量的数据规模外,"大数据"还具有快速的数据流转、多样的数据类型和价值密度低等典型特征。

下面在介绍"数据"概念的基础上,先来看一下数据管理技术的发展过程。

所谓"数据",是指描述客观世界中实体对象的某个属性、状态、特征或数量而使用的一串由数字、字符或符号组成的序列,也可直接使用图形、图像或声音来表示数据。

人们在利用计算机进行数据管理的过程中先后经历了三个发展阶段:

一是人工管理阶段,这一阶段是在 20 世纪 50 年代中期以前,当时计算机主要用于科学计算,这一阶段的主要特征是:

(1)不能长期保存数据。在 20 世纪 50 年代中期之前,计算机一般在关于信息的研究机构里才能拥有,当时由于存储设备(纸带、磁带)的容量有限,都是在做实验的时候暂存实验数据,做完实验就把数据结果打印在纸带上或者存储在磁带上,一般不需要将数据长期保存。

(2)数据并不是由专门的应用软件来管理,而是由使用数据的应用程序来管理。作为程序员,在编写软件时既要设计程序的逻辑结构,又要设计数据物理的结构以及数据的存取方式。

(3)数据不能共享。在人工管理阶段,可以说数据是面向应用程序的,由于每一个应用程序都是独立的,一组数据只能对应一个程序,即使要使用的数据已经在其他程序中存在,但是程序间的数据是不能共享的,因此程序与程序之间有大量的数据冗余。

(4)数据不具有独立性。应用程序只要发生改变,数据的逻辑结构或物理结构就相应的发生变化,因而程序员要修改程序就必须都要做出相应的修改,给程序员的工作带来了很多负担。

二是文件管理阶段,这一阶段是在 20 世纪 50 年代后期到 60 年代中期,这时的计算机开始应用于数据管理方面。文件管理阶段数据就是以文件的形式来存储,由操作系统统一

管理。文件管理阶段也是数据库发展的萌芽与初级阶段,使用文件系统来存储、管理数据具有以下 4 个特点:

(1)数据可以长期保存。有了大容量的磁盘作为存储设备,计算机开始被用来处理大量的数据并存储数据。

(2)有简单的数据管理功能。文件的逻辑结构与物理结构脱钩,程序与数据分离,使数据和程序有了一定的独立性,减少了程序员的工作量。

(3)数据共享能力差。由于每一个文件都是独立的,当需要用到相同的数据时,必须建立各自的文件,数据还是无法共享,也会造成大量的数据冗余。

(4)数据不具有独立性。在此阶段数据仍然不具有独立性,当数据的结构发生变化时,也必须修改应用程序,修改文件的结构定义;而应用程序的改变也将改变数据的结构。

三是数据库管理阶段,这一阶段是在 20 世纪 60 年代后期开始的,随着计算机应用范围越来越广,被管理的数据量急剧增长,与此同时多种应用、多种语言共享数据的要求也越来越强烈。在此背景下数据库技术便应运而生,出现了统一管理数据的专门软件系统——数据库管理系统。

用数据库管理系统来管理数据比文件系统具有更为明显的优点,从文件系统到数据库管理系统的跨越,标志着数据管理技术的一个飞跃。在接下来的 1.1.2 节和 1.1.3 节中将依次介绍数据库的相关概念和数据库技术的发展。

1.1.2　数据库相关概念

与数据库相关的概念主要有以下几个。

数据库(Database,DB):简单地说,就是"数据"的仓库。但应该注意的是,在数据库中,"数据"的存放并不是随意的、杂乱无章的,而是按一定结构组织起来的,以便于对它们的存取操作和其他的管理与应用。

数据表(Table):在数据库中,按一定结构组织起来的数据。通常(即在一般的关系数据库中),一个数据库由若干个数据表构成,而每一个数据表中保存的是同一类对象的多个不同的属性数据。其中每一个对象的全部属性数据在表中的一行上,不同对象的属性数据位于不同的表格行上,而不同的属性则位于表中不同的列上,表中相同的列描述的是相同的属性。

记录(Record):数据表中的"行"称之为记录,每一行是一个记录,描述了一个对象的多个不同属性数据。

字段(Field):数据表中的"列"称之为字段,每一列是一个字段,具体描述对象的某一个属性。

下面表 1-1 是入学新生表的示例,其中表头的"姓名""学号""入学年份""入学成绩""所在班级"为被描述的学生对象的各个字段的字段名,字段名所在的一列为各个对象的该字段的字段值,表头下各行为被描述的学生对象的各个字段的字段值。

数据库管理系统(Database Management System,DBMS):是指用于管理数据库,以帮助用户高效完成创建数据库、访问数据库(对库中表数据的存取、读写等)及维护数据库等操作的软件。

表 1-1　入学新生表

姓名	学号	入学年份	入学成绩	所在班级
张三	1506010101	2015	386	计应 1 班
李四	1506010102	2015	412	计应 1 班
王五	1506010103	2015	450	计应 1 班
赵六	1506010104	2015	390	计应 1 班

数据库应用程序(Database Application):是为了更好地创建或利用数据库,实现一些专业的、特殊的或复杂的数据处理功能,采用各种数据库编程语言编写的一些应用软件。

数据库系统(Database System,DBS):是由数据库、数据库管理系统、数据库应用程序构成的一个可供用户有效地实现数据管理的一个系统。

在数据库系统中,数据库是核心和基础,用户直接或通过数据库应用程序对数据库的各种或简单或复杂的操作,都是在数据库管理系统的管理之下进行的。数据库系统构成如图1-1来所示。

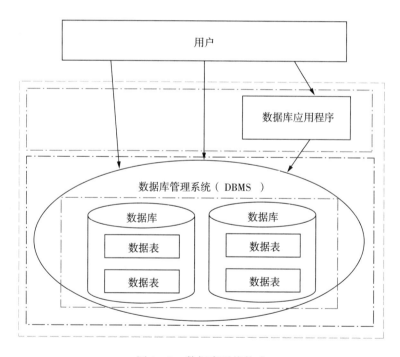

图 1-1　数据库系统构成

1.1.3　数据库技术的发展

在数据管理技术应用到数据库管理阶段后,先后出现过多种数据库技术。根据这些数据库技术对数据进行组织、存储和管理时采用的"数据模型"的不同,在早期主要的数据库有:层次数据库、网状数据库和关系数据库。进入 20 世纪 90 年代后,又出现了一种新兴的数据模型,它采用面向对象的方法来设计数据库,这种数据库是面向对象的数据库。

这里所说的"数据模型"是以某种结构化的数据对现实世界中客观事物及其相互关系的抽象、表示与模拟。通常,数据模型应满足三个方面的要求:能比较真实地模拟现实世界、容易为人所理解、便于在计算机上实现。下面分别介绍层次数据库、网状数据库、关系数据库和面向对象数据库。

1. 层次数据库

最早出现的是层次数据库,这种数据库基于层次模型、按层次结构来组织数据,形成一种类似树的"根—枝—叶"构成的结构。采用层次模型的数据库的典型代表是 1969 年 IBM 公司研制的 IMS(Information Management System)数据库管理系统,该数据库管理系统已经发展到 IMSV6。

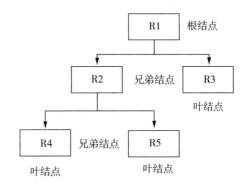

图 1-2 层次数据库的数据模型

层次结构模型具有以下特点:有且只有一个结点无双亲节点,其他结点有且仅有一个双亲节点。该特点使得所有基于层次模型的数据库管理系统局限于只能处理 $1:n$ 的实体关系,但是现实世界的关系是复杂的,该特点就大大的约束了层次数据库的发展。

层次数据库的数据模型如图 1-2 所示。

2. 网状数据库

为克服层次模型数据库的缺点,众多的研究者在之后新提出了一种新的数据模型——网状结构模型,并在它的基础上设计、开发了网状数据库及其相关技术。世界上第一个网状数据库管理系统是美国通用电气公司 Bachman 等人在 1964 年开发的 IDS(Integrated DataStore)。1971 年,美国 CODASYL(Conference On Data Systems Languages,数据系统委员会)中的 DBTG(DataBase TaskGroup,数据库任务组)提出了一个著名的 DBTG 报告,对网状数据模型和语言进行了定义,并在 1978 年和 1981 年又做了修改和补充。因此网状数据模型又称为 CODASYL 模型或 DBTG 模型。在 20 世纪 70 年代,曾经出现过大量的网状数据库的 DBMS 产品。比较著名的有 Cullinet 软件公司的 IDMS,Honeywell 公司的 IDSII,Univac 公司(后来并入 Unisys 公司)的 DMS1100,HP 公司的 IMAGE 等。

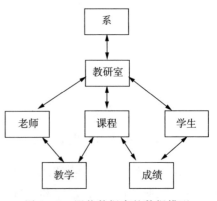

图 1-3 网状数据库的数据模型

网状结构模型的特点:允许存在一个以上的结点没有双亲节点;至少存在一个结点拥有多于一个的双亲节点。网状结构使得采取该结构的数据库管理系统能够处理 $m:n$ 的实体联系,就意味着它能解决实体之间的各种复杂联系。

网状数据库的数据模型如图 1-3 所示。

3. 关系数据库

在早期的三种数据库模型中，影响最为深远、应用最为广泛的是关系模型。关系模型的基本理论是关系数学，它在表达数据之间关系时只需要一张二维表（见表 1-1）。非常直观、明了，并且数据逻辑性强，是目前数据库应用的主流，许多数据库（管理系统）的数据模型都是基于关系数据模型开发的。

关系数据库的雏形起源于 20 世纪 60 年代初期，在此之后，许多数据库方面的专家学者对这种数据库进行了深入的研究，其中以 IBM 公司的研究员埃德加·弗兰克·科德（E. F. Codd）贡献最为卓越。他经过深入的分析研究，自 1970 年开始连续发表多篇文章用以证明关系模型，为关系数据库的发展奠定了理论基础，其中在 1976 年发表的《R 关系：数据库关系理论》更被数据库界视为一篇里程碑式的论文，在这篇论文中他提出了关系规范化的理论，并第一个提出数据库的操作语言可以用关系代数和关系演算来完成。基于关系模型的最早、最有名的数据库管理系统有美国加州大学伯克莱分校研制的 INGERS、IBM 公司开发的 System R；之后，Informix 公司、Oracle 公司和 Sysbase 公司等，都试图借助关系数据库技术在数据库管理商场上分一杯羹。

随着计算机技术由单机逐渐向着网络的发展，关系数据库也有两类：一类是桌面数据库，例如 Access、FoxPro 和 dBase 等；另一类是客户/服务器数据库，例如 SQL Server、Oracle 和 Sybase 等。一般而言，桌面数据库用于小型的、单机的应用程序，它不需要网络和服务器，实现起来比较方便，但它只提供数据的存取功能。客户/服务器数据库主要适用于大型的、多用户的数据库管理系统，应用程序包括两部分：一部分驻留在客户机上，用于向用户显示信息及实现与用户的交互；另一部分驻留在服务器中，主要用来实现对数据库的操作和对数据的计算处理。

在 1.1.2 小节中，我们曾以关系数据库为例学习了关系数据库中数据表、记录、字段等相关概念，为更深入地理解关系数据库，我们应把握以下两个方面的内容：

（1）关系数据库中描述实体及实体之间联系的二维表是一个关系，在一个应用域内，所有关系的集合构成一个关系数据库。

（2）对关系数据库中的关系（二维表）可基于关系代数进行一些关系操作（运算）。对关系实施的各种操作，包括选择、投影、连接、并、交、差、增、删、改等，这些关系操作的特点是集合操作，即操作数据及其结果是一个集合型数据。

4. 面向对象数据库

面向对象的程序设计方法是目前程序设计中主要的方法之一，它简单、直观、自然，十分接近人类分析和处理问题的自然思维方式，同时又能有效地组织和管理不同类型的数据。把面向对象程序设计方法和数据库技术相结合能够有效地支持新一代数据库应用。

20 世纪 90 年代后，在关系型数据库基础上，人们开始引入面向对象技术，并将其逐渐发展成为一种新型的数据库，即面向对象数据库。面向对象的数据库系统的研究与应用吸引了相当多的数据库工作者，人们在这方面取得了大量的研究成果，也开发了很多面向对象数据库管理系统（OODBMS），面向对象的数据库应用也日益广泛。

作为数据库管理中最新的方法，面向对象数据库管理系统（OODBMS）从早期的工程和设计领域的应用，逐渐发展成为受到金融、电信等许多行业的数据管理和万维网应用欢迎的系统。尤其是在多媒体应用以及很难在一般关系 DBMS 里模拟和处理的关系中,使用面向对象数据库具有更大的优势和不可替代的作用。

在面向对象数据库中,存储对象是以对象为单位,每个对象包含对象的属性和方法,具有类和继承等特点。如 Computer Associates 的 Jasmine 是面向对象模型的数据库系统。

1.1.4 SQL 语言

SQL 语言是结构化查询语言(Structured Query Language)的简称,它是一种"关系型"的数据库语言,主要用于管理数据库中的数据,如存取数据、查询数据、更新数据等,它虽然也有一些编程用的语句,但并不是功能完善的程序设计语言。

SQL 语言最开始是由 IBM 在 20 世纪 70 年代开发的,被作为 IBM 关系数据库 System R 的原型关系语言,后来(1986 年)ANSI 对它进行了标准化,形成了 ANSI SQL。标准 SQL 语言主要由以下几个部分组成:

(1)数据定义语言(DDL)。其语句包括动词 CREATE 和 DROP,对应在数据库中创建新表或删除表(CREAT TABLE 或 DROP TABLE)、为表加入索引等操作。

(2)数据操作语言(DML)。其语句包括动词 INSERT,UPDATE 和 DELETE。它们分别用于添加,修改和删除表中的行,有时也称它们为动作查询语言。

(3)数据查询语言(DQL)。该类语句也称为"数据检索语句",其语句动词主要是 SELECT,表示从表中获得数据,并确定数据在应用程序或终端的输出形式。SELECT 是 DQL 中,也是所有 SQL 中用得最多的动词。

(4)数据控制语言(DCL):其语句通过 GRANT 或 REVOKE 获得许可,确定单个用户和用户组对数据库对象的访问权限。某些 RDBMS 可用 GRANT 或 REVOKE 控制对表中单个列的访问。

(5)事务处理语言(TPL):是一类可以确保被多个 DML 语句影响的若干表的所有行都能及时得以更新的可让这些 DML 语句要么都执行要么都不执行的"事务"处理类语句。TPL 语句包括 BEGIN TRANSACTION,COMMIT 和 ROLLBACK。它的语句能确保被 DML 语句影响的表的所有行及时得以更新并保证他们的数据安全。

实际中,各不同公司在推出自己的关系数据库管理系统时都在标准 SQL 语言基础上进行了一些扩展,比如:Oracle 公司的 PL/SQL、SQL Server 的 T - SQL 等,它们相对标准 SQL 功能更加强大。

1.2 MySQL 简介

1.2.1 MySQL 的起源与发展

MySQL 是一种广受欢迎的开源关系型数据库管理系统,它最早由瑞典的 MySQL AB 公司于 20 世纪 90 年代开发成功,并以创始人之一 Michael Widenius 的女儿名字 My 命名。之后的 2008 年 1 月和 2009 年 4 月,MySQL 先后被 SUN 公司和 Oracle 公司收购,成为

Oracle 公司的一款极受欢迎的产品。

自诞生至今,MySQL 先后有 5.1、5.5、5.6 等多个典型版本,其中 5.1 是 SUN 公司收购后发布的首个版本,5.5 是 Oracle 公司收购后发布的首个版本,目前最新版本是 MySQL 8.0.32,用得最多的版本是 5.6.5。

1.2.2 MySQL 的体系结构

MySQL 是一种基于客户机/服务器(Client/Server,C/S)的关系型数据库管理系统。它由服务器端软件和客户端软件两大部分组成。工作时,需要先利用服务器端软件安装、配置好一个 MySQL 服务器,接着(用户)应通过客户端软件使用正确的用户名、密码登录连接到 MySQL 服务器,登录连接到 MySQL 服务器后用户才可以进行诸如数据库的创建等操作。

一个 MySQL 服务器可以同时为多个用户提供服务,但通常允许同时服务的用户数是有限制的,这可能是两个方面的原因:一是硬件限制,二是人为设定。当超出限制时将不能再连接上服务器、享受服务器提供的服务。

在网络环境下运行的软件,还常使用另一种体系结构:B/S 结构,即 Browser/Server 结构,这种结构只需要在服务器端安装相关软件、搭建好服务器,在客户端不需安装专门的软件,只需使用普通的浏览器即可访问服务器,这种软件体系结构是 B/S 结构。常见的 WEB 应用即是这种结构。

1.2.3 MySQL 的优势

根据数据库知识网站 DB-engines 发布的数据库流行度排行榜,MySQL 在其问世后较短的时间内即开始长期占据数据库流行度排行表中第二名的位置,该表最新数据是在 2023 年 2 月份发布的,其中前十名如图 1-4 所示。

410 systems in ranking, February 2023

Rank			DBMS	Database Model	Score		
Feb 2023	Jan 2023	Feb 2022			Feb 2023	Jan 2023	Feb 2022
1.	1.	1.	Oracle ➕	Relational, Multi-model 🛈	1247.52	+2.35	-9.31
2.	2.	2.	MySQL ➕	Relational, Multi-model 🛈	1195.45	-16.51	-19.23
3.	3.	3.	Microsoft SQL Server ➕	Relational, Multi-model 🛈	929.09	+9.70	-19.96
4.	4.	4.	PostgreSQL ➕	Relational, Multi-model 🛈	616.50	+1.65	+7.12
5.	5.	5.	MongoDB ➕	Document, Multi-model 🛈	452.77	-2.42	-35.88
6.	6.	6.	Redis ➕	Key-value, Multi-model 🛈	173.83	-3.72	-1.96
7.	7.	7.	IBM Db2	Relational, Multi-model 🛈	142.97	-0.60	-19.91
8.	8.	8.	Elasticsearch	Search engine, Multi-model 🛈	138.60	-2.56	-23.70
9.	⬆10.	⬆10.	SQLite ➕	Relational	132.67	+1.17	+4.30
10.	⬇9.	⬇9.	Microsoft Access	Relational	131.03	-2.33	-0.23

图 1-4 数据库流行度排行榜前十名

可以看出,在数据库流行度排行表的前 10 名中,第一名至第四名都是关系型数据库,分别是 Oracle、MySQL、Microsoft SQL Server、PostgreSQL。MySQL 之所以能够在该表中多年占据第二名的位置,是因为它有如下一些优势。

(1)体积小、易安装

MySQL 软件体积小,不占用太多内存空间,运行速度快,并且安装极为简单,有些版本在安装包中还有配置向导允许安装结束时通过运行配置向导来配置 MySQL 服务器,甚至在网上还有一些免安装的版本可供我们下载使用。

(2)功能齐全、性能极佳

MySQL 相对标准 SQL 也进行了功能扩展,能满足绝大多数(尤其是中小型企业)数据库的应用需要,且它具有极佳的性能表现,正像其 Logo 标志"海豚"一样,MySQL 在速度、动力、精确等方面性能卓越。它在早期的开发及之后的改进中始终坚持性能优先,不刻意追求完美与符合标准,是一种实用中性能表现极佳的数据库。

(3)支持跨平台、多用户

MySQL 支持 Windows、Linux、Unix、Mac 等多种操作系统,在一个操作系统下实现的数据库可轻松部署到别的操作系统环境下;MySQL 也支持多用户操作,允许不同的用户在数据库上的操作并可以给不同的用户分配不同的权限。

(4)开源、免费

MySQL 是一种开源、免费的数据库软件,其源代码完全公开且是免费的。这一方面使它能够吸引更多的数据库用户;另一方面也让一些数据库研究、开发方面的爱好者能够在其基础上进行一些修改、以不断改进、提高软件的性能。

1.3 MySQL 的安装与使用

MySQL 由服务器端软件和客户端软件两大部分组成。使用前需先安装服务器端软件、客户端软件,然后通过客户端软件登录连接到 MySQL 服务器才能进行数据库的相关操作。

MySQL 软件针对 Windows、UNIX、Linux 和 Mac OS 等不同操作系统有不同的版本(如 Windows 版、UNIX 版),在每一种操作系统上运行的 MySQL 软件根据发布的先后顺序,也有不同的版本(通常以数字形式的"主版本号.次版本号"来表示,如 5.6),针对一种操作系统的某一版本(如 5.6),市场上又可能存在着以下几种不同的版本:GA(General Availability),是官方推崇广泛使用的版本;RC(Release Candidate),是候选版本,该版本是最接近正式版的版本;Alpha 和 Bean 版本,均为测试中版本,其中 Alpha 是指内测版本,Bean 是指公测版本。

下面以 Windows 环境下的 MySQL 5.6 为例来介绍 MySQL 的安装与使用。

1.3.1 MySQL Server 5.6 的安装与 MySQL 服务器的配置

1. MySQL Server 软件的下载

在 Windows 环境下,有两种图形化的安装包可用来安装 MySQL Server:一种是包含了 MySQL Server(服务器)、MySQL Workbench(GUI 客户端)和其他一些组件的全套 MySQL;另一种是只包含 MySQL Server 组件的。它们的下载可在官网:http://dev.mysql.com/downloads/mysql/中选择下载(此处可下载 MySQL 的多种版本),也可通过百度在其他一些软件下载站点下载,如百度软件中心:http://rj.baidu.com/soft/detail/12585.html?ald 中可下载版本 MySQL Server 5.7。

2. MySQL Server 的安装

MySQL Server 图形化安装包有一个完整的安装向导，根据安装向导可以很方便地安装 MySQL 数据库。

不同版本的图形安装包在安装时步骤大致相同，有的安装包还允许在安装完后启动配置向导引导我们完成 MySQL 服务器的配置。

下面以 5.6.5 版（该版本允许在安装完后启动配置向导引导我们完成 MySQL 服务器的配置）为主图解介绍如下。

应注意的是：在安装 MySQL Server 前通常应先安装 Microsoft. NET Framework 4.0 或其以上版本。

（1）完成下载后，双击下载得到的安装包文件启动安装向导（如图 1-5 所示）。

图 1-5　启动安装向导

（2）在欢迎向导对话框中点击"Next"，进入下一步（如图 1-6 所示）。

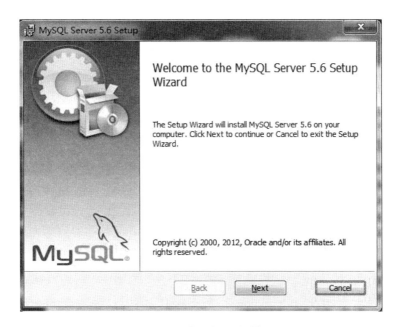

图 1-6　欢迎向导对话框

（3）勾选"I accept the items in the License Agreement"接受软件使用协议后点击"Next"，进入下一步（如图 1-7 所示）。

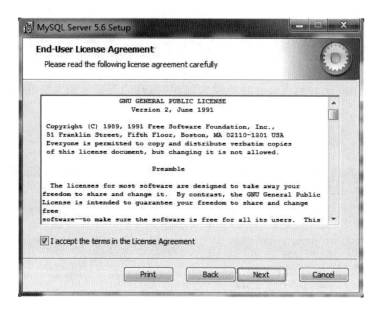

图 1-7　接受软件使用协议

(4)选择一种安装类型(Typical、Custom、Complete)后点击"Next",进入下一步(如图 1-8所示)。

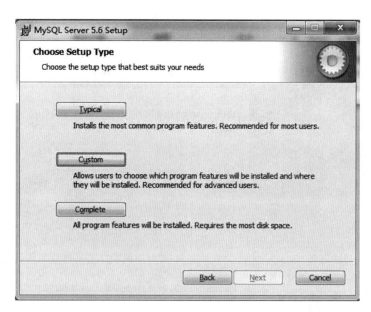

图 1-8　选择一种安装类型

在此处,可选择的安装类型 Typical 表示典型安装,只安装常用的 MySQL 组件; Custom 表示定制安装,可由用户选择要安装的 MySQL 组件,选择此项后将进入"Custom Setup"安装对话框;Complete 表示完全安装,表示安装所有 MySQL 组件。

(5)若上一步中选择安装类型为 Custom,将出现"Custom Setup"安装对话框,在此对话框中选择要安装的组件及拟安装到的路径后点击"Next"可进入下一步。

在此处,可选择的安装组件包括 MySQL Server(MySQL 服务器)、Development Component(C/C++头文件及库)、Server Data files(服务器数据文件)等,用户可根据所安装的机器用途来进行选择;拟安装到的路径默认为:"C:\Program Files\MySQL\MySQL Server 5.6\bin",可通过点击"Browse……"更改为另一路径(如图 1－9 所示)。

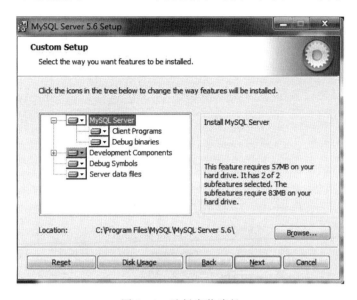

图 1－9　选择安装路径

(6)点击"Install"开始安装(如图 1－10 所示)。

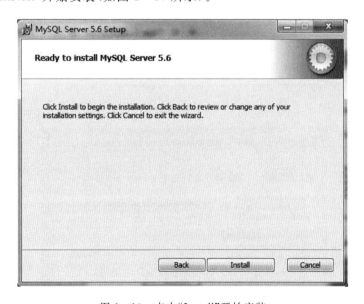

图 1－10　点击"Install"开始安装

(7)安装进度条到 100% 后(如图 1－11 所示)点击"Next"进入下一步
(8)进入"MySQL Enterprise"说明后点击"Next"(如图 1－12 所示)。
(9)进入"MySQL Enterprise Monitor Service"说明后点击"Next"(如图 1－13 所示)。

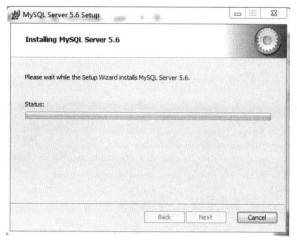

图 1-11　安装进度条到 100%

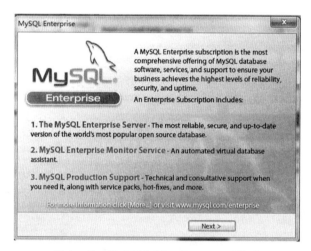

图 1-12　进入"MySQL Enterprise"说明

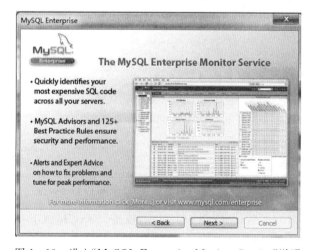

图 1-13　进入"MySQL Enterprise Monitor Service"说明

(10)进入"完成 MySQL Server 安装向导"后点击"Next"(如图 1 - 14 所示)。

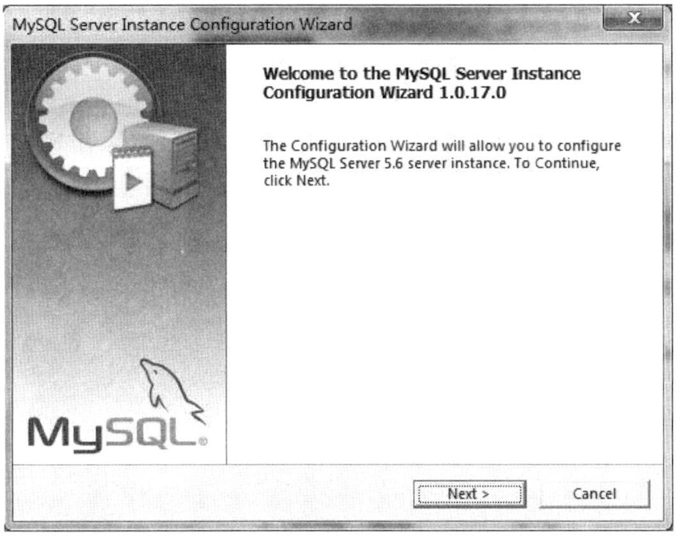

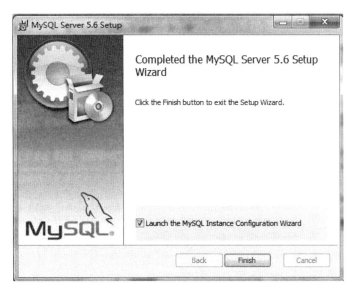

图 1 - 14 进入"完成 MySQL Server 安装向导"

(11)在"完成 MySQL Server 安装向导"对话框中勾选"Lauch the MySQL Instance Configration Wizard"后点击"Finish"完成安装并进入"MySQL Server 配置向导"(如图 1 - 15 所示)。

图 1 - 15 完成 MySQL Server 安装向导

若在此步中,不勾选"Lauch the MySQL Instance Configration Wizard"只点击"Finish"可完成安装但不进入"MySQL SERVER 配置向导",须另行进行 MySQL Server 的配置。

(12)选择配置方式(标准或详细配置)后点击"Next"进入下一步(如图 1 - 16 所示)。

(13)选择服务器类型后单击"Next"进入下一步(如图 1 - 17 所示)。

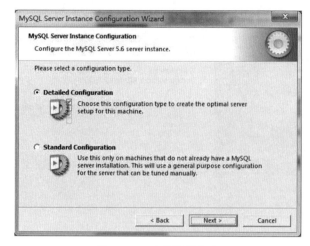

图 1-16　选择配置方式

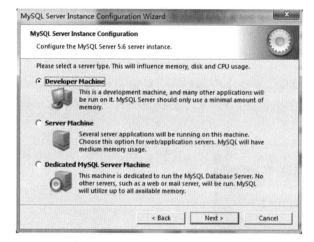

图 1-17　选择服务器类型

(14)选择数据库用途后单击"Next"进入下一步(如图 1-18 所示)。

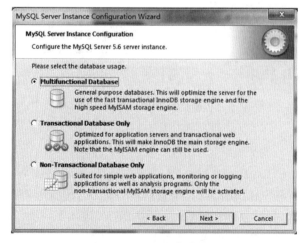

图 1-18　选择数据库用途

（15）选择 InnoDB 表空间所在驱动器、路径后单击"Next"进入下一步（如图 1-19 所示）。

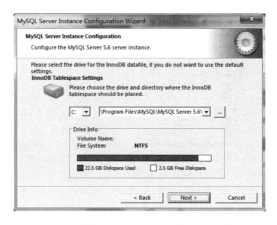

图 1-19　选择 InnoDB 表空间所在驱动器、路径

（16）设置合适的并发连接数并单击"Next"进入下一步（如图 1-20 所示）。

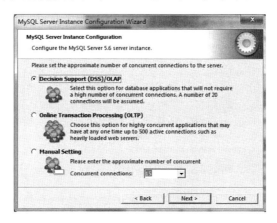

图 1-20　设置合适的并发连接数

（17）设置端口及 Enabee Strict Mode 后单击"Next"进入下一步（如图 1-21 所示）。

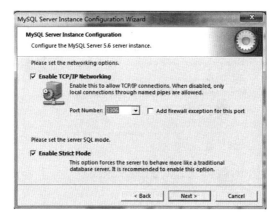

图 1-21　设置端口及 Enabee Strict Mode

(18)设置字符集单击"Next"进入下一步(如图 1-22 所示)。

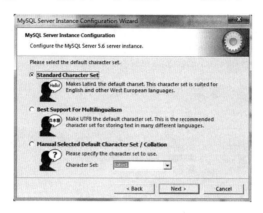

图 1-22 设置字符集

(19)设置服务名、配置 MySQL 命令文件所在路径后单击"Next"进入下一步(如图 1-23 所示)。

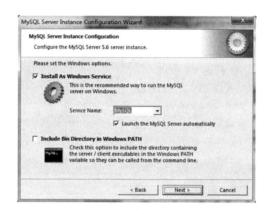

图 2-23 设置服务名、配置 MySQL 命令文件所在路径

(20)设置 New root 用户连接密码、创建匿名用户后单击"Next"进入下一步(如图 1-24 所示)。

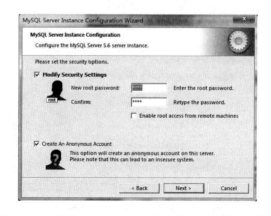

图 1-24 设置 New root 用户连接密码、创建匿名用户

(21)单击"Excute"开始配置过程(如图1-25所示)。

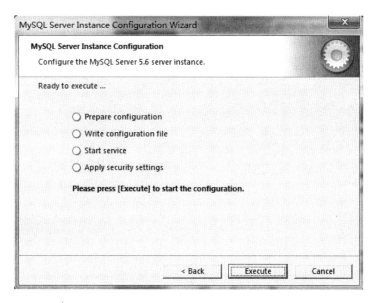

图1-25　开始配置

(22)单击"Finish"完成配置(如图1-26所示)。

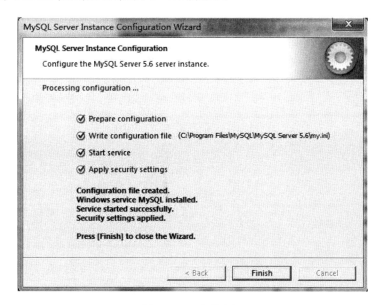

图1-26　完成配置

至此,MySQL 5.6.5版本安装及配置完成。安装完成后,在你的电脑上可看到:

(1)安装目录(默认为"C:\Program Files\MySQL\MySQL Server 5.6")下的文件和文件夹(如图1-27所示)。其中bin文件夹(如图1-28所示)下的mysql.exe是我们要特别注意学习的:bin文件夹为MySQL的命令文件所在文件夹,mysqld.exe是用来加载或卸载MySQL服务的,mysql.exe是用来登录连接MySQL服务器的。

图 1-27　安装目录下的文件和文件夹

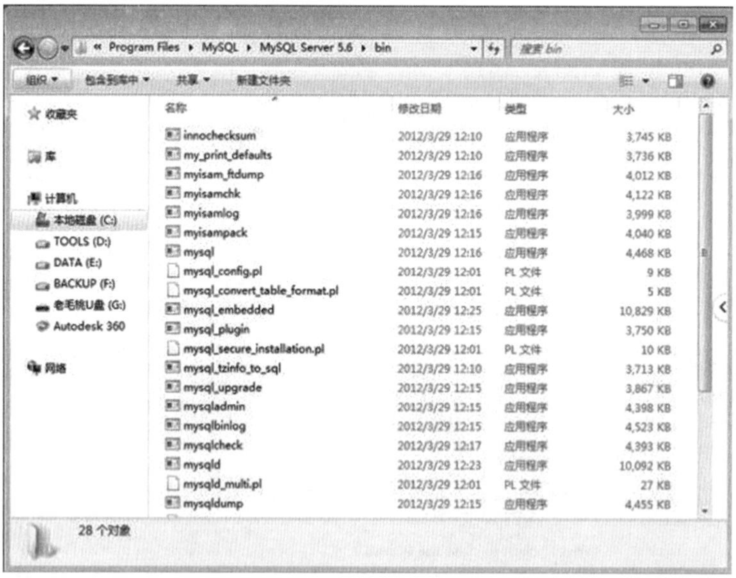

图 1-28　安装目录中 bin 文件夹下的 mysql.exe 和文件夹

　　安装目录下另外一个我们要注意搞清楚的是 my.ini 及其他一些 .ini 文件,它们分别是 MySQL 的标准配置文件和备用配置文件。其中标准配置文件 my.ini 为当前正起作用的配置文件,而备用配置文件是针对各种不同具体情况下可选择使用的配置文件,下面是几种备用配置文件具体适用的场合,需要时直接将拟选用的备用配置文件改名为 my.ini 即可。

my-huge.ini　超大型数据库使用;

my-innodb-heavy-4G.ini 存储引擎为 innoDB、内存不小于 4G 时使用;

my-large.ini　大型数据库使用;

my-medium.ini　中型数据库使用；

my-small.ini　小型数据库使用；

my-template.ini　配置文件模板。

对当前配置文件 my.ini 可使用普通的文本编辑器打开后进行修改，修改完成保存后应重新启动 MySQL 服务器。

（2）打开"控制面板/系统和安全/管理工具/服务"，可看到有 MySQL 服务存在，并且已启动（如图 1-29 所示）。

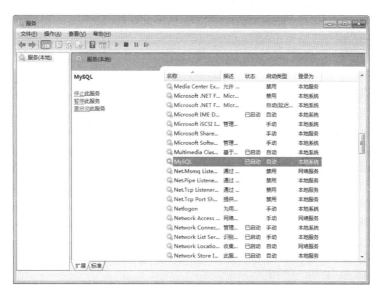

图 1-29　通过控制面板查看 MySQL 服务情况

（3）开始菜单中新增了 MySQL 文件夹，其下有两个命令行客户端工具：MySQL 5.6 command line client 及 MySQL 5.6 command line client-unicode。它们是 MySQL Server 自带的两个客户端工具（如图 1-30 所示）。

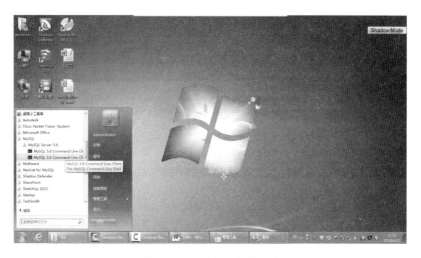

图 1-30　两个客户端工具

MySQL 5.6 command line client 启动后窗口如图 1 - 31 所示。

图 1 - 31 MySQL 5.6 command line client 启动后窗口

MySQL 5.6 command line client - unicode 启动后窗口如图 1 - 32 所示。

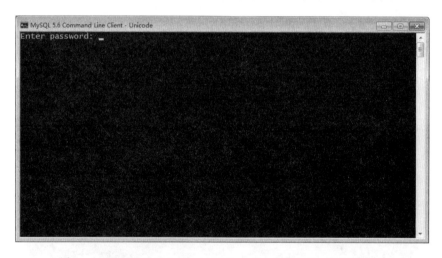

图 1 - 32 MySQL 5.6 command line client - unicode 启动后窗口

在 MySQL 5.6.5 版本安装及配置完成后,用户可以直接通过自带的客户端工具(在提示"Enter password:"后输入根用户的密码)或其他的一些方法(详见 1.3.2 小节相关内容)来连接已经启动的 MySQL 服务器。

3. MySQL 服务的人工加载、启动

有些版本,如 MySQL5.6.20 或一些免安装的版本(直接解压缩得到如图 1 - 33 所示的有关文件、文件夹)在安装后需要依次完成人工加载 MySQL 服务、启动 MySQL 服务才能供用户登录连接到 MySQL 服务器。

图 1 - 33　免安装版的 MySQL 中文件、文件夹组成

其步骤如下。

(1)进入 MS - DOS 命令提示符,如图 1 - 34 所示。

第一种方法:依次单击"开始/所有程序/附件/命令提示符"进入;

第二种方法:依次单击"开始/所有程序/附件/运行"后输入 cmd 回车进入。

第三种方法:单击"开始"在搜索框中输入"cmd"找到"cmd. exe"后单击进入;

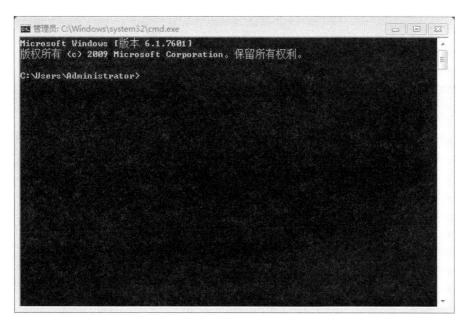

图 1 - 34　进入 MS - DOS 提示符

(2)进入 MySQL 命令文件所在路径或将 MySQL 命令文件所在目录添加到 Windows

系统的 Path 中。

进入 MySQL 命令文件所在路径的方法（如图 1 - 35 所示）：

在 MS - DOS 命令行输入"cd C:\Program Files\MySQL\MySQL Server 5.6\bin"后回车。

图 1 - 35　进入 MySQL 命令文件所在路径的方法

将 MySQL 命令文件所在目录添加到 Windows 系统的 Path 中的方法：

将 MySQL 命令文件所在目录添加到 Windows 系统的 Path 中，可以使以后调用 MySQL 命令文件时不用先进入到 MySQL 命令文件所在目录。

要配置 Path 路径（将 MySQL 命令文件所在目录添加到 Windows 系统的 Path 中）很简单，步骤如下。

① 右键单击"计算机"，选择"属性"命令（如图 1 - 36 所示），打开系统设置对话框（如图 1 - 37 所示）；

② 单击高级系统设置打开系统属性对话框（如图 1 - 38 所示），单击环境变量按钮，打开环境变量设置对话框（如图 1 - 39 所示）；

③ 在系统变量中选中 Path 变量，然后单击"编辑"按钮进入编辑环境变量的对话框（如图 1 - 40 所示）；

④ 在"变量值"中添加 MySQL 命令文件的目录，注意和已经存在的目录用分号隔开，完成后单击确定（如图 1 - 41 所示）。

图 1 - 36　选择"属性"命令

图 1 - 37　系统设置对话框

图 1-38　系统属性对话框

图 1-39　环境变量设置对话框

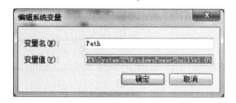

图 1-40　环境变量对话框

图 1-41　添加 MySQL 命令文件目录

（3）加载 MySQL 服务。

在 MS-DOS 命令行输入"mysqld-install MySQL"后回车；

（4）启动 MySQL 服务，有两种方法。

方法一：在 MS-DOS 命令行输入："net start MySQL"后回车；

方法二：打开"控制面板/系统和安全/管理工具/服务"，在其中找到 MySQL 服务后，单击左侧的"启动"或单击右键后选择"启动"。

启动后，可在"控制面板/系统和安全/管理工具/服务"中查看到 MySQL 服务为"已启动"，用户可以通过各种客户端工具登录连接到 MySQL 服务器。

在 MySQL 服务启动后若需要停止，也可有两种方法：

方法一：在 MS-DOS 命令行输入："net stop MySQL"后回车；

方法二：打开"控制面板/系统和安全/管理工具/服务"，在其中找到 MySQL 服务后，单击左侧的"停止"或单击右键后选择"停止"；

对已停止的 MySQL 服务可在 MS-DOS 命令行输入"mysqld-remove MySQL"来卸载。

4. MySQL 的配置修改

安装完成后要人工修改 MySQL 的配置可在安装目录（默认目录为："C:\Program Files\MySQL\MySQL Server 5.6\bin"）下找到 my.ini 双击打开后进行修改。

在 my.ini 中有中括号"[]"括起来的多个参数选项组，每个参数选项组中允许配置多个参数信息，每个参数项设置的格式是"参数名＝参数值"，在 my.ini 文件中除了一些关于参数选项组说明与参数说明的行外,还有大量以♯号开头的行,它们是配置文件中的注释行,用来对将要进行的参数配置项进行注释说明。

常用的参数选项组包括[client]、[mysql]、[mysqld]等,其中[client]参数选项组下配置了MySQL 自带的 MySQL 5.6 命令行窗口可以读取的参数信息,此选项组下最常使用的参数是 port 值的设置;[mysql]参数选项组下配置了 MySQL 客户机登录程序 mysql. exe 可以读取的参数信息,此选项组下最常使用的参数是 default – character – set 值的设置;[mysqld]参数选项组下配置了 MySQL 服务加载程序 mysqld. exe 可以读取的参数信息,在 mysqld. exe 启动时,会根据此项下的配置将有关参数信息加载到服务器内存并生成 MySQL 服务实例,此选项组下最常使用的参数是 port、basedir、datadir、character – set – server、default – storage – engine、max_connections 值的设置。下面对常用的各个参数的作用及取值作简单介绍:

[client]下"port"用来说明客户端连接 MySQL 使用的 TCP/IP 端口,默认为 3306;

[mysql]下的"default – character – set"用来说明客户端使用的默认字符集,可取 latin1、gbk、gb2312、utf8 等;

[mysqld]下的"port"用来说明 MySQL 服务器使用的监听端口(TCP/IP 端口);

[mysqld]下的"basedir"用来说明 MySQL Server 的安装目录,默认为"C:/Program Files/MySQL/MySQL Server 5. 6/";

[mysqld]下的"datadir"用来说明 MySQL 数据库文件所在的目录,通常在安装目录下 data 子目录里面;

[mysqld]下的"character－set－server"用来说明新创建数据库、表时使用的默认字符集,可取值为 latin1、gbk、gb2312、utf8 等;

[mysqld]下的"default－storage－engine"用来说明新创建数据表时默认使用的存储引擎,可取 INNODB、MEMORY、MyISAM 等;

[mysqld]下的"max_connections"用来说明最大连接数。

以下是一个 my. ini 文件中有关参数设置的情况:

```
[client]
port = 3306
[mysql]
default – character – set = latin1
[mysqld]
# The TCP/IP Port the MySQL Server will listen on
port = 3306
# Path to installation directory. All paths are usually resolved relative to this.
basedir = " C:/Program Files/MySQL/MySQL Server 5. 6/"
# Path to the database root
datadir = " C:/ProgramData/MySQL/MySQL Server 5. 6/Data/"
# The default character set that will be used when a new schema or table is
# created and no character set is defined
character – set – server = latin1
# The default storage engine that will be used when create new tables when
```

```
default - storage - engine = INNODB
# The default storage engine that will be used for temporary tables
default - tmp - storage - engine = INNODB
# Set the SQL mode to strict
sql - mode = "STRICT_TRANS_TABLES,NO_AUTO_CREATE_USER,NO_ENGINE_SUBSTITUTION"
# 最大连接数设置
max_connections = 100
# 查询缓存设置
query_cache_size = 0
# 设置可以打开表的总数
table_cache = 256
# 设置可以存储临时表的最大值
tmp_table_size = 18M
# 设置可以保留的客户端连接线程数
thread_cache_size = 8
# 重建索引时允许的最大临时文件大小.
myisam_max_sort_file_size = 100G
# 重建索引时允许的最大缓存大小.
myisam_sort_buffer_size = 35M
# 最大关键字缓存大小
key_buffer_size = 25M
# 全扫描 MyISAM 表时的缓存大小
# 可插入排序好数据的缓存大小.
read_buffer_size = 64K
read_rnd_buffer_size = 256K
# 用户排序时缓存大小
sort_buffer_size = 256K
# * * * INNODB 存储引擎参数设置
# 引擎数据根目录设置
innodb_data_home_dir = "C:/Program Files/MySQL/MySQL Server 5.6/bin/"
# 附加内存池大小
innodb_additional_mem_pool_size = 2M
# 提交日志的时机设置
innodb_flush_log_at_trx_commit = 1
# 存储日志数据的缓存区大小
innodb_log_buffer_size = 1M
# 缓存池中缓存区的大小
innodb_buffer_pool_size = 47M
# 日记文件大小.
innodb_log_file_size = 24M
# 允许线程最大数
innodb_thread_concurrency = 10
```

1.3.2 连接 MySQL 服务器的客户端工具与连接方法介绍

连接 MySQL 服务器的客户端工具共有四种:一是在 MS-DOS 状态下通过 MySQL 的命令文件 mysql. exe 来登录连接 MySQL 服务器;二是通过 MySQL SERVER 自带的命令行客户端工具来登录连接 MySQL 服务器;三是通过第三方客户端工具,如 SQLyog、Navicat 等桌面软件来登录连接 MySQL 服务器;四是在安装 phpMyadmin 后通过 WEB 浏览器来登录连接 MySQL 服务器。其中前两种方法登录连接 MySQL 服务器后对数据库、表的相关操作均是在命令行进行的,而第三种方法在登录连接 MySQL 服务器后对数据库、表的相关操作是在对应的软件窗口中进行的,第四种方法在登录连接 MySQL 服务器后对数据库、表的相关操作是在浏览器中进行的。下面主要介绍如何通过 MySQL 的命令文件 mysql. exe、MySQL Server 自带的命令行客户端工具及第三方软件 SQLyog 来登录连接 MySQL 服务器。

1. 通过 MySQL 的命令文件 mysql. exe 登录连接 MySQL 服务器

在 MySQL 服务已加载、启动情况下(MySQL 5.6.5 等版本安装完成后会自动加载启动,有些版本 5.6.20 等需人工加载、启动),可按以下步骤来登录连接 MySQL 服务器:

(1)进入 MS-DOS 命令提示符。

(2)将 MySQL 命令文件所在目录设为当前目录或将 MySQL 命令文件所在目录添加到 Windows 系统的搜索路径 Path 中。

(3)在 MS-DOS 命令行按以下格式正确地输入 MySQL 命令使用的参数即可登录连接到 MySQL 服务器:

$$mysql \quad [-h \ hostname] \quad -u \ username-p[password] \quad [-P \ port]$$

其中,参数"-u"后应给出要连接到 MySQL 服务器的用户名 username,该用户名可紧跟在"-u"后或空一格后给出;"-p"后一般需要给出登录用户对应的密码 password,给出时可紧跟在"-p"之后不用空格分隔,也可以省掉,省掉时系统将会给出提示"Enter Password:",我们可在提示后再输入密码;"-h"是可选参数,用来给出要连接的 MySQL 服务器的主机名 hostname,它在给出时可直接跟在"-h"之后或空一格后再给出,若要连接的服务器是本地主机,可使用"localhost"或"127.0.0.1"来表示;"-P"也是可选参数,用来给出连接时使用的端口号,默认是:3306。

2. 使用 MySQL Server 自带的命令行客户端工具登录连接 MySQL 服务器

此种方法比较简单,是直接使用 MySQL Server 自带的两个命令行客户端工具之一来进行登录,以"MySQL 5.6 command line client"为例,其步骤如下。

(1)在"开始菜单"中"所有程序"里依次找到"MySQL""MySQL Server 5.6""MySQL 5.6 command line client"单击,启动"MySQL 5.6 command line client"窗口(如图 1-42 所示);

(2)在"MySQL 5.6 command line client"窗口中"Enter Password:"之后输入根用户密码即可进入 MySQL 命令行(如图 1-43 所示)。

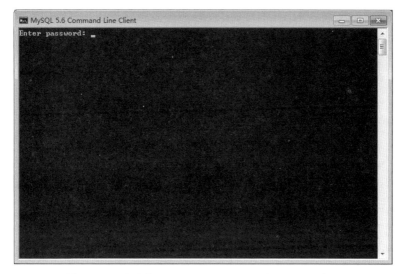

图 1 - 42　启动"MySQL 5.6 command line client"窗口

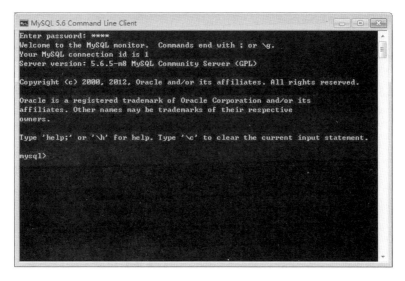

图 1 - 43　进入 MySQL 命令行

　　进入 MySQL 命令行后,可以输入 MySQL 命令来进行所需要的数据库、表操作。输入 MySQL 命令时应注意:

　　(1)一个 MySQL 命令(语句)输入结束,应使用分号(;)结束,否则 MySQL 认为语句没有输入完,会在下一行出现箭头"－＞"等待继续输入;

　　(2)在 Windows 平台下,MySQL 的语句关键字和函数名等不区分大小写;

　　(3)要取消当前 MySQL 语句的输入可使用"\c";

　　(4)要退出 MySQL 可使用"quit"或"\q"。

3. 使用第三方软件 SQLyog 来登录连接 MySQL 服务器

　　(1)SQLyog 的简介

SQLyog 是业界著名的 Webyog 公司出品的一款简洁高效、功能强大的图形化 MySQL

数据库管理工具。SQLyog 相比其他桌面版 MySQL 数据库管理工具有如下特点：

① 基于 C++和 MySQL API 编程；

② 方便快捷的数据库同步与数据库结构同步工具；

③ 易用的数据库、数据表备份与还原功能；

④ 支持导入与导出 XML、HTML、CSV 等多种格式的数据；

⑤ 直接运行批量 SQL 脚本文件，速度极快；

⑥ 新版本更是增加了强大的数据迁移功能。

(2)SQLyog 的下载、安装

① SQLyog 的下载

用搜索引擎在网上找一合适版本后点击下载，推荐 11.2.4 简体中文版(如图 1-44 所示)。

② SQLyog 的安装

下载后有两个文件(如图 1-45 所示)，安装时先运行 EXE 文件再导入注册表文件。

图 1-44　搜索 SQLyog 11.2.4

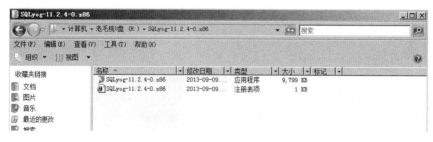

图 1-45　SQLyog 11.2.4 解压后的两个文件

EXE 文件的安装步骤如下：

a. 单击 SQLyog-11.2.4-0.x86.exe,进入 SQLyog　11.24 的安装向导(如图 1-46 所示)。

图 1-46　SQLyog　11.24 的安装向导

b. 在欢迎向导对话框中单击"下一步"后,进入是否接受"许可证协议"对话框(如图 1-47所示)。

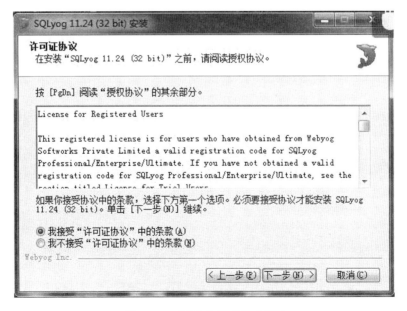

图 1-47　"许可证协议"对话框

c. 选择我接受"许可证协议"中的条款后单击"下一步",进入选择安装组件对话框(如图 1-48 所示)。

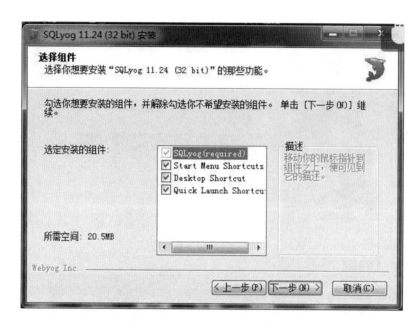

图 1-48　选择安装组件对话框

d. 选择安装组件后单击"下一步"(可保持默认的安装全部组件不变),进入选择安装位置对话框(如图 1-49 所示)。

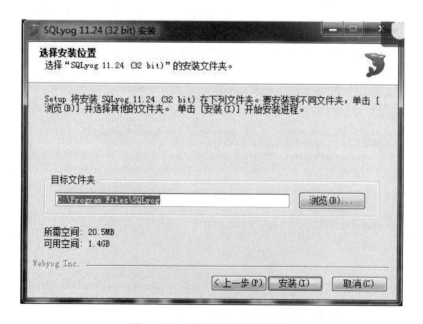

图 1-49　选择安装位置对话框

e. 选择安装位置后(可保持默认的安装位置不予更改)单击"下一步",开始进入安装,当进度条到 100% 时单击"下一步",安装过程如图 1-50 所示。

图 1-50　SQLyog 安装过程

f. 在完成安装 SQLyog 11.24 向导中,单击"完成"即可结束 SQLyog 11.24 的安装,默认在安装完成后,会自动运行 SQLyog 11.24。若不想自动运行,可在单击完成前取消"运行 SQLyog 11.24"复选框中的对号,安装完成提示框如图 1-51 所示。

图 1-51　安装完成提示框

（3）使用 SQLyog 连接 MySQL 服务器

① 单击桌面上 SQLyog 软件图标,启动 SQLyog 软件时会自动弹出"连接到我的 MySQL 主机",单击"新建"按钮,在弹出的"New connection"对话框中输入"新连接"名称后确定,创建"新连接"如图 1－52 所示。

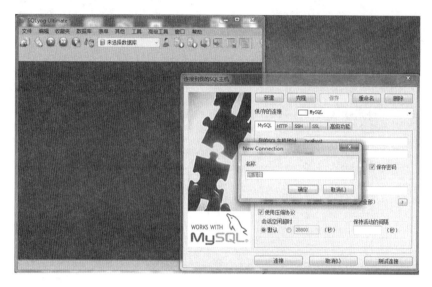

图 1－52　创建"新连接"

② 检查新建连接的连接参数,输入连接密码后点击"测试连接"可检查所给的连接参数是否能成功地连接上 MySQL,若成功会显示"Connection successful";若测试成功可点击"连接",以连接到 MySQL 服务器,输入新建连接参数如图 1－53 所示。

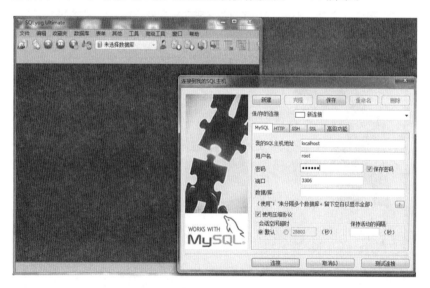

图 1－53　输入新建连接参数

③ 连接上后,可看到本地 MySQL 服务器上所有数据库的列表,其中有三个

（information_schema、mysql、performance_schema）是系统已有的数据库，其余为用户创建的数据库列表（如图 1 − 54 所示）。

图 1 − 54　本地数据库服务器上的数据库列表

1.4　思考与练习

1. 简述数据、数据表、数据库之间的联系与区别。
2. 简述数据库、数据库管理系统、数据库系统之间的联系与区别。
3. 简述数据库的三种模型（层次、网状、关系）。
4. 你是如何理解关系型数据库的"关系"的。
5. 说出你所知道的关系型数据库都有哪些？
6. MySQL 数据库安装时的默认端口是多少？你是如何理解端口这一概念的？
7. 连接 MySQL 服务器有哪几种方法？
8. MS − DOS 下如何注册（加载）启动 MySQL 服务，又如何停止、卸载 MySQL 服务？
9. MS − DOS 下连接 MySQL 服务器的命令格式是什么？

第2章　数据库设计

2.1　"数据库设计"的概念、内容及意义

"数据库设计"指的是将应用中涉及的数据实体及这些数据实体之间的关系进行规划和结构化的过程。这里的数据实体通常表示具有相同属性数据的一类事物(此种意义上的实体在实际中也常用另外一个概念来表示,即实体型)。数据库设计的具体工作内容包括:确定数据库中有哪些表(对应于应用中的实体对象)、确定每个表中有哪些字段、确定实体之间的关系。数据库设计得好与坏是影响数据库系统效率的一个重要因素,不规范的数据库将会带来数据冗余及对它进行操作时的各种异常。

2.2　数据库设计的步骤

人们在进行数据库设计时一般应遵循以下五个步骤。

第一步:需求分析。此步应在充分调研的基础上搞清楚(数据库)应用中需要存储哪些数据、实现哪些功能。对每一个功能需求要进一步地梳理其业务流程和数据处理规则。

第二步:数据库的概念结构设计,包括定义数据实体及绘制 E-R 图。此步应根据功能需求的分析,定义应用中所需要的每一个数据实体,说明每个实体中的字段属性有哪些,并分析应用中各实体之间的关系,绘制出反映它们间关系的 E-R 图。

第三步:数据库的逻辑结构设计:进行模式设计与转换。此步是将 E-R 图转换为多张表,这里的模式实际上就是指关系表,模式转换就是将 E-R 图中各实体对应转换成关系模式,来完成表的逻辑设计,确认各表的主外键。

第四步:数据库的建模与模型图绘制。此步是用直观的图形来细化表示模式转换与设计的结果。

第五步:审核与优化。此步是指应用数据库设计的三大范式(实际上不止三大范式,但通常只使用 1NF、2NF、3NF 这三大范式来进行规范)对初步设计出来的数据库进行审核,并把不符合范式要求的逐一改为符合范式要求。

下面分别介绍这些步骤。

2.2.1　需求分析

1. 需求分析的任务

需求分析的任务是通过详细的调研、分析,搞清楚数据库需要存储哪些数据、实现哪些功能(即对数据的处理功能),并对每一个功能需求进一步梳理其业务流程和数据处理规则;这里的调研、分析应包括通过文献资料的调研、分析及通过对应用系统的使用方进行的调研、分析,而且对应用系统的使用方的调研往往是更为重要一些的,它对数据库设计的合理性及可用性来说是很关键的,常用的调查研究的方法包括召开需求调查座谈会、进行用户访谈、发放调查问卷、深入企业实践等。调查的重点应围绕"数据"和"数据处理"两个方面来开展,同时兼顾安全性和保密性要求;这里的"数据"是指应用中需要存储或处理的数据实体的相关信息;而"数据处理"则用来定义、说明对"数据"的各种操作处理;安全性和保密性是指对数据的保密性措施和存取控制的要求。

2. 数据流图

进行需求分析时,我们常使用数据流图(Data Flow Diagram)来对应用中的数据进行全流程的结构化分析,所谓数据流图是指以图形的方式描绘数据在系统中流动和处理的过程,表达了数据和数据处理之间的关系,反映了每一个"数据处理"所需的原始数据和经处理后的数据流向。在数据流图中每一个"数据处理"操作涉及的原始数据称为"数据源"、处理后进行输出的数据称为"输出数据"、暂时或永久保存的数据称为"存储数据"、对数据的处理操作称为"数据处理",它们在构成数据流图时分别用矩形框、矩形框、双杠及圆圈来表示,数据源到数据处理、数据处理到数据输出之间的数据流用带箭头的线表示,其上可分别标输入流、输出流,数据处理和数据存储间数据可双向流动,用两端带箭头的线表示。下面图2-1是一个简单的数据流图的示例。

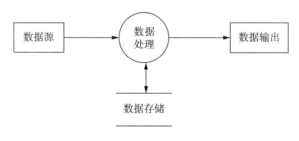

图2-1　一个简单的数据流图

3. 数据字典

数据字典是指对数据的数据项、数据结构、数据流、数据存储、处理逻辑等进行定义和描述的集合,其目的是对数据流图中的各个元素做出详细的说明。其中"数据项"是不可再分的数据单位,对数据项的描述通常包括以下内容:数据项名、数据项含义说明、别名、数据类型、长度、取值范围、取值含义、与其他数据项的逻辑关系等;"数据结构"反映了数据之间的组合关系,一个数据结构可以由若干个数据项组成,也可以由若干个数据结构组成,或由若干个数据项和数据结构混合组成。对数据结构的描述通常包括以下内容:数据结构名、含义说明、组成(数据项或数据结构)等;"数据流"是数据结构在系统内传输的路径。对数据流的描述通常包括以下内容：数据流名、说明、数据流来源、数据流去向、组成（数据结构）、平均流量、高峰期流量等。其中，"数据流来源"是说明该数据流来自哪个过程，即数据的来源；"数据流去向"是说明该数据流将到哪个过程去，即数据的去向；"平均流量"是指在单位时间（每天、每周、每月等）里的传输次数；"高峰期流量"则是指在高峰时期的数据流量；"数据存储"是数据结构停留或保存的地方，也是数据流的来源和去向之一。对数据存储的描述通常包括以下内容：数据存储名、说明、编号、流入的数据流、流出的数据流、组成（数据结构）、数据量、存取方式等。其中，"数据量"是指每次存取多少数据、每天（或每小时、每周等）存取几次等信息；"存取方法"包括是批处理还是联机处理、是检索还是更新、是顺序检索还是随机检索等。另外"流入的数据流"要指出其来源，"流出的数据流"要指出其去向。"处理逻辑"是数据流图中功能块的说明，用来描述处理过程的说明性信息，通常包括以下内容：处理过程名、说明、输入（数据流）、输出（数据流）、处理过程简要说明等；其中，"处理过程简要说明"中主要说明该处理过程的功能及处理要求：功能是指该处理过程用来做什么（并不是怎么样做）；处理要求包括处理频度要求，如单位时间里处理多少事务，多少数据量，响应时间要求等，这些处理要求是后面物理设计的输入及性能评价的标准。

需求分析阶段通常以数据流图和数据字典作为其结果文件。

2.2.2　概念结构设计

数据库的概念结构设计包括定义数据实体及绘制 E-R 图。概念结构设计的任务是根据功能需求的分析，定义应用中所需要的每一个数据实体，说明每个实体中的字段属性有哪些，并分析应用中各实体之间的关系，绘制出反映它们间关系的 E-R 图。进行概念结构设计有两个方面的作用：一是便于在团队内部、设计人员和客户之间进行沟通，以确认需求信息的正确性和完整性；二是作为后续模式转换与设计的依据。下面是 E-R 图的概念及其绘制的相关内容。

1. E-R 图的概念

E-R 图是实体-关系图（Entity - Relationship）的英文缩写，是由一些含有特殊含义的图形符号及线条构成的能够反映数据库中各实体构成及它们之间关系的一种结构图。

2. E-R 图的绘制

绘制 E-R 图时常使用的图形符号及线条的意义见表 2-1 所列。

表 2-1　绘制 E-R 图时常使用的图形符号及线条的意义

图形符号或线条	表示意义	备注
矩形	实体	
椭圆	属性	椭圆框中标下画线的属性是主属性
菱形	联系	表示两实体间是何种联系
线条	连接	用来连接实体与属性、或实体与联系，以反映实体的字段构成及实体与其他实体之间的关系
数字	映射基数	标注在联系两侧的线条上，表示通过联系与对侧实体进行关联的实体个数

根据一个实体对应其关联实体数量的不同,实体之间的关系有一对一的关系、一对多的关系及多对多的关系,如学校和校长是一对一的关系、学校和班级是一对多的关系、老师和学生是多对多的关系。在 E-R 图中,在表示两实体联系的菱形框两侧线条上分别用一个数字来表示本侧实体与对侧实体进行关联时的实体个数,称为映射基数。

下面图 2-2 是一个简单的 E-R 图的示例:

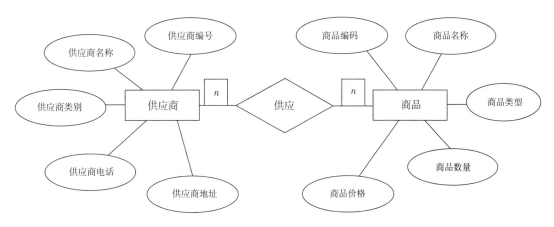

图 2-2　E-R 图示例

2.2.3　关系模式设计与转换

所谓关系模式实际上就是关系表的字段结构,关系模式的设计与转换就是根据 E-R 图来进行数据表的结构设计,将 E-R 图中各实体(含联系)对应转换成具有确定结构的数据表。关系模式的一般表达式为:R(U)或 R(A,B),其中,R 表示关系名(或表名),U 表示属性集合,A,B 代表 U 中的属性。

注意,在将 E-R 图转换成关系模式时,不仅各实体需要转化成关系模式,有时联系(多对多的联系)也需要转换成关系模式。下面是进行关系模式设计与转换的一般方法:

1. 实体转换为关系模式

直接按"R(A,B⋯)"来完成关系模式的设计,其中"R"为关系模式名或叫表名,括号里的"A,B⋯"为表中字段名,如图 2-2 中供应商、商品两实体转换成关系模式应分别为:

供应商(供应商编号,供应商名称,供应商类别,供应商电话,供应商地址)

商品(商品编码,商品名称,商品类型,商品数量,商品价格)

在转换关系模式时,可将关系模式中的主键字段用下画线标注出来,与别的关系模式中的主键字段相关联的外键字段可加粗表示。

2. 建立实体间联系的转换(一对一,一对多,多对多)

对于实体间一对一的联系:不需额外的关系模式,只需把任意实体的主键放到另一实体的关系模式中即可;

对于实体间一对多的联系:也不需额外的关系模式,只把联系数量为 1 的实体的主键,放到联系数量为 N 的实体关系模式中即可;

对于实体间多对多的联系:需要在两个实体之外额外再生成一个关系模式来描述它们

之间的联系,把这两个实体中的主键都放到这额外生成的关系模式中。如前面的"供应商"和"商品"两个关系模式即是多对多的关系:一个供应商可以供应多个商品,一个商品也可以由多个供应商来供应,它们需要额外再建立一个关系模式来反映它们之间的联系。该关系模式可命名为"商品供应",其字段结构主要由"供应商"的主键"供应商编号"和"商品"的主键"商品编号"构成,另加一个具有唯一值的字段作为该关系模式的主键字段,比如"供应序号",即在"供应商"和"商品"两个关系模式基础上额外加的一个关系模式是:商品供应(供应序号,供应商编号,商品编号)。

关系模式的设计与转换是数据库的逻辑结构设计。

2.2.4 数据库模型图

数据库模型图是用来直观显示数据库中存储的数据及表之间关系的结构化图表。通过它可以方便地查看、校验数据库中存储的数据及表之间的关系,有利于确保数据库设计的准确、完整及有效性。可以通过 Microsoft Visio、PowerDesigner 等来绘制数据库模型图。下面是使用 Microsoft Visio 绘制数据库模型图的大致步骤。

(1)启动 visio,依次单击"文件—新建—数据库—数据库模型图",完成后菜单栏会多出一个菜单项"数据库"(如图 2 - 3 所示)。

图 2 - 3 使用 Visio 新建数据库模型图(1)

(2)打开"数据库模型图"后选择左侧"实体"拖动至右边绘制区完成"实体"的绘制,之后通过绘制区下方的"数据库属性"编辑区中"定义"面板去完成表的物理名称、概念名称等项目的定义(如图 2 - 4 所示)。

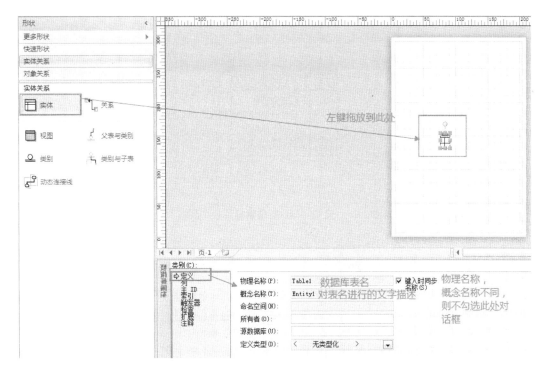

图 2-4　使用 Visio 新建数据库模型图（2）

（3）接着通过绘制区下方的"数据库属性"编辑区中"列"面板去完成表的各字段列的定义与说明、通过绘制区下方的"数据库属性"编辑区中"主 ID"面板去完成"主 ID"的设置（如图 2-5 所示）。

图 2-5　使用 Visio 新建数据库模型图（3）

（4）全部列编辑完之后，在绘制区就可以看到数据库模型图的样子了。可以通过拖动调整整个数据库模型图的大小（如图 2-6 所示）。

（5）完成多个实体创建后，可通过单击左侧的关系后去添加实体之间的映射关系（如图 2-7 所示）。

（6）完成后可通过"文件－另存为"将数据库模型图保存为".jpg"。

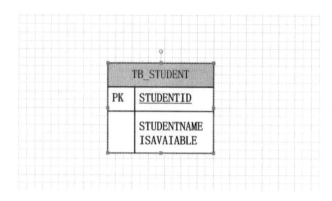

图 2-6　使用 Visio 新建数据库模型图(4)

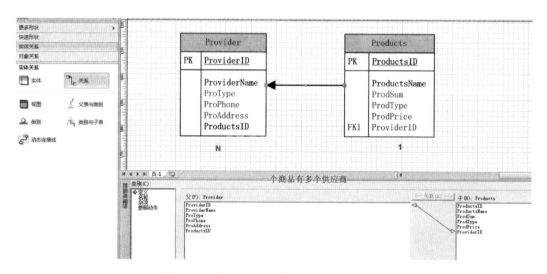

图 2-7　使用 Visio 新建数据库模型图(5)

2.2.5　数据库的审核与优化

此一步骤主要是检查设计的数据库模型是否满足范式(一般指第三范式)要求。如果不满足就需要重新对模型进行修正,直到满足第三范式的要求(有时可能需要按更高级别的范式进行校验)为止。关于数据库的几个范式与关系规范化的相关内容将在 2.3 节中详细介绍。

2.3　数据库设计的范式

2.3.1　关系规范化概述

所谓关系规范化是指在设计关系(模式)时应满足一定的规范要求,以避免关系中出现数据冗余(即数据重复)及由此产生的操作异常(包括插入、更新及删除异常)。设计关系(模式）时应满足的规范要求叫做范式。在关系数据库中由低到高共有 7 个级别的范式：1NF、2NF、3NF、BCNF、4NF、5NF、6NF，其中最常用的范式有 1NF、2NF、3NF，它们是 E. F. Codd 在 1971—1972 年提出的，E. F. Codd 和 Boyee 在 1974 年共同提出的 BCNF 也经常会使用到。通常一个满足低级别范式的表可以通过分解转变成多个满足更高级别范式的表。下面逐个介绍 1NF、2NF、3NF 和 BCNF。

2.3.2　第一范式 1NF

1NF 是对关系模式的起码要求：如果关系模式 R 中每个属性值都是一个不可分解的（原子的）数据项，则称它满足第一范式（First Normal Form），简称 1NF，记为 R∈1NF。

表 2-2 所列的员工工资表不满足 1NF，因为工资字段被拆分为三个字段了，应该改为表 2-3 所列。

表 2-2　不满足 1NF 的员工工资表

员工编号	员工姓名	工资		
		基本工资	职务工资	工龄工资
0001	张三	3000	5000	2000

表 2-3　满足 1NF 的员工工资表

员工编号	员工姓名	基本工资	职务工资	工龄工资
0001	张三	3000	5000	2000

表 2-4 中的员工信息表不满足 1NF，因为学历字段的取值不唯一，应该改为表 2-5 所列。

表 2-4　不满足 1NF 的员工信息表

员工编号	员工姓名	所在院系	学历	职称
0001	张三	计算机	本科	副教授
			研究生	

表 2-5　满足 1NF 的员工信息表

员工编号	员工姓名	所在院系	学历	职称
0001	张三	计算机	本科	副教授
0001	张三	计算机	研究生	副教授

应该注意的是，满足第一范式是关系模式的一个基本要求，但仅满足第一范式通常是不够的，如表 2-6 满足第一范式，但其中存在大量的数据冗余，这些数据冗余可能会导致多种操作异常。

表 2-6 满足 1NF 的学生－院系－成绩表

学号	姓名	院系名	院系负责人	课程名	分数
2106460101	李明	计算机	张三丰	高等数学	95
2106460101	李明	计算机	张三丰	英语	78
2106460101	李明	计算机	张三丰	计算机基础	82
2106460102	王莉	生物工程	赵一凡	高等数学	84
2106460102	王莉	生物工程	赵一凡	英语	96
2106460102	王莉	生物工程	赵一凡	计算机基础	92

该表中每一名学生的学号、姓名、院系名、院系负责人这些数据多次重复,每个院系与对应的院系主任的数据也重复多次,造成过多的数据冗余。由此可能导致的操作异常包括:

(1)试图将院系名与院系负责人的数据单独地添加到数据表中时会出错,造成插入异常。

(2)在将某个系中所有学生相关的记录都删除时,该院系的院系名与院系负责人的数据也就随之消失了,而实际院系没有学生时该院系的院系名、院系负责人可能需要保留,这就造成了删除异常。

(3)如果需要将李明转系到生物工程学院,那么为了保证数据库中数据的一致性,需要修改三条记录中院系与院系负责人的数据,导致修改异常。

要解决该表中上述的一些问题,需要对该表按更高级别的范式要求进行规范化。

2.3.3 第二范式

1. 第二范式及相关的几个概念

2NF 是在第一范式的基础上对关系模式提出来的一个更高的要求,它要求表中的每一列非主键字段数据都和一个主键字段列相关(完全依赖于该主键字段)。其内容是:如果一个关系模式 $R \in 1NF$,且它的所有非主属性都完全函数依赖于 R 的任一候选码,则 $R \in 2NF$。简单地说,如果一个关系模式满足第一范式,并且除了主键以外,其他键都全部依赖该主键则满足第二范式。

在第二范式的内容说明中涉及到几个概念:函数依赖、主属性与非主属性、主码与候选码等,下面逐个进行介绍。

函数依赖:若在一张表中,在属性(或属性组)X 的值确定的情况下,必定能确定属性 Y 的值,那么就可以说 Y 函数依赖于 X,写作 $X \rightarrow Y$。

完全函数依赖:若在一张表中,$X \rightarrow Y$,且对于 X 的任何一个真子集 X'(假如属性组 X 包含超过一个属性的话),$X' \rightarrow Y$ 不成立,那么我们称 Y 对于 X 完全函数依赖,记作 $X \xrightarrow{F} Y$。

部分函数依赖:假如 Y 函数依赖于 X,但同时 Y 并不完全函数依赖于 X,那么我们就称 Y 部分函数依赖于 X,记作 $X \xrightarrow{P} Y$。

传递函数依赖:假如 Z 函数依赖于 Y,且 Y 函数依赖于 X(并且 Y 不包含于 X,且 X 不函数依赖于 Y 这个前提),那么我们就称 Z 传递函数依赖于 X,记作 $X \xrightarrow{T} Z$。

候选码:假设 K 为某表(关系模式)中的一个属性或属性组,当 K 之外的所有属性都完全函数依赖于 K,则 K 为候选码,简称为码。一个表(关系模式)可以有不止一个候选码。

主码:实际中在表(关系模式)的候选码中选择一个作为主码,也叫主键。

主属性:构成候选码的各个属性叫主属性。

非主属性:除主属性以外的属性均是非主属性。

2. 使用第二范式进行规范化

下面以表 2-6 中的关系模式为例来介绍如何判断是否符合第二范式的要求,又如何按第二范式进行规范化。

判断表 2-6 中的关系模式是否符合第二范式的要求可按照下面的步骤:

第一步,找出数据表(关系模式)中所有的码:(学号,课程名)。

第二步,根据第一步所得到的码,找出所有的主属性:学号与课程名。

第三步,数据表中,除去所有的主属性,剩下的就都是非主属性了:姓名、院系名、院系负责人、分数。

第四步,查看是否存在非主属性对码的部分函数依赖,若存在即不符合第二范式要求。

根据这样的 4 步,我们可以发现,表 2-6 中的关系模式不符合第二范式要求。那么如何规范化为符合第二范式要求呢? 实际上方法很简单,就是将该关系模式进行拆分,将它拆分为两个或更多个,这一过程叫"模式分解"。

比如,可将表 2-6 中的关系模式拆分为表 2-7 和表 2-8 所列的两个关系模式,按照前面步骤我们可以判断出经过这样拆分后的两个关系模式都是符合第二范式要求的。

表 2-7　满足 2NF 的学生信息表

学号	姓名	院系名	院系负责人
2106460101	李明	计算机	张三丰
2106460101	李明	计算机	张三丰
2106460101	李明	计算机	张三丰
2106460102	王莉	生物工程	赵一凡
2106460102	王莉	生物工程	赵一凡
2106460102	王莉	生物工程	赵一凡

表 2-8　满足 2NF 的学生成绩表

学号	课程名	分数
2106460101	高等数学	95
2106460101	英语	78
2106460101	计算机基础	82
2106460102	高等数学	84
2106460102	英语	96
2106460102	计算机基础	92

但是,这种拆分(按 2NF 规范)只是在一定程度上解决了表 2-6 所列的关系模式存在的问题,它仍然有一些问题没有能够解决。如:删除某个院系中所有的学生记录仍然会导致该院系的相关信息丢失,仍然不能插入一个尚无学生的新的院系信息(不能插入无主码字段值的数据信息),仍然存在着数据冗余,学生转院系时要修改的数据仍然比较多。如果要解决这些问题,还需要进一步地对表 2-7 所示的关系模式进行拆解。

2.3.4 第三范式

3NF 是在满足第二范式要求的基础上对关系模式提出来的更高的要求,它的目标是:确保每列都和主键列直接相关,而不是间接相关;其内容是:如果一个关系模式 $R \in 2NF$,且所有非主属性都不传递函数依赖于任何候选码,则 $R \in 3NF$。简单地说:如果一个关系满足第二范式,并且除了主键以外的其他列都只能依赖主键列,其他列与列之间不存在相互依赖关系,则满足第三范式。

在表 2-7 所示的关系模式中,院系负责人对学号的依赖关系实际上是不直接的,学号只是直接决定了学生所在的院系,再根据院系来决定该院系的负责人,所以表 2-7 所示的关系模式不符合第三范式要求,还可以继续对该关系模式进行"模式分解",让它规范为符合"第三范式"要求。即我们可将表 2-7 所示的关系模式进一步拆分为两个关系模式:一个是"学生(学号,姓名,院系名)",一个是"院系(院系名,院系主任)",分解后的两表具体内容此处从略。

2.3.5 BCNF 范式

一般情况下,关系模式分解到满足第三范式的要求就可以避免可能的数据冗余及操作异常,但有时可能还需要再按更高级别的范式要求进行规范,这里仅就其中的 BCNF 范式进行适当介绍。

比如在下面的一个应用场景中,关系模式"仓库(仓库名,管理员,物品名,数量)"符合 3NF,但它仍然存在一些问题。

某公司有若干个仓库;每个仓库只能有一名管理员,一名管理员只能在一个仓库中工作;一个仓库中可以存放多种物品,一种物品也可以存放在不同的仓库中。每种物品在每个仓库中都有对应的数量。

为什么说它符合 3NF? 大家可以根据前面 1NF~3NF 的相关内容,在对该关系模式中码、非主属性等进行梳理并分析它们之间的依赖关系基础上,判断出该关系模式是符合 3NF 的,具体步骤大致如下:

首先对关系模式中的函数依赖集、码、主属性、非主属性进行梳理和分析。

已知函数依赖集:仓库名→管理员,管理员→仓库名,(仓库名,物品名)→数量;

码:(管理员,物品名),(仓库名,物品名);

主属性:仓库名、管理员、物品名;

非主属性:数量。

接着分析非主属性(数量)是不是存在对码的部分函数依赖和传递函数依赖,若存在则不符合 3NF,若不存在则符合 3NF。根据分析结果此关系模式是符合 3NF 的。

但这一关系模式仍存在一些问题,比如:新增加一个仓库,但尚未存放任何物品,不可以为该仓库指派管理员,因为物品名也是主属性,根据实体完整性的要求其不能为空;某仓被清空后,需要删除所有与这个仓库相关的物品存放记录,会将仓库本身与管理员的信息一并删除;如果某仓库更换了管理员,则这个仓库有几条物品存放记录,就要修改多少次管理员信息。

造成这种情况的原因是 3NF 仅规定要避免非主属性对码的部分函数依赖和传递函数依赖,但没有对主属性对码的部分函数依赖和传递函数依赖作出限制。所以在此问题中关系模式虽然符合 3NF,但仍然还会带来一系列的问题。要解决这些问题,我们需要引入BCNF 范式来进一步对关系模式进行规范。

BCNF 范式的目标即是要消除主属性对码的部分函数依赖和传递函数依赖,它对关系模式的具体要求包括:1)所有非主属性对每一个码都是完全函数依赖;2)所有的主属性对每一个不包含它的码,也是完全函数依赖;3)没有任何属性完全函数依赖于非码的任何一组属性。换句话说,在满足 3NF 基础上,不存在主属性对码的部分函数依赖和传递函数依赖。

按照 BCNF 范式的要求,关系模式仓库(仓库名,管理员,物品名,数量)应继续进行"模式分解",分解成两个关系模式,即"仓库管理员(仓库名,管理员)"和"仓库物品(仓库名,物品名,数量)",具体分析这里从略。

2.4 思考与练习

1. 什么是数据库设计？为什么在数据库设计时要按有关范式要求进行规范？
2. 数据库设计的步骤有哪些？
3. 分别说明什么是概念结构设计、什么是逻辑结构设计？
4. 什么是 E-R 图？怎样绘制 E-R 图？
5. 什么是模式转换？怎样进行模式转换？
6. 试说明第一范式(1NF)的内容。
7. 试说明第二范式(1NF)的内容。
8. 试说明第三范式(1NF)的内容,并根据该范式判断关系模式"Student(学号,姓名,年龄,学院,学院地点,学院电话)"是否符合第三范式的要求,若不符合应如何对它进行规范化。

上 篇

MySQL 操作篇

第3章 MySQL 数据库及其相关操作

3.1 MySQL 数据库及数据库对象

在 MySQL 中,数据库由数据表构成,它可以分为系统数据库和用户数据库两大类。

所谓系统数据库是指安装 MySQL 服务器时附带安装的一些与系统状态有关的数据库,它会记录与数据对象、机器性能及用户有关的一些必需的信息,用户通常不能直接修改这些数据库。这些数据库包括:

① 数据对象信息 information_schema;

② 服务器性能 performance_schema;

③ 用户 MySQL 等。

而用户数据库是用户根据实际需要创建的数据库。

数据库对象是指数据库中包括数据表、视图、存储过程(函数)和触发器等在内的所有对象。

3.2 MySQL 数据库的查看

要查看当前数据库服务器上有哪些数据库,可以在 MySQL 命令行使用"SHOW DA-TABASES"语句,其完整格式:

SHOW DATABASES [like 通配字符串];

在上面格式中,[like 通配字符串]为可选参数,表示将能够与 like 后面通配字符串匹配上的数据库显示出来。直接使用不带参数的"SHOW DATABASES"可将当前数据库服务器上有哪些数据库全部显示出来,应注意使用时应以";"(半角英文的分号)作为结束符。如图 3-1 为 MySQL 命令行中的"SHOW DATABASES;",显示当前数据库服务器上有 5 个数据库,其中包括 3 个系统数据库。

该命令的结束符";"(半角英文的分号)也可改成"\g"或"\G"。改成"\g"执行结果跟用";"时一样,改成"\G"时显示结果如图 3-2 所示。

图 3-1 使用";"结尾的 SHOW DATABASES 命令

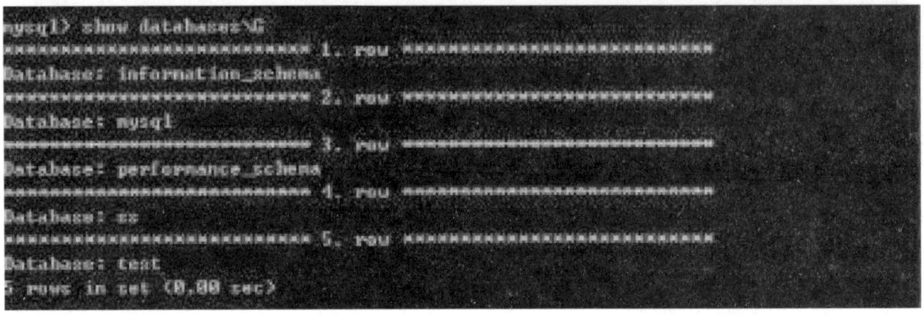

图 3-2 使用"\g"结尾的 SHOW DATABASES 命令

3.3 MySQL 数据库的创建

要在当前数据库服务器中创建新的数据库,可按如下格式使用创建("CREATE DA-TABASE")语句:

CREATE DATABASE [if not exists] 数据库名 [charset 字符集名称];

在上面格式中,[if not exists]表示指定数据库不存在时即创建,若已存在不创建也不会提示出错;若不使用此参数,当指定数据库已存在时会出错;数据库名若是关键字或非英文字符应用反引号(数字 1 左边的字符)定界.

可选参数"[charset 字符集名称]"可指定用哪个字符集来创建数据库,缺省时用配置文件中指定的字符集来创建。所谓字符集是指数据库支持的是哪一种字符编码形式,每一种字符集中,字符编码形式不一样,其中各个字符的"字符编码对"(字符和用来对它进行编码的数值对)也不一样。比如 MySQL 默认的 latin1 字符集是单字节编码,而汉字 gbk 等是双字节编码,字符集选用不对的话可能导致不能正确显示中文字符或中文显示出现乱码等问题。常用的字符集除 MySQL 默认的 latin1 外还有 utf8、gbk、gb2312、big5 等,其中 latin1 用于支持西欧字符、希腊字符等,utf8 几乎支持世界所有国家的字符,gbk 用于支持中文简体字符,big5 用于支持中文繁体字符。

在一种字符集中,字符序是指字符之间的比较规则,只有确定字符序后,才能在一个字符集中对字符进行大小的比较、等价的判定等。一种字符集可能有多种字符序,通常以"字符集名称开头,中间用国家名,最后用 ci、cs 或 bin 结束"来对字符序进行命名,其中以 ci 结尾的对大小写不敏感、以 cs 结尾的对大小写敏感、以 bin 结尾的表示按二进制值进行比较。如：latin1_swedish_ci、latin1_general_cs、latin1_bin 是 latin1 字符集中几种常见的字符序。

以下是使用"CREATE DATABASE"创建一个新数据库 testbase 的截图，如图 3 - 3 所示。

图 3 - 3　使用"CREATE DATABASE"创建数据库 testbase

提示"Query OK"表示已创建成功，该数据库使用默认的字符集。若出现提示"testbase is already exists"则表示数据库创建未能成功，原因是拟创建的数据库已经存在。

以下是使用带"〔charset 字符集名称〕"参数的 CREATE DATABASE 创建一个新数据库 student2 的截图，如图 3 - 4 所示。

图 3 - 4　带"charset"的建库命令示例

3.4　显示 MySQL 数据库的创建信息

要显示一个库的创建信息（用什么命令、使用什么样的参数来创建的），可使用命令：

SHOW CREATE DATABASE 数据库名；

其中，"数据库名"指定要显示哪一个库的创建信息。如："SHOW CREATE DATABASE student；"执行后显示了 student 的创建命令是"CREATE DATABASE student"，它使用的缺省字符集是 gbk（如图 3 - 5 所示）。

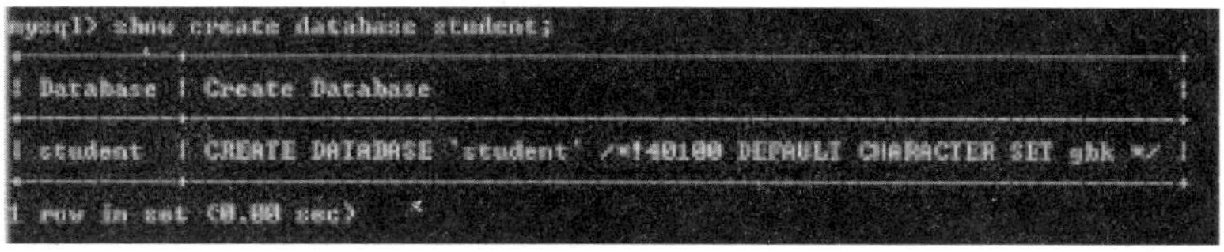

图 3 - 5　"SHOW CREATE DATABASE"命令显示 student 库的创建信息

3.5　MySQL 数据库的选择

要在数据库中添加数据表等操作，需先选择数据库，其使用的命令是：

USE　数据库名；

该命令中"数据库名"为要打开、使用的数据库的名字。如下面截图中使用"use test;"
打开了一个名为 test 的数据库（如图 3-6 所示）。

图 3-6　使用 USE 命令打开数据库 test

3.6　MySQL 数据库的修改

MySQL 允许在数据库创建后修改其使用的字符集，其语句格式：

ALTER DATABASE 数据库名 charset 字符集名称；

该命令中"数据库名"为要修改字符集的数据库的名字，而其后的"charset 字符集名称"
为拟修改成的字符集。如图 3-7 所示中使用"ALTER DATABASE"将"student"使用的字
符集由原来的"gbk"修改为"utf8"。

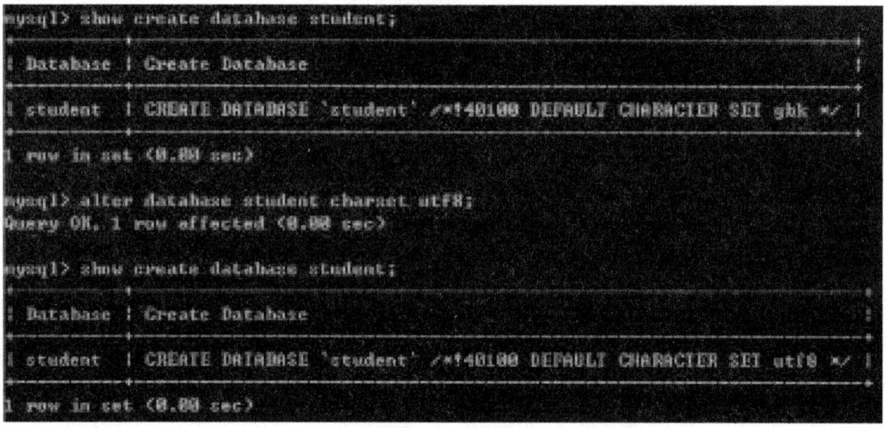

图 3-7　使用"ALTER DATABASE"修改 student 库使用的字符集

3.7　MySQL 数据库的删除

MySQL 中删除数据库是通过"DROP DATABASE"实现的，其语句格式如下：

DROP DATABASE [if exists]　数据库名；

其中，可选参数[if exists]表示若指定数据库存在时删除，不存在时就不执行删除，避免
在数据库不存在时删除出错。如截图 3-8 显示的"DROP DATABASE test;"成功地将数
据库 test 删除了。

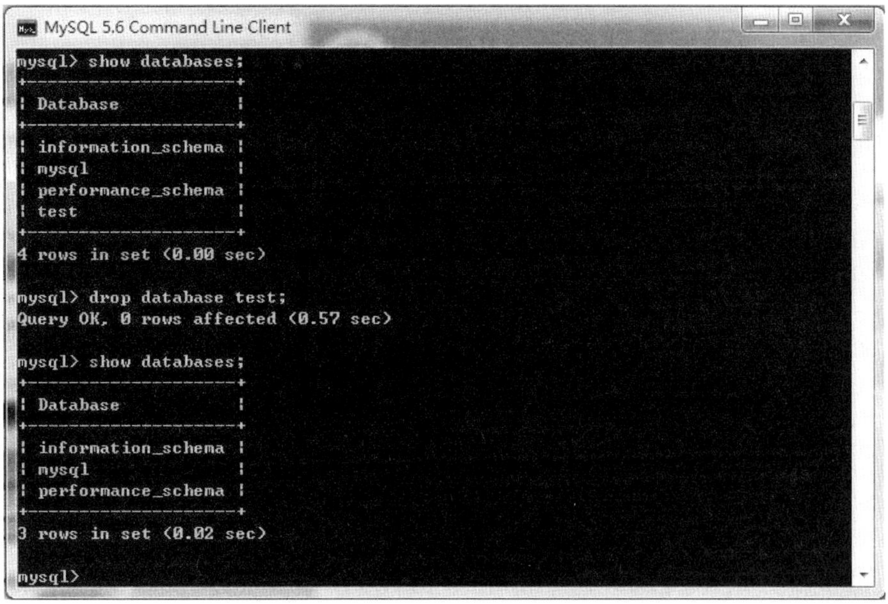

图 3 - 8 使用"DROP DATABASE"命令删除库"test"

3.8 MySQL 字符集的设置

创建数据库甚至数据表、或表中字段均可指定其使用的字符集,若创建字段时没有指定字符集则字段沿用数据表的字符集,若创建数据表时没有指定字符集则数据表沿用数据库的字符集,创建数据库时若没有指定字符集则数据库沿用配置文件中[mysqld]或[mysqld]选项组中有关参数项的设置。

下面具体介绍下几种不同的 MySQL 字符集的设置方法。

方法 1:修改 my.ini 配置文件,可修改 MySQL 默认的字符集。

在 my.ini 配置文件中,修改[mysql]选项组下 default_character_set 的值可同时改变 character_set_client、character_set_connection、character_set_database 的值,这些修改将在新的 MySQL 会话中生效。

在 my.ini 配置文件中,修改[mysql]选项组下 character_set_server 的值可同时改变 character_set_database、character_set_server 的值,这些修改将在新的 MySQL 服务实例中生效;

方法 2:在 MySQL 命令行通过以下命令可以"临时地"修改 MySQL"当前会话的"字符集以及字符序。

```
set character_set_client = gbk;
set character_set_connection = gbk;
set character_set_database = gbk;
```

```
set character_set_results = gbk;
set character_set_server = gbk;
set collation_connection = gbk_chinese_ci ;
set collation_database = gbk_chinese_ci ;
set collation_server = gbk_chinese_ci ;
```

方法 3：使用 MySQL 命令"set names gbk；"可以"临时一次性地"设置 character_set_client、character_set_connection 以及 character_set_results 的字符集为 gbk。

方法 4：在连接 MySQL 服务器时可指定字符集，语句格式如下。

mysql_default_character_set＝字符集_h 服务器 IP 地址_u 账户名－p 密码

方法 5：可将方法 2 中命令写入脚本（使用记事本将有关命令写入扩展名为 SQL 的文件），再在 MySQL 客户机上运行该 SQL 脚本中的所有命令，运行方式有两种：

```
\. C:\mysql\init. sql
source C:\mysql\init. sql
```

3.9　思考与练习

1. MySQL 中系统数据库主要有哪几个？
2. 什么是数据库对象？
3. "SHOW DATABASES"命令后的结束符使用"；"(半角英文的逗号)"\g"和"\G"有什么区别？
4. 什么是字符集？数据库在创建时其字符集是如何指定的？
5. MySQL 中默认字符集的设置有哪几种方法？
6. 运行 SQL 脚本的方法有哪几种？
7. 以下命令正确的是(　　　)。
A. create databases 数据库名
B. show databases
C. use database 数据库名
D. drop 数据库名

第4章 MySQL 的存储引擎与数据类型

4.1 存储引擎

4.1.1 存储引擎的概念

存储引擎是 MySQL 数据库管理系统的一个重要特征,它以插件的形式被(MySQL)引入,为数据库中的表提供类型支持(它指定了表的类型),决定着一个表是如何存储和索引数据以及是否支持事务。

MySQL 支持多种存储引擎,可根据需要灵活选择"存储、检索数据乃至事务操作"的方式,这是 MySQL 受到广泛欢迎的一个重要原因。MySQL 中的数据可以用各种不同的技术存储在文件(或者内存)中,这些技术中的每一种都使用不同的存储机制、索引技巧、锁定水平并且最终提供广泛的、不同的功能和能力。通过选择不同的技术,能够获得额外的速度或者功能,从而改善用户应用的整体性能。

而其他很多数据库系统仅支持一种类型的数据存储方式,这种"一个尺码满足一切需求"的方式意味着在实际应用中要么牺牲一些功能,要么牺牲一些效率,难以做到兼顾。

4.1.2 存储引擎的相关操作

1. 查看 MySQL 支持的存储引擎

查看 MySQL 支持的存储引擎有三种语句格式:

格式一:SHOW ENGINES;

格式二:SHOW ENGINES\g

格式三:SHOW ENGINES\G

这三种格式区别仅在于使用的"结束符"不同,这会导致"命令执行结果的显示"不同。其中"\G"的显示效果最好,对所支持的各种存储引擎会从"引擎名称""是否支持该引擎""关于该引擎的说明评论""是不是支持事务""该引擎支持的分布式是否支持 XA 规范""是否支持事务处理中的保存点"等方面逐个地、详细地显示出来;使用";"和"\g"作用相同,仅简单显示各个存储引擎的信息。

如图 4-1~4-4 所示分别显示"SHOW ENGINES"后使用";""\g"和"\G"的执行结果。

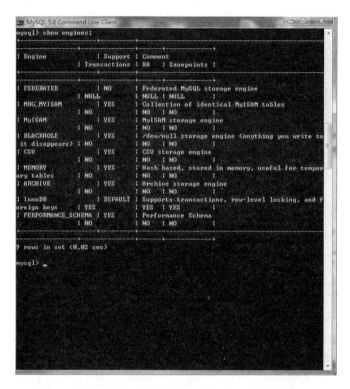

图 4－1　使用"；"结尾的"SHOW ENGINES"命令

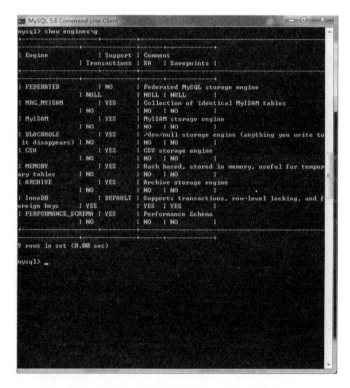

图 4－2　使用"\g"结尾的"SHOW ENGINES"命令

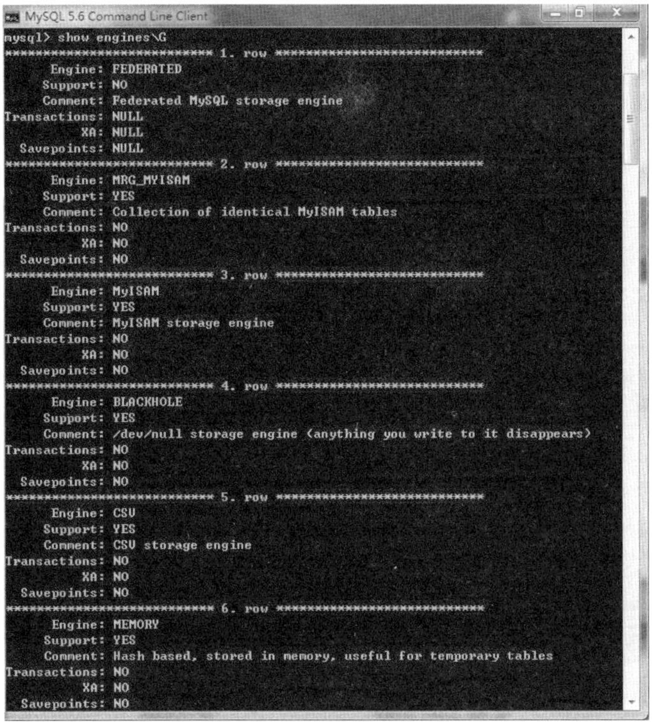

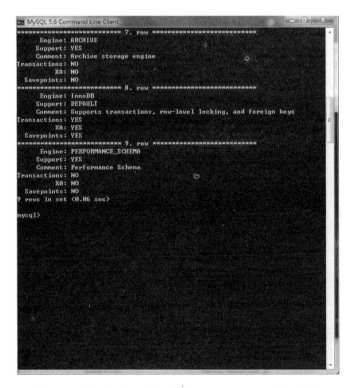

图 4-3　使用"\G"结尾的"SHOW ENGINES"命令

图 4-4　使用"\G"结尾的"SHOW ENGINES"命令（续页）

2. 查看当前 MySQL 支持的存储引擎

查看当前 MySQL 支持的存储引擎的命令可以使用:"SHOW VARIABLES",在其后带上"LIKE '％storage_engine％'"参数(如图 4-5):

$$\text{SHOW VARIABLES LIKE '％storage\_engine％';}$$

其中,'％storage_engine％'是使用了通配字符的一个字符串,用来指代包含"storage_engine"的若干参数变量,如执行后找到符合要求的,则在执行结果中会有 Variable_name 参数表示参数变量的名字;Value 参数表示该参数变量的值。

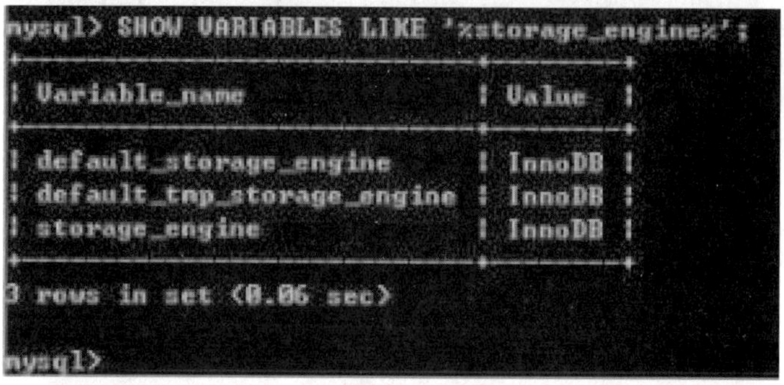

图 4-5 使用"SHOW VARIABLES"查看当前 MySQL 支持的存储引擎

3. 临时更改默认的存储引擎

要临时更改默认的存储引擎,可使用命令:

$$\text{set default\_storage\_engine}=\text{MyISAM;}$$

其中,"="右边可选存储引擎值可为 MyISAM、InnoDB、Memory。关于这几个存储引擎的详细介绍详见 3.1.3。

4. 永久地更改默认的存储引擎

在 My.ini 中[mysqld]选项组中修改 default_storage_engine 的值,在 My.ini 中找到[mysqld]选项组下"default_storage_engine="设置行,将其后的值改为你希望的某种存储引擎(如图 4-6)。

4.1.3 常见的存储引擎种类

MySQL 的存储引擎有好多种,其中常见的有 INNODB、MyISAM、MEMORY,它们各有自己的特点及适用性,在实际中应结合应用需要来进行选择。

1. MyISAM

MyISAM 是 MySQL 中常见的存储引擎,它曾是 MySQL 的默认存储引擎。它的特点是:不支持事务、也不支持外键,但访问速度比较快,占用空间小,在对事务没有太多要求仅供访问的表中适合用此种引擎。

MyISAM 存储引擎的表存储成三个文件。文件的名字与表名相同。扩展名包括".frm"、".MYD"和".MYI"。其中,".frm"为扩展名的文件存储表的结构;".MYD"为扩展名的文件存储数据,其是 MYData 的缩写;".MYI"为扩展名的文件存储索引,其是 MYIndex 的缩写。

```
my.ini - 记事本
文件(F)  编辑(E)  格式(O)  查看(V)  帮助(H)
[client]
port=3306
[mysql]
default-character-set=latin1
[mysqld]
# The TCP/IP Port the MySQL Server will listen on
port=3306
#Path to installation directory. All paths are usually resolved relative to this.
basedir="C:/Program Files/MySQL/MySQL Server 5.6/"
#Path to the database root
datadir="C:/ProgramData/MySQL/MySQL Server 5.6/Data/"
# The default character set that will be used when a new schema or table is
# created and no character set is defined
character-set-server=latin1
# The default storage engine that will be used when create new tables when
default-storage-engine=INNODB
# The default storage engine that will be used for temporary tables
default-tmp-storage-engine=INNODB
```

图 4 - 6　在 My. ini 中修改默认存储引擎

基于 MyISAM 存储引擎的表支持三种不同的存储格式:静态、动态和压缩。其中前两个(静态格式和动态格式)根据正使用的列的类型(是否使用 xBLOB、xTEXT、varchar)来自动选择;第三个,即压缩格式,只能使用 Myisampack 工具来创建。

2. Innodb

MySQL 从 3.23.34a 开始包含 InnoDB 存储引擎。InnoDB 具有较强的事务处理能力及较好的事务安全性并且支持外键。它给 MySQL 的表提供了事务提交、回滚、崩溃修复等能力,还能够实现并发控制下的事务安全,在需要频繁的更新、删除操作并要求事务完整性的情况下应该选择该种存储引擎。

这种引擎不足之处是读写效率稍差,占用数据空间相对较大。

3. MEMORY

MEMORY 存储引擎是 MySQL 中的一类特殊的存储引擎,它使用存储在内存中的内容来创建表,而且所有数据也放在内存中。其特点是访问速度快,但安全上没有保障,适用应用中涉及数据比较小、需要进行快速访问的场合。

每个基于 MEMORY 存储引擎的表实际对应一个磁盘文件,该文件的文件名与表名相同,类型为 frm 类型。该文件中只存储表的结构。而其数据文件,都是存储在内存中。这样有利于对数据的快速的处理,提高整个表的处理效率。值得注意的是,服务器需要有足够的内存来维持 MEMORY 存储引擎的表的使用。如果不需要使用了,可以释放这些内存,甚至可以删除不需要的表。

MySQL 更多的存储引擎简介如图 4 - 7 所示。

4.2　数据类型

存储引擎决定着表的类型,而数据类型决定着表中存储数据的类型。

MySQL 中数据类型有:整数类型、浮点数类型、定点数类型、日期时间类型、字符串类型等,不同的数据类型其表数范围、精度、值的形式(数值、字符值或其他形式)都是不一样的,应根据具体问题中的实际情况选择合适的数据类型。

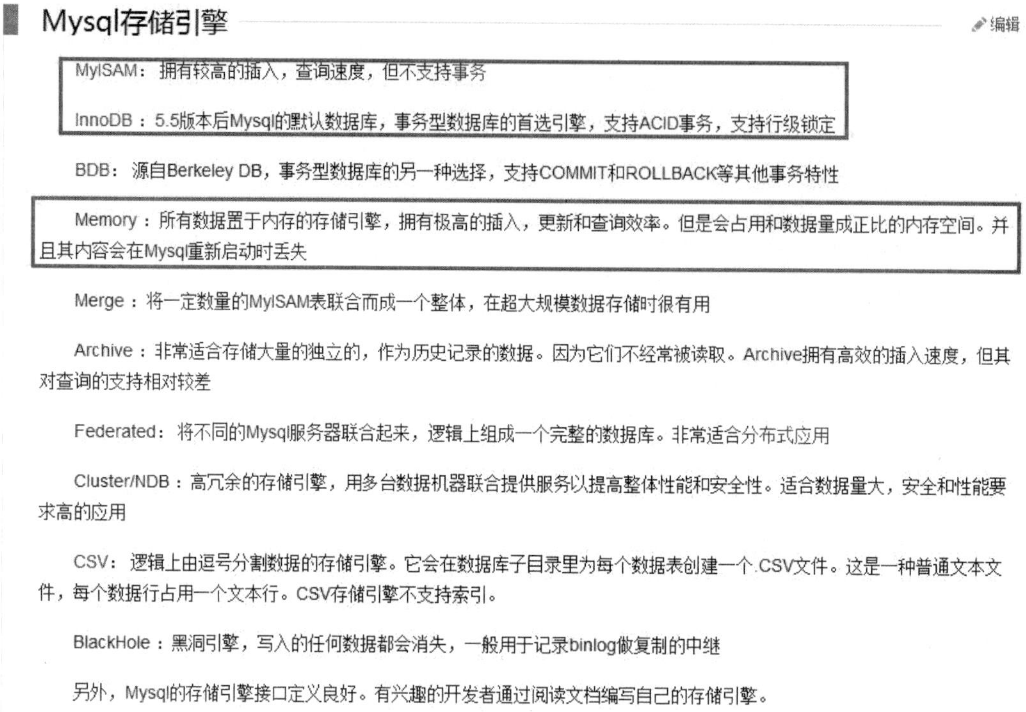

Mysql存储引擎   ✎编辑

MylSAM:拥有较高的插入,查询速度,但不支持事务

InnoDB:5.5版本后Mysql的默认数据库,事务型数据库的首选引擎,支持ACID事务,支持行级锁定

BDB:源自Berkeley DB,事务型数据库的另一种选择,支持COMMIT和ROLLBACK等其他事务特性

Memory:所有数据置于内存的存储引擎,拥有极高的插入,更新和查询效率。但是会占用和数据量成正比的内存空间。并且其内容会在Mysql重新启动时丢失

Merge:将一定数量的MylSAM表联合而成一个整体,在超大规模数据存储时很有用

Archive:非常适合存储大量的独立的,作为历史记录的数据。因为它们不经常被读取。Archive拥有高效的插入速度,但其对查询的支持相对较差

Federated:将不同的Mysql服务器联合起来,逻辑上组成一个完整的数据库。非常适合分布式应用

Cluster/NDB:高冗余的存储引擎,用多台数据机器联合提供服务以提高整体性能和安全性。适合数据量大,安全和性能要求高的应用

CSV:逻辑上由逗号分割数据的存储引擎。它会在数据库子目录里为每个数据表创建一个.CSV文件。这是一种普通文本文件,每个数据行占用一个文本行。CSV存储引擎不支持索引。

BlackHole:黑洞引擎,写入的任何数据都会消失,一般用于记录binlog做复制的中继

另外,Mysql的存储引擎接口定义良好。有兴趣的开发者通过阅读文档编写自己的存储引擎。

图 4 - 7　MySQL 的常用存储引擎

4.2.1 整数类型

整数类型是数据库中最基本的数据类型。在标准 SQL 中支持 INTEGER 和 SMALLINT 这两类整数类型,而 MySQL 数据库则扩展支持了 TINYINT、MEDIUMINT 和 BIGINT。

表 4 - 1 是各种不同类型整数占用字节数,表数最小值及最大值的列表。

表 4 - 1　MySQL 的整数类型

整数类型	字节	最小值	最大值
TINYINT	1	有符号－128 无符号 0	有符号 127 无符号 255
SMALLINT	2	有符号－32768 无符号 0	有符号 32767 无符号 65535
MEDIUMINT	3	有符号－8388608 无符号 0	有符号 8388607 无符号 1677215

（续表）

整数类型	字节	最小值	最大值
INT 和 INTEGER	4	有符号－2147483648 无符号 0	有符号 2147483647 无符号 4292967295
BIGINT	8	有符号－9223372036854775808 无符号	有符号 9223372036854775807 无符号 18446744073709551615

实际中，该使用何种整数类型，主要考虑问题中需要的表数范围，在能够满足使用要求的前提下，应尽量使用"短"的整数类型，以减少存储空间的占用、提高查询运算的效率。

4.2.2　浮点数类型

浮点数类型包括单精度浮点数（FLOAT 型）和双精度浮点数（DOUBLE 型）。它们都可以用来表示小数，但它们的表数范围和精度是不一样的，一般若需要精确到小数点后 10 位以上应选双精度浮点数（DOUBLE 型）。

表 4-2 是各种不同类型浮点数占用字节数，表数最小值及最大值的列表。

表 4-2　MySQL 的浮点数类型

浮点类型	字节	最小值	最大值
FLOAT	4	$\pm 1.754935IE-38$	$\pm 3.402823466E+38$
DOUBLE	8	$\pm 2.2250738585072014E-308$	$\pm 1.7976931348623157E+308$

4.2.3　定点数类型

定点数类型就是 DECIMAL 型，是小数的另一种表示形式，当要求小数精度非常高时，可以选择该种类型，其中 M 指定有效数字总位数，D 指定小数位数，当 $M>D$，其占用字节为 $M+2$，否则为 $D+2$，默认 M 和 D 为分别为 10,0。

表 4-3 是定点数类型的占用字节数，最小值、最大值。

表 4-3　MySQL 的定点数类型

整数类型	字节	最小值	最大值
DEC(M,D)　ECIMAL(M,D)	$M+2$	与 DOUBLE 相同	与 DOUBLE 相同

实际中，为保证计算精度，节省存储空间，应尽量采用 DECIMAL 类型来表示小数。

4.2.4　字符串（文本）类型

MySQL 支持的字符串类型主要有：CHAR、VARCHAR、TINYTEXT、TEXT、MEDI-UMTEXT、LONGTEXT 等 6 种，它们在外观上通常表现为单引号定界的若干个字符，不同的字符串类型允许的最多字符个数不一样、占用存储空间也不一样，详见表 4-4。

表 4-4 MySQL 的字符串（文本）类型

字符串类型	允许最多字符数	占用字节数	说明
CHAR(*M*)	*M* 最大可取值 255	*M* * 单个字符占用字节数	*M* 为最多允许的字符数，取值范围为 0 ～ 255 的整数
VARCHAR(*M*)	*M* 的取值与字符集有关：对于单字节编码的字符集，如 latin1，最大可取值 65535（$2^{16}-1$）；对于双字节编码的字符集，如 gbk，最大可取值 65535/2=32767；对于三字节编码的字符集，如 utf8，最大可取值 65535/3=21845	*L* * 单个字符占用字节数＋*n*	*M* 为最多允许的字符数；*L* 为实际保存数据中字符的个数；*n* 为额外附加的一个字符占用的字节数
TEXT			
TINYTEXT	*M* 的取值与字符集有关：对于单字节编码的字符集，如 latin1，最大可取值 255；对于双字节编码的字符集，如 gbk，最大可取值 255/2=127；对于三字节编码的字符集，如 utf8，最大可取值 255/3=85		
MEDIUMTEXT	*M* 的取值与字符集有关：对于单字节编码的字符集，如 latin1，最大可取值 16777215（$2^{24}-1$）；对于双字节编码的字符集，如 gbk，最大可取值 16777215/2=83886075；对于三字节编码的字符集，如 utf8，最大可取值 16777215/3=55924050		
LONGTEXT	*M* 的取值与字符集有关：对于单字节编码的字符集，如 latin1，最大可取值 4294967295（$2^{32}-1$）；对于双字节编码的字符集，如 gbk，最大可取值 4294967295/2=2147483647；对于三字节编码的字符集，如 utf8，最大可取值 4294967295/3=1431655765		

说明：

（1）上面几种字符串类型中，CHAR(M) 为定长字符串类型，其余均为变长字符串类型。定长字符串类型和变长字符串类型区别主要有以下两点：

① 定长字符串类型 CHAR(M) 的数据不管其中字符数有没有达到它允许的 *M* 个字符都要占用 *M* 个字符的空间；变长字符串类型的数据，其所需存储空间主要取决于该串中实际包含的字符数（此字符数在表 4-4 中用 *L* 来表示），再附加一个额外的结束字符占用字

节数。

② 定长字符串类型 CHAR(M)中保存字符超过其允许的 M 个时会对所保存的字符串进行截短处理,而不足 M 个时会用空格进行补足;变长的 VARCHAR(M)中保存字符超过其允许的 M 个时同样会对所保存的字符串进行截短处理,而不足 M 个时则不会用空格进行补足。

(2)从表 4-4 中我们还可看出:CHAR(M)允许的字符数少于 VARCHAR(M)允许的字符数,TINYTEXT、TEXT、MEDIUMTEXT、LONGTEXT 允许的字符数也是逐渐增多的,并且在使用字符集相同时 CHAR(M)和 TINYTEXT 允许的字符数、VARCHAR(M)和 TEXT 允许的字符数对应相等。

实际选用时,在满足使用要求(允许的最多字符数)的前提下,我们应尽量使用"短"的数据类型,以减少存储空间的占用、提高查询运算的效率。一般优先选用 CHAR(M) VARCHAR(M),需要保存更多的字符时,再考虑选用 MEDIUMTEXT、LONGTEXT 等。

4.2.5 二进制数据类型

MySQL 支持的二进制数据类型主要有:BIT(M)、BINARY(M)、VARBINARY(M) TINY BLOB、BLOB、MEDIUM BLOB、LONG BLOB 等 7 种,它们主要用来存储由"0""1"组成的字符串,跟字符串类型数据一样,不同的二进制数据类型允许的最多字符个数不一样、占用存储空间也不一样,详见表 4-5。

表 4-5 MySQL 的二进制类型

二进制类型	取值范围	占用字节数	说明
BIT(n)	0~64	最多 8 字节	n 为二进制位
BINARY(M)	0~255	M	M 为最多允许的字节数,取值范围为 0~255 的整数
VARBINARY(M)	0~65535($2^{16}-1$)	L+1	M 为最多允许的字节数;L 为实际保存数据中字节的个数
BLOB			
TINYBLOB	0~255		
MEDIUMBLOB	16777215($2^{24}-1$)		
LONGBLOB	4294967295($2^{32}-1$)		

说明:

(1)上面几种二进制数据类型中,BIT(n)类型以二进制位为存储单位,其余均以二进制字节为存储单位,这跟前面的字符串类型数据以字符为单位是有明显不同的。

(2)BINARY(M)跟 CHAR(M)类似,为定长类型,VARBINARY(M)与 VARCHAR(M)BLOB 与 TEXT、TINYBLOB 与 TINYTEXT、MEDIUMBLOB 与 MEDIUMTEXT、LONGBLOB 与 LONGTEXT 也对应类似,为变长类型。定长类型二进制数据和变长类型二进制数据的区别主要也有以下两点:

① 定长类型二进制数据不管其中字节数有没有达到它允许的 M 个字节都要占用 M 个字节的空间;变长类型二进制数据,其所需存储空间主要取决于该串中实际包含的字节数(此字节数在上表中用 L 来表示),再附加一个额外的结束字节。

② 定长类型二进制数据中保存字节超过其允许的 M 个时会对所保存的数据进行截短处理,而不足 M 个时会用"\0"进行补足;变长类型二进制数据保存字节超过其允许的 M 个时同样会对所保存的字符串进行截短处理,而不足 M 个时则不会用"\0"进行补足。

3)从表 4-5 中我们也可看出:BINARY(M)允许的字节数少于 VARBINARY(M)允许的字节数,TINYBLOB、BLOB、MEDIUMBLOB、LONGBLOB 允许的字节数也是逐渐增多的,并且 BINARY(M)和 TINYBLOB 允许的字节数、VARBINARY(M)和 BLOB 允许的字节数对应相等。

二进制数据类型可用来表示长的字符串(二进制形式表示)图片、音频、视频等,跟字符串类型一样,在必须使用时,二进制数据也应在满足使用要求(允许的最多字节数)的前提下尽量使用"短"的数据类型,以减少存储空间的占用、提高查询运算的效率。在实际中,更多的对二进制数据的使用是将图片、音频、视频等存入文件中,而不是将其存入数据表中,毕竟处理二进制数据不是数据库系统的强项。

4.2.6 日期时间类型

MySQL 中有多种表示日期和时间的数据类型。其中 YEAR 表示年份,DATE 表示日期,TIME 表示时间,DATETIME 和 TIMESTAMP 表示日期和时间。它们的取值范围与占用空间情况对比见表 4-6。

表 4-6 MySQL 的日期时间类型

日期时间类型	取值范围	占用字节数
YEAR	"1901—2155"	1
DATE	"1000-01-01—9999-12-31"	3
TIME	"-838:59:59—838:59:59"	3
DATETIME	"1000-01-01 00:00:00—9999-12-31 23:59:59"	8
TIMESTAMP	"197001010800—2018 年的某个时刻"	4

说明:

(1)每个时间和日期类型都有一个零值,当插入非法数值时就用零值来添加;

(2)用 DATE 类型数据表示日期时必须按年、月、日的顺序给出,其格式为"YYYY-MM-DD";

(3)用 TIME 类型数据表示时间的格式为"hh:mm:ss";

(4)对于 DATETIME 类型数据,日期和时间部分都需要给出,其格式为:"YYYY-MM-DD hh:mm:ss";

(5)TIMESTAMP(时间戳)类型数据以"YYYYMMDDhhmmss"的格式来表示值,其取值范围是 19700101000000 到 2038 年的某个时间,主要用于记录更改或创建某个记录的时间,通常是自动添加到有关字段中的。

4.2.7 enum 枚举类型与 set 集合类型

enum 枚举类型与 set 集合类型是 MySQL 的两种复合类型数据,下面分别介绍:

1. enum 枚举类型

enum 枚举类型是一种可以在事先定义好(枚举出来)的各个可取值中选择一个的数据类型,其定义方法是使用"enum(枚举值 1,枚举值 2,枚举值 3……)",定义为此种类型后,将对有关字段(变量)的取值范围进行限定,只能取各枚举值中的某一个,它可以实现类似单选按钮的功能。另外,使用枚举类型数据的还可以提高对数据的存取等操作的速度。

如 enum('男','女')定义了一个枚举类型数据,其允许的取值为字符串'男'或'女'。

一个枚举类型数据最多可以有 65535 个枚举项,占用空间 2 个字节。

2. set 集合类型

set 集合类型是一种可以在事先定义好的各个可取值中选择若干个进行组合的数据类型,其定义方法是使用"set(元素值 1,元素值 2,元素值 3……)",定义为此种类型后,有关字段(变量)的取值应是所列的若干个元素值的组合,它可以实现类似复选按钮的功能。使用集合类型数据也可以提高对数据的存取等操作的速度。

如 set("读书","听音乐","打球","游泳")定义了一个集合类型数据,其允许的取值为"读书""听音乐""打球""游泳"中某一个或某几个的组合。

一个集合类型数据最多包含 64 个元素值,占用空间 8 个字节。

4.3 思考与练习

1. 什么是存储引擎? MySQL 中引入存储引擎意义何在?
2. 请分别说明临时和永久修改存储引擎的方法。
3. 常用的存储引擎有哪几种? 请简要说明它们的应用场合。
4. MySQL 中的基本数据类型有哪些?
5. 比较说明 CHAR 和 VARCHAR 有何不同?
6. 比较说明 BLOB 和 TEXT 不同?
7. 说明枚举类型和集合类型的区别。

第5章 MySQL 数据表的有关操作

5.1 数据表的完整性与约束概念

通过前面的学习,我们已经知道:数据表是数据库中包含被描述的若干同类对象相关属性并以二维表形式存放的数据。在表中,数据的组织方式与 Excel 电子表格中相似,都是按行和列的格式组织的。其中每一行代表一条唯一的记录,每一列代表记录中的一个字段。

为了保证表中数据的完整性,表中行(记录)列(字段)应满足一些约束条件。所谓数据完整性(Data Integrity)是指数据的精确性(Accuracy)和可靠性(Reliability),它是防止数据库中存在不符合语义规定的数据、避免因错误信息的输入造成无效操作而提出的。在数据表中,数据完整性的保障可通过指定数据类型、约束条件或使用触发器来实现。这里的约束(条件)是指为保证数据表的完整性而对表中字段在某个方面进行的限定;而触发器则是用户定义在表上的事务命令的集合,当对表中数据进行插入、删除等操作时这组命令会自动执行,可保证数据的完整性及安全性。

数据完整性分为四类:实体完整性(Entity Integrity)、域完整性(Domain Integrity)、参照完整性(Referential Integrity)、用户自定义完整性(User-definedIntegrity)。

实体完整性:表中每一行(或每一条记录)应该都是唯一确定的实体对象。

域完整性:表中列(字段)应该满足的某种特殊的数据类型或约束。

参照完整性:在关联的两表间,其中一个表可以通过外键和另一个表的主键对应保持一致来建立两表的联系。

用户自定义完整性:反映了某一具体应用中所涉及的数据应满足的条件。

5.2 MySQL 数据表的创建

5.2.1 语句一般格式及使用注意事项

在 MySQL 中,表的创建是通过"CREATE TABLE"语句实现的,其语句格式如下:

CREATE TABLE 表名(字段名 1 数据类型　[约束条件 1]

字段名 2 数据类型　[约束条件 2],…………属性名 n 数据类型　[约束条件 n],[约束条件 n＋1],[约束条件 n＋2],…………)　[ENGINE＝存储类型名][DEFAULTCHARSET＝字符集名];

该语句使用说明如下:

(1)在上面格式中,"CREATE TABLE"后的"表名"用于指定要创建的表的名字,其后一个括号里应顺次给出该表的各个字段的说明信息,每个字段的字段说明都必须包括"字段名""(字段)数据类型"两项内容,它们之间以空格分隔,而各个字段说明之间则以","分隔。每个字段说明后还可指定字段约束条件,它们是在"字段数据类型"后空一格直接给出的,这种约束叫列级(字段级)约束,在给出时比较简单,只需直接给出"约束类型关键字"即可;在所有字段说明之后也可以有一些表级约束条件,它们和前面字段说明间用","分隔,按"constraint　约束名　约束关键字(字段名表)"的格式给出,它们通常用于给出一些表级约束,这里的表级约束是相对字段约束而言的,是指对多个数据列(字段)建立的约束,在"约束关键字"后括号里的"字段名表"就是需要建立某种约束的若干字段的列表,若此列表中只给出一个字段,它创建的即是一个列级约束。

(2)在上面的创建命令中,还可使用"[ENGINE＝存储类型名]""[DEFAULTCHARSET＝字符集名]"来指定创建表时使用的存储引擎与默认字符集。缺省时,按配置文件(或数据库中)中指定的存储引擎和默认字符集来进行创建。

(3)在使用上述命令建表时,当任意一个字段数据类型后或所有的字段说明后都没有使用可选项参数时,创建的是一个无约束表,该表只定义了表中各字段的字段名和数据类型,并无对表中某字段(或某些字段)的约束。如:"create table school1(school_id int(10),school_name varchar(20));"命令创建了一个名为 school1 的表,它有两个字段(列),一个字段(列)名为 school_id,其数据类型为 int(10),另一个字段(列)名为 school_name,其数据类型为 varchar(20)。

(4)若在使用上述命令建表时,任意一个字段数据类型后或所有的字段说明后单独给出了至少一个约束条件,也即至少使用了上面格式中一个可选项参数,则这个表是约束表。

如在前面创建的无约束表的基础上,我们在第一个字段 school_id 的数据类型 int(10)后加上"not null"约束关键字得到的命令:

"create table school2(school_id int(10)not null,school_name varchar(20));"

可创建一个对表中字段 school_id 进行非空约束的约束表,其表名为 school2,表中字段及数据类型跟前面的无约束表 school1 完全一样。

(5)注意:数据表的创建需在完成数据库的创建并打开该数据库后才能进行,若没有打开一个数据库试图直接创建一个表将会出错。图 5-1,5-2 是依次创建一个数据库 school,打开该新创建的库,再在其中创建一个数据表 school 的操作截图。

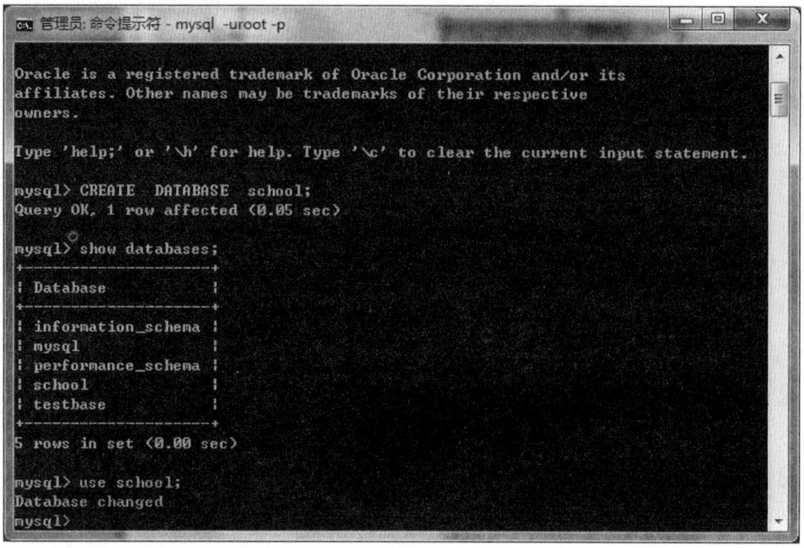

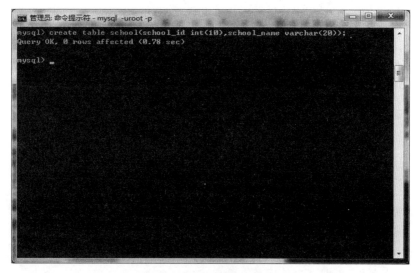

图 5-1　依次创建并打开库 school

图 5-2　创建表 school

5.2.2　常见约束关键字及典型约束表的创建

1. 常见约束关键字

在 MySQL 中常见的约束关键字有:not null、default、unique key、primary key、auto_increment、foreign key 等,它们代表着不同的约束类型,各个约束关键字的含义见表 5-1。

表 5-1　常见约束关键字

完整性约束关键字	含　义
NOT NULL	约束字段的值不能为空
DEFAULT	设置字段的默认值

（续表）

完整性约束关键字	含　义
UNIQUE KEY(UK)	约束字段的值是唯一
PRIMARY KEY(PK)	约束字段为表的主键，可以作为该表记录的唯一标识
AUTO_INCREMENT	约束字段的值为自动增加
FOREIGN KEY(FK)	约束字段为表的外键

其他一些约束如下所示。

UNSIGNED：无符号整数。

DEFAULT cur_timestamp：创建新记录时默认保存当前时间（仅适用 timestamp 数据列）。

ON UPDATE cur_timestamp：修改记录时默认保存当前时间（仅适用 timestamp 数据列）。

CHARACTER SET name：指定字符集（仅适用字符串）；

2. 典型约束表的创建

（1）主键约束

在表中设置主键约束可以唯一标识表中的记录，让人可以快速查找表中的某条信息。主键约束是保证实体完整性的一个重要措施。每个数据表中最多只能有一个主键约束，定义为 PRIMARY KEY 的字段不能有重复值且不能为 NULL 值。

在创建表时可以有两种添加主键约束的方法：一是作为字段约束直接在某个字段说明的数据类型后面给出，如："字段名　数据类型 PRIMARY KEY"将指定字段名的字段设置为表的主键。图 5-3 中的"create table"命令即使用这种方法在创建表 t4_dept 时将该表的字段 deptno 设置成了主键，其后的"desc"命令显示了 t4_dept 的字段结构，从中可以看到 deptno 的确已成为 PRIMARY KEY。

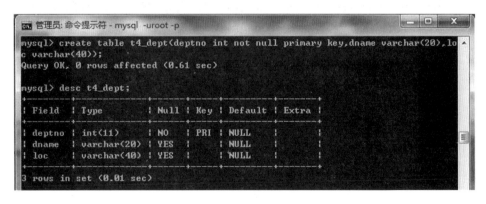

图 5-3　直接对字段进行主键说明

创建表时添加主键约束的另外一种方法：在所有字段说明之后使用"constraint 约束名 约束关键字（字段名表）"的格式给出，注意和前面的字段说明之间用","分隔开。图 5-4 中的"create table"命令即使用这种方法创建了一个带主键约束的表 t5_dept 并将该表的字段 deptno 设置成了主键。

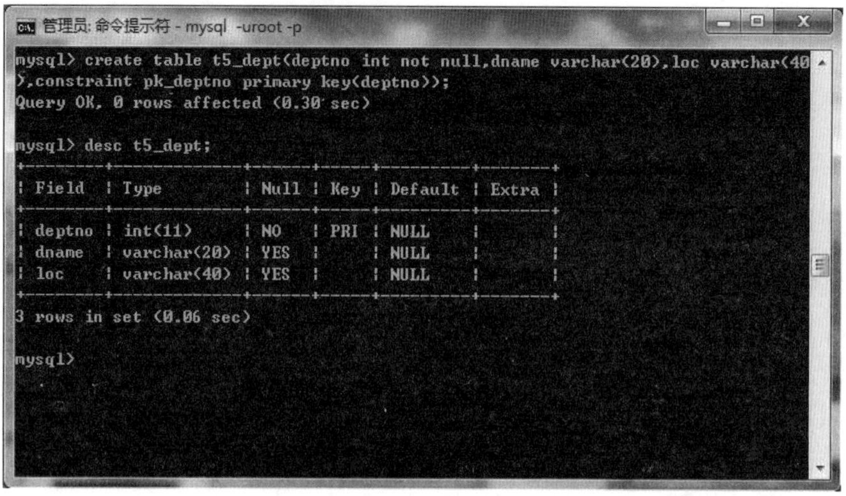

图 5 - 4　使用"constraint"来定义一个主键约束

可以使用多个字段作为表的主键约束,这时只能使用后一种方法,即在所有字段说明之后使用"constraint　约束名　约束关键字(字段名表)"的格式给出,注意应和前面的字段说明之间用","分隔开。图 5 - 5 中的"create table"命令即使用这种方法创建了一个带主键约束的表 t_stu5 并将该表的字段"xm"和"bj"设置成了主键,其后的"SHOW COLUMNS FROM"命令跟前面的"desc"命令功能相同,也是用来显示指定表的字段结构信息,从"SHOW COLUMNS FROM t_stu5"的运行结果可以看出,xm,bj 字段的确是已设为 PRIMARY KEY 了。

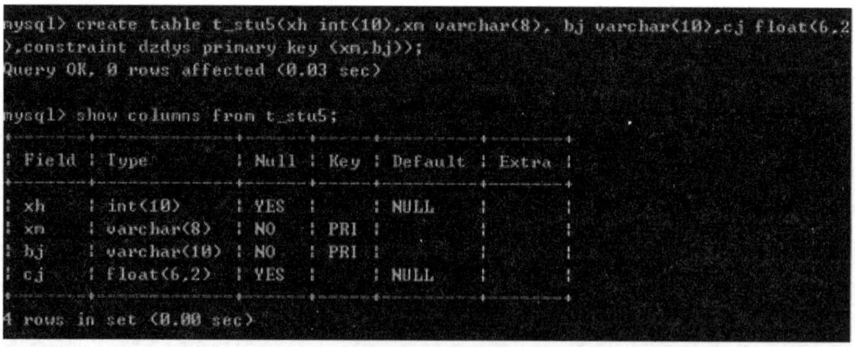

图 5 - 5　使用"constraint"定义由多个字段组成的主键约束

(2)外键约束

外键是用来实现参照完整性的。所谓外键是指在 B 表中出现且在 A 表中的同名字段为主键的字段。外键约束能够将一个表和另一个表建立起联系,方便对它们进行级联操作。

在创建表时,外键约束一般是在所有字段说明后使用"CONSTRAINT 约束标识符 FOREIG　NKEY(属性名 1)　REFERENCES 表名(属性名 2)"来定义。图 5 - 6 中的"create table"命令即使用这种方法创建了一个带外键约束的表 t8_employee 并将该表的字段"deptno"设成了外键,其对应的主表为 t8_dept,主表中"deptno"为主键字段。

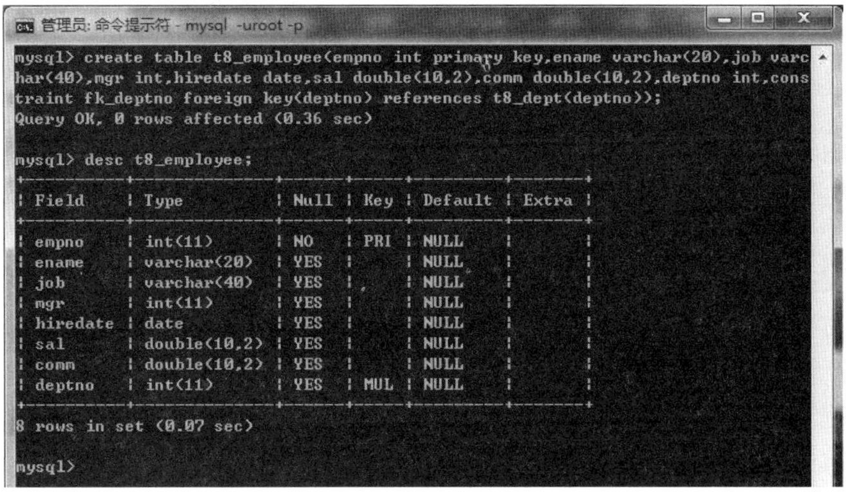

图 5 - 6　使用"constrain"定义外键约束

（3）非空约束

非空约束是限定字段值不能为空的一种约束。带非空约束的表的创建一般是在需进行非空约束的那个字段的"数据类型"后空一格直接给出"not null"的,即在创建表时按"字段名　数据类型　not null"来对相关字段进行说明。图 5 - 7 中的命令在创建 t_dept 表时设置了该表中 deptno 字段为非空。

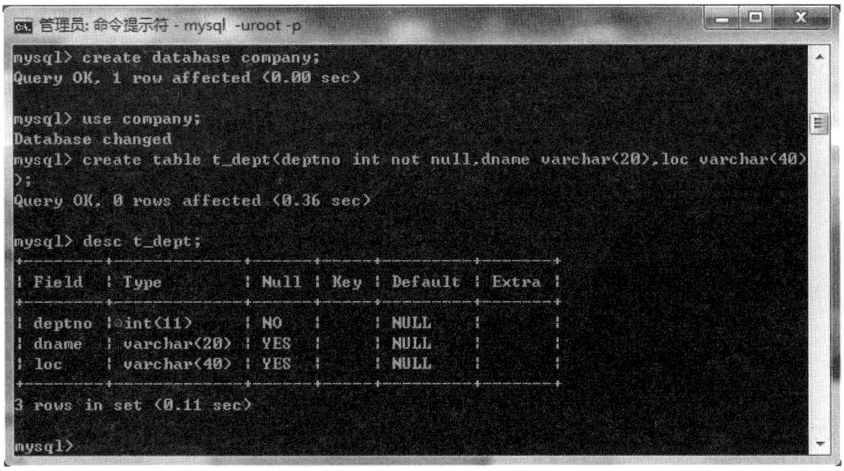

图 5 - 7　直接在字段说明后定义非空约束

（4）唯一约束

唯一约束用于保证数据表中字段的唯一性,即表中字段的值不能重复出现。它可以直接在字段中进行说明的,即在有唯一性要求的字段说明后加上"unique"。图 5 - 8 中即使用这种方法在创建表 t2_dept 时对字段 dname 设置了唯一约束。

唯一约束也可以使用"constraint 约束名 unique key（字段名）"进行设置。上面创建 t2_dept 表的命令也可以写成:"create table t2_dept（deptno int null,dname varchar（20）,loc

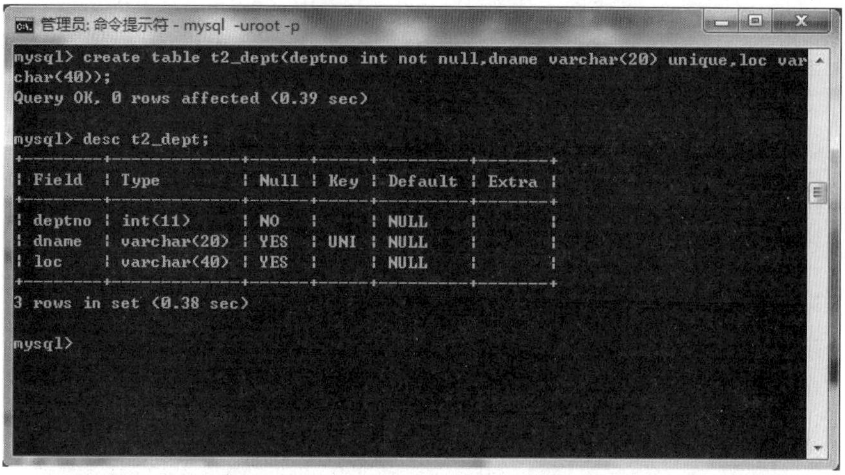

图 5-8　直接在字段说明后定义唯一约束

varchar(40),constraint constondname unique key(dname));",图 5-9 中的命令使用这种格式创建了一个带唯一约束的新表 t3_dept。

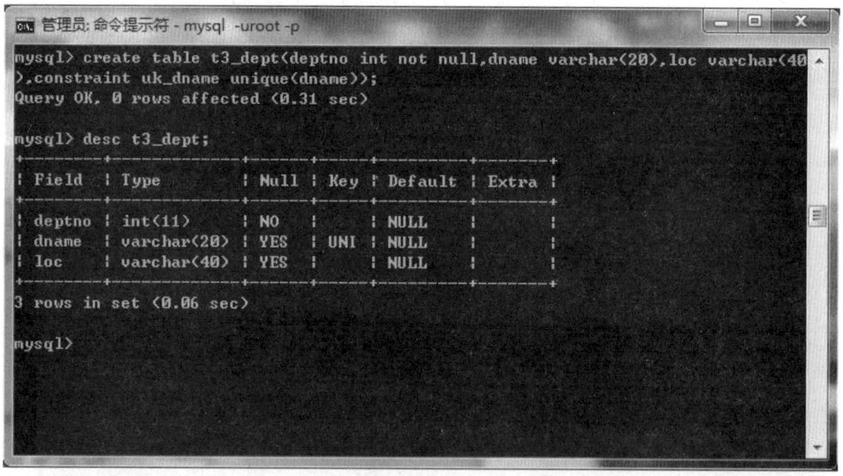

图 5-9　使用"constrain"定义唯一约束

(5)默认值约束

默认约束用于给表中字段指定默认值,即当在表中插入一条新记录时,如果没有给这个字段赋值,系统会自动为这个字段插入默认值。

在创建表时,默认约束也常采用在"字段数据类型"后直接按"default 默认值"格式来给出,并注意和前面内容用空格分隔。

如图 5-10 中的"create table"命令即使用这种方法创建了一个对 dname 字段指定了默认值的表 t1_dept。其后的"desc t1_dept"命令执行结果显示出 dname 字段的确有了一个默认值"WHSW"。

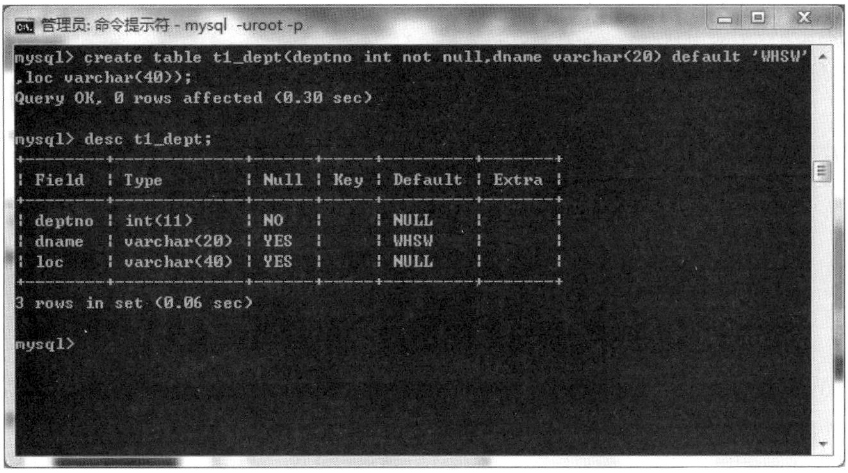

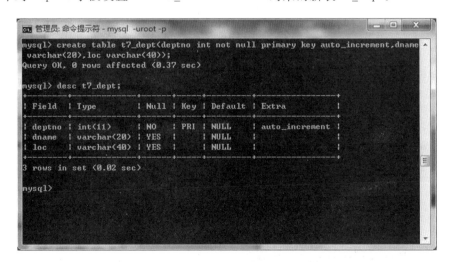

图 5-10　直接在字段说明后定义默认值约束

（6）auto_increment 约束

在数据表中，若想为表中插入的新记录自动生成唯一的 ID，可以使用 AUTO_
INCREMENT 约束来实现。AUTO_INCREMENT 约束的字段可以是任何整数类型，默认
情况下，该字段的值是从 1 开始自增的。

设置 auto_increment 约束的方法有两种：一种是在字段说明后直接加上 AUTO_IN-
CREMENT 关键字，即使用"字段名　数据类型 AUTO_INCREMENT"来对字段进行说
明；另外一种是在所有字段说明之后使用"constraint 约束名 auto_increment(字段名)"进行
设置，设置时注意和前面的字段说明之间用"，"分隔。图 5-11 中的命令使用第一种方法创
建了一个对 deptno 字段设置 AUTO_INCREMENT 约束的新表 t7_dept。

图 5-11　直接在字段说明后定义 AUTO_INCREMENT 约束

应该注意的是设置自动增加的字段必须同时为主键，否则会出错。如图 5-12 中设置
命令时，由于没同时为 deptno 命令设置主键，在试图将其设置为自动增加时就显示出错了。

```
mysql> create table t7_dept(deptno int not null auto_increment,dname varchar<20>
,loc varchar<40>);
ERROR 1075 (42000): Incorrect table definition; there can be only one auto colum
n and it must be defined as a key
```

图 5-12 对未设置主键的字段设置自动增加导致出错

5.3 MySQL 数据表的几个查看命令

5.3.1 SHOW TABLES

"SHOW TABLES"可以查看当前数据库下有哪些数据表,其语句格式是:

SHOW TABLES;

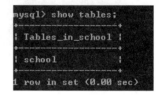

图 5-13 显示当前库中所有表信息

该语句无任何其他参数,直接在"SHOW TABLES"后加一个";"即可。它在使用之前应选择一个当前库,否则,应在其后给出"FROM 数据库名"。图 5-13 中的"SHOW TABLES"命令显示出当前打开的数据库中有一个表,表名为 school。

5.3.2 SHOW TABLE STATUS

"SHOW TABLE STATUS"命令可以查看当前数据库中全部数据表的说明信息,其使用格式是:

SHOW TABLE STATUS;

该语句也无任何其他参数,直接在"SHOW TABLE STATUS"后加一个";"即可。它在使用之前应选择一个当前库,否则,应在其后给出"FROM 数据库名"。图 5-14 中的"SHOW TABLE STATUS"命令显示出当前打开的数据库中有一个表,表名为 school,其存储引擎及默认字符集等详细说明信息均在此命令的执行结果中显示出来了。

```
mysql> use school;
Database changed
mysql> SHOW table status;

| Name   | Engine | Version | Row_format | Rows | Avg_row_length | Data_length |
Max_data_length | Index_length | Data_free | Auto_increment | Create_time |
  Update_time | Check_time | Collation     | Checksum | Create_options | Com
ment |

| school | InnoDB |      10 | Compact    |    0 |              0 |       16384 |
              0 |            0 |  10485760 |         NULL | 2017-03-10 15:07:
07 | NULL        | NULL       | gbk_chinese_ci |     NULL |                |

1 row in set (0.00 sec)
```

图 5-14 显示当前库中所有表的状态信息

5.3.3　SHOW CREATE TABLE

"SHOW CREATE TABLE"命令可以查看指定数据表的创建信息,也即可以查看指定数据表是用什么语句创建的、使用哪种存储引擎、使用什么字符集等,其语句格式如下:

SHOW CREATE TABLE 表名;

其中,"表名"是要显示创建信息的表名。应注意的是:此命令在使用之前应选择一个当前库,否则,应在表名前给出"库名 . "。图 5-15 中的"SHOW CREATE TABLE"命令显示了表 school 的创建信息。

图 5-15　显示表 school 的创建信息

5.3.4　DESCRIBE 与 SHOW COLUMNS FROM

"DESCRIBE"语句与"SHOW COLUMNS FROM"语句都可以查看(或显示)指定表的字段结构信息,这些字段结构信息包括字段名、字段数据类型、可否为空、主键(外键、唯一)设置、默认值等。其语句格式如下。

格式一:DESCRIBE 表名;

格式二:DESC 表名;

格式三:SHOW COLUMNS FROM 表名。

其中,"表名"为要显示字段结构信息的表的名字。应注意的是:这些命令在使用之前应选择一个当前库,否则,应在表名前给出"库名 . "或"FROM 库名"。

如图 5-16、5-17 分别使用"DESCRIBE"和"SHOW COLUMNS FROM"显示了"school"表的字段结构信息。

图 5-16　desc 命令显示 school 表的结构

图 5-17 "show columns from"显示 school 表的结构

5.4 MySQL 数据表的修改

在 MySQL 中，允许对创建好的数据表进行修改，修改时可以有以下几种形式：修改表名、修改字段名、修改字段类型、修改字段排列位置、添加字段、删除字段、添加字段约束、删除约束等，它们一般都是使用"Alter table 表名"命令，但后面的具体参数不同，下面分别介绍其语句格式。

5.4.1 修改表名

语句格式一：Alter TABLE 表名 RENAME［TO］新表名；
语句格式二：RENAME TABLE 表名 TO 新表名；
其中，"表名"为要更名的表，"新表名"为要更改成的表名，格式一中参数"TO"可以省略。
图 5-18 中的"ALTER TABLE"语句将 dept 更名为 t_dept。

图 5-18 使用"Alter table"修改"dept"表的名字

5.4.2 修改字段名

语句格式：ALTER TABLE 表名 CHANGE 旧字段名 新字段名 新数据类型。
其中，"表名"指定要修改的是哪个表，"旧字段名"指定要修改表中哪个字段（的字段名），"新字段名"指定要修改成的新字段名，"新数据类型"指定修改字段名后的字段数据类型（注意：新数据类型不能省掉，表中字段更改字段名后即便数据类型不改，也要给出新数据类型）。
图 5-20 中的"ALTER TABLE"语句将 t_dept 表中 loc 字段更名为 location，修改之前（见图 5-19）和修改之后的"desc"语句执行结果的对比中可以看出 loc 字段被修改成了 location。

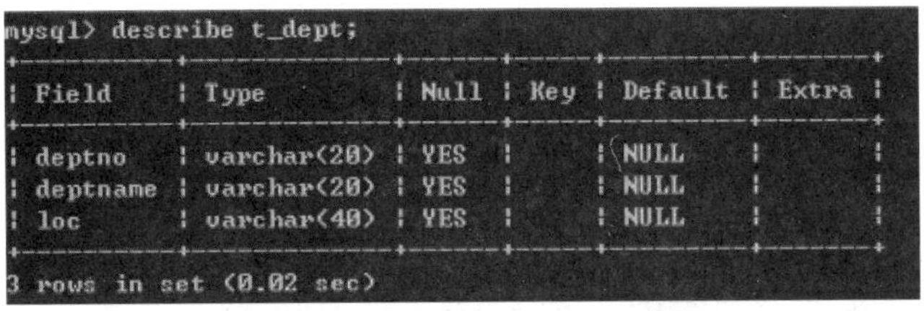

图 5 - 19　t_dept 表的字段结构

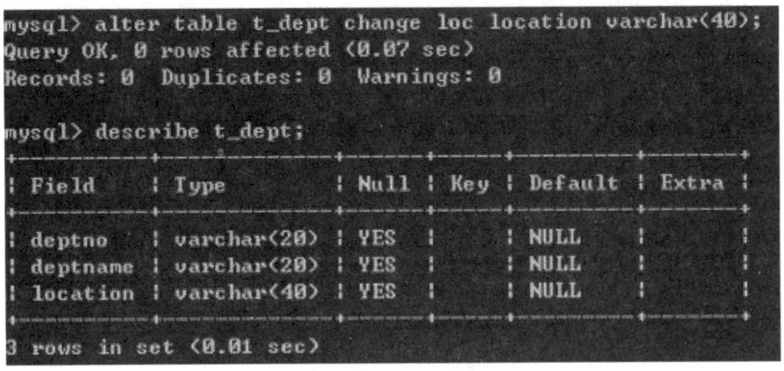

图 5 - 20　修改 t_dept 表中 loc 字段的字段名并显示修改后结构

5.4.3　修改字段类型

语句格式：ALTER TABLE　表名　MODIFY　字段名　数据类型；

其中，"表名"指定要修改的是哪个表，"MODIFY"表示要修改表中字段数据类型，"字段名"指定要修改表中哪个字段(的数据类型)，"数据类型"指定表中字段要修改成的新数据类型。

图 5 - 21 中的"ALTER TABLE"语句将 t_dept 表中 deptno 字段数据类型由原来的 int (10)修改为 varchar(20)。

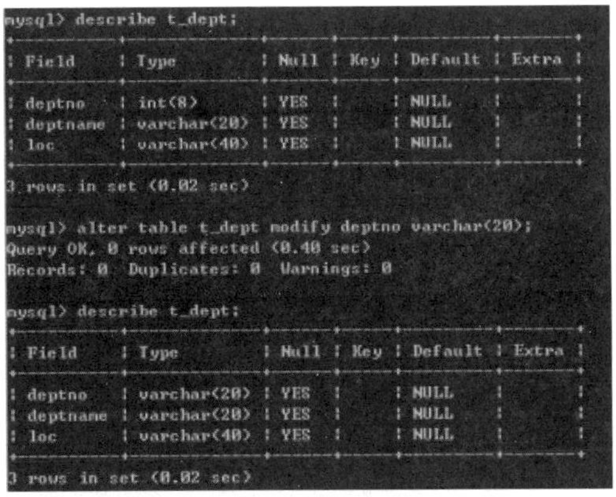

图 5 - 21　"Alter table"修改表的字段类型

5.4.4　修改字段排列位置

语句格式：ALTER TABLE　表名　MODIFY　字段名　数据类型　FIRST｜AFTER 字段名 2；此语句从格式上看比上面的修改字段数据类型语句多了一个参数，即在上面的修改字段数据类型语句的最后增加了一个字段位置参数，这个字段位置参数可以选择

"FIRST"或"AFTER 字段名 2"中的一个。当选择"FIRST"参数时表示将指定字段调至第一个字段;当选择"AFTER 字段名 2"时表示将指定字段调至"字段名 2"所指字段的后面。

图 5 - 22 中的"ALTER TABLE"语句将 t_dept 表中 loc 字段的位置由原来第三的位置调至了第一。

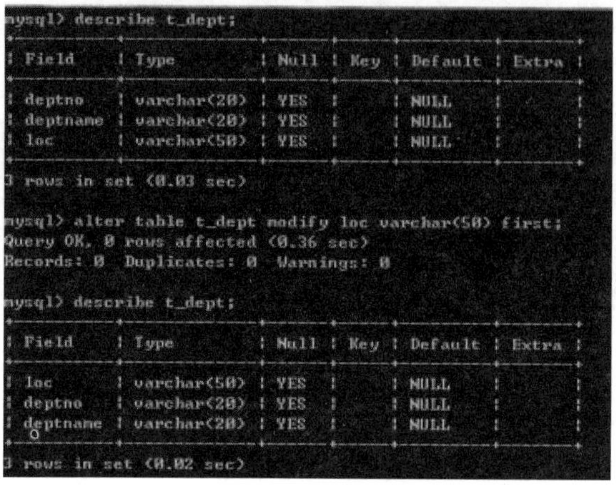

```
mysql> describe t_dept;
+----------+-------------+------+-----+---------+-------+
| Field    | Type        | Null | Key | Default | Extra |
+----------+-------------+------+-----+---------+-------+
| deptno   | varchar(20) | YES  |     | NULL    |       |
| deptname | varchar(20) | YES  |     | NULL    |       |
| loc      | varchar(50) | YES  |     | NULL    |       |
+----------+-------------+------+-----+---------+-------+
3 rows in set (0.03 sec)

mysql> alter table t_dept modify loc varchar(50) first;
Query OK, 0 rows affected (0.36 sec)
Records: 0  Duplicates: 0  Warnings: 0

mysql> describe t_dept;
+----------+-------------+------+-----+---------+-------+
| Field    | Type        | Null | Key | Default | Extra |
+----------+-------------+------+-----+---------+-------+
| loc      | varchar(50) | YES  |     | NULL    |       |
| deptno   | varchar(20) | YES  |     | NULL    |       |
| deptname | varchar(20) | YES  |     | NULL    |       |
+----------+-------------+------+-----+---------+-------+
3 rows in set (0.02 sec)
```

图 5 - 22 "Alter table"修改字段排列位置

5.4.5 添加字段

语句格式:ALTER TABLE 表名 ADD 字段名 数据类型 [约束条件] FIRST |AFTER 字段名 2;

其中,"表名"指定要添加字段的是哪个表,"ADD"表示要在表中增加字段,其后的"字段名数据类型 [约束条件]"是拟增加字段的字段说明,参数"FIRST|AFTER 字段名 2"表示新增加的字段在各字段中的位置,当使用"FIRST"参数时表示将新添加的字段放在第一个字段位置;当选择"AFTER 字段名 2"时表示将新添加的字段放在"字段名 2"所指字段的后面。当没有使用"FIRST"或"AFTER 字段名 2"参数时新添加的字段放在原来各字段的最后。

图 5 - 23 中的"ALTER TABLE"语句在 t_dept 表中新增加了一个字段 descri 并将其位置调至了 deptno 字段之后。

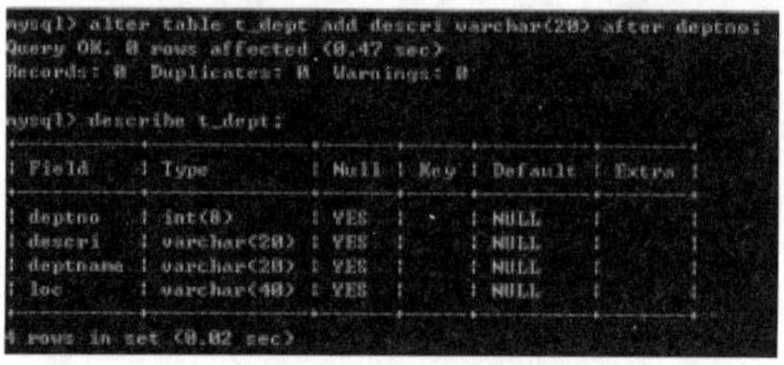

```
mysql> alter table t_dept add descri varchar(20) after deptno;
Query OK, 0 rows affected (0.47 sec)
Records: 0  Duplicates: 0  Warnings: 0

mysql> describe t_dept;
+----------+-------------+------+-----+---------+-------+
| Field    | Type        | Null | Key | Default | Extra |
+----------+-------------+------+-----+---------+-------+
| deptno   | int(8)      | YES  |     | NULL    |       |
| descri   | varchar(20) | YES  |     | NULL    |       |
| deptname | varchar(20) | YES  |     | NULL    |       |
| loc      | varchar(40) | YES  |     | NULL    |       |
+----------+-------------+------+-----+---------+-------+
4 rows in set (0.02 sec)
```

图 5 - 23 使用"Alter table"在表中添加字段

5.4.6 删除字段

语句格式:ALTER TABLE 表名 DROP 字段名;

其中,"表名"指定要删除字段的是哪个表,"DROP"表示要在表中删除字段,其后的"字段名"即指定了要删除的是哪个字段。

图 5-24 中的"ALTER TABLE"语句在 t_dept 表中删除了一个字段 descri。

图 5-24 使用"Alter table"在表中删除字段

5.4.7 添加约束

语句格式:ALTER TABLE 表名 ADD CONSTRAINT 约束名 约束类型(字段名);

其中,"表名"指定要添加约束的是哪个表,"ADD CONSTRAINT"表示要在表中增加约束,其后的"约束名"是拟增加约束的名字,"约束类型"是拟增加约束的类型,其后括号里的"字段名"是指约束是在哪一个字段上建立起来的。

图 5-25 中的"ALTER TABLE"语句在 t_dept 表中新增加了一个约束名为 unidept 的约束,它是在对字段 deptno 进行的唯一性约束。

图 5-25 使用"Alter table"在表中添加约束

通过"show create table t_dept;"可以查看到该新增加的约束的有关信息(见图 5-26)。

图 5-26 查看添加了约束的表的创建信息

5.5 MySQL 数据表的删除

要删除一个数据表,可使用"DROP TABLE"语句,其语句格式:

DROP TABLE 表名。

其中,"表名"指定要删除是哪个表。应该注意的是:该表所在的数据库应该先打开,否则应在表名前带"库名."或在表名后加"FROM 数据库名"。图 5 - 27 中使用"drop table"命令删除了当前库中 school 表。

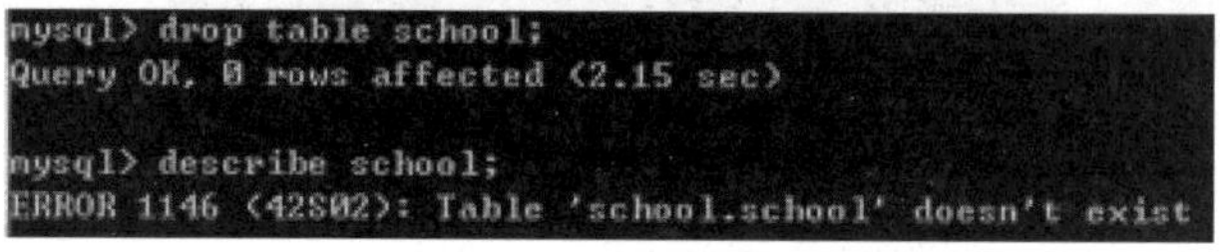

图 5 - 27 使用"drop table"命令删除表 school

5.6 思考与练习

1. 什么是数据完整性? 数据完整性有哪些类型?

2. 常见的约束类型有哪些?

3. 为表创建约束有哪几种方法?

4. 显示表的字段结构信息有哪两种方法(哪两个命令)?

5. 修改表的命令有哪几种形式,命令格式各是怎样的?

6. 若要在基本表 STU 中增加一列 KCM(课程名),可使用以下哪一个命令(　　)。

A. ADD TABLE STU ALTER KCM CHAR(8)

B. ALTER TABLE STU ADD KCM CHAR(8)

C. ADD TABLE STU KCM CHAR(8)

D. ALTER TABLE STU ADD KCM CHAR(8)

第6章   MySQL 表数据的有关操作

6.1   添加数据

6.1.1   添加单条(记录)数据

数据表创建好后,可以使用"INSERT INTO"语句往表中添加单条(记录)数据,其语句格式:INSERT INTO   表名[(字段名1,字段名2,……)]   VALUES(值1,值2,……);

其中,"INSERT INTO"后的"表名"用于给出要添加数据的表,其后"[]"里的"(字段名1,字段名2,……)"用于给出表中需要插入数据的字段列表,它可以是全部的字段列表,也可以是其中一部分字段的列表,在给出时各个字段间应以","分隔,并且外面的"[]"不需要给出,"[]"里面的"(字段名1,字段名2,……)"也可以省掉的,省掉时默认要插入数据的是所有字段。"VALUES(值1,值2,……)"用于对应给出前面字段列表"(字段名1,字段名2,……)"中各个字段的值,当前面是省掉字段列表时,应按各字段在表中的顺序对应给出每一个字段的值。

下面分别看一下几种不同情况时使用"INSERT INTO"插入数据时的示例。

1. 插入全部字段数据

插入全部字段数据可以有两种方式,第一种方式是使用省掉字段列表"(字段名1,字段名2,……)"的"INSERT INTO"语句,如图6-1所示。

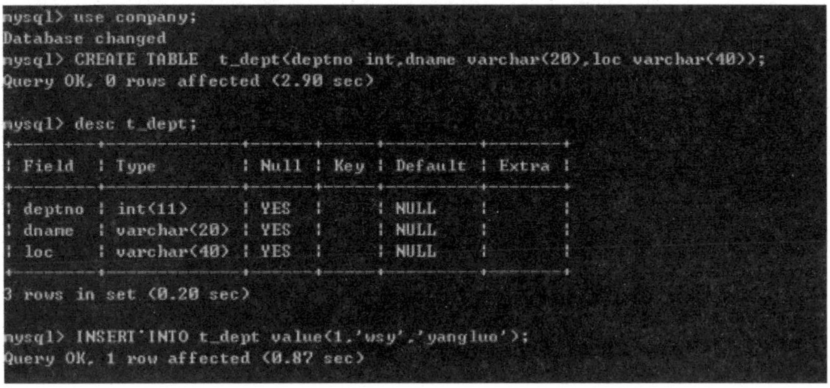

图6-1   表名后省掉字段列表插入全部字段数据

插入后可使用"SELECT * FROM T_DEPT"语句查看所插入的数据记录(关于select语句更详细的内容将在后面的几章中介绍),如图6-2所示。

在上面例子中的"INSERT INTO"语句中，由于表名后省掉了字段名表，VALUES 后字段值的列表中各字段的顺序应跟各字段在表中的顺序（即通过 desc t_dept 显示出来的顺序）一致。

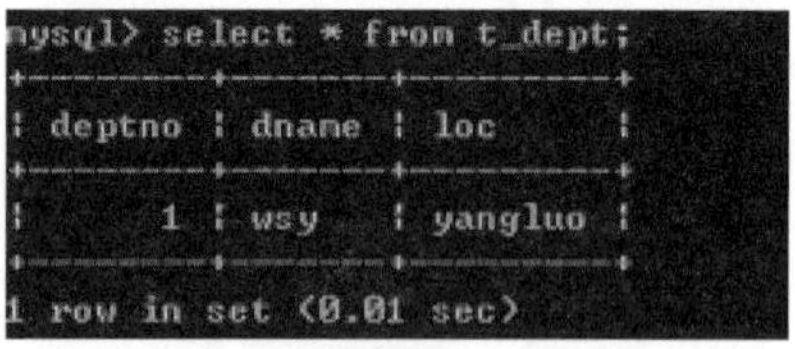

图 6-2　查看插入一条
记录后的 t_dept 表中数据

插入全部数据的第二种方式是：在"INSERT INTO"的表名后使用全部字段的列表（列表顺序可以跟各字段在表中的顺序不一致），这时，后面 VALUES(值 1,值 2,……)中值的顺序应注意跟前面字段列表的顺序保持一致，如图 6-3 所示。

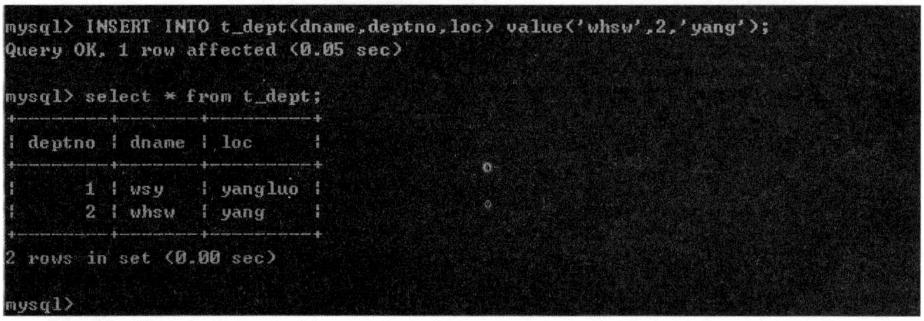

图 6-3　表名后带字段列表插入全部字段数据

2. 插入部分字段数据

在"INSERT INTO"语句的表名后可使用部分字段的列表（列表顺序任意给出），对应地在后面"VALUES(值 1,值 2,……)"中给出各个字段的值。

此时，在插入语句中未给出值的字段若在定义时没有设置默认值或自动增加等约束，将取 NULL 值，如图 6-4 所示。

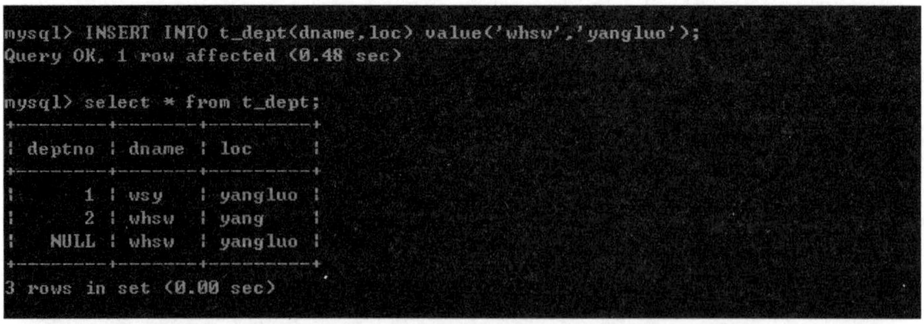

图 6-4　插入部分字段数据时未给出值的字段一般取空值

而对于定义时设置了默认值或自动增加等约束条件的语句，在插入语句中未给出值的字段将自动按所定义的约束取值。如下面的例子中定义了一个约束表 t2_dept，其中 deptno 为自动增加，因此，在已经插入一条完整数据记录的情况下，再通过"INSERT INTO"给第 2 条记录的 dname 和 loc 字段插入值时，由于 deptno 已定义为自动增加，所以将自动获得一个值 2（如图 6-5 所示）。

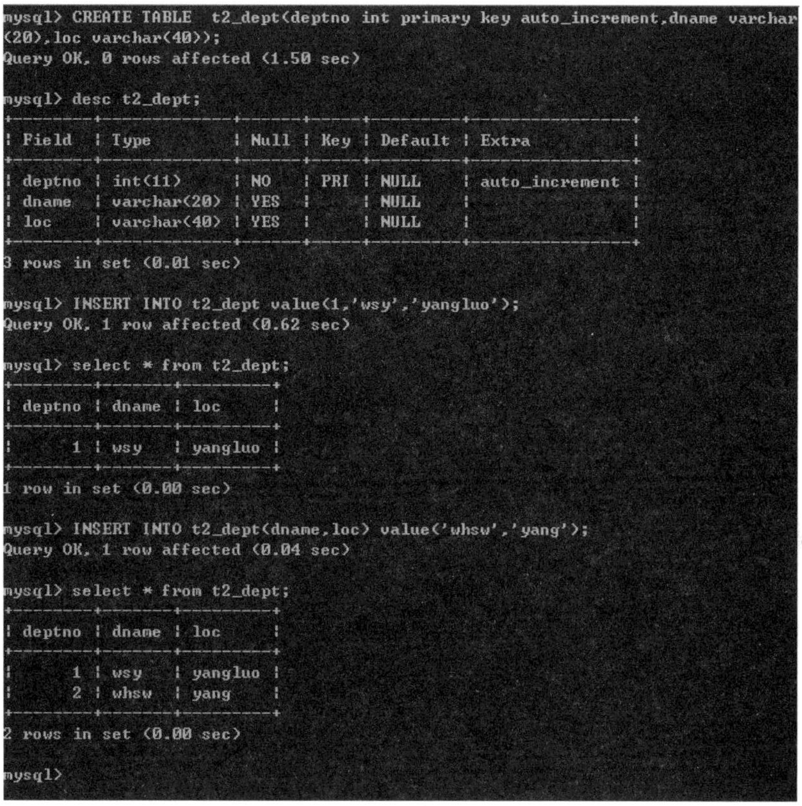

```
mysql> CREATE TABLE  t2_dept(deptno int primary key auto_increment,dname varchar
(20),loc varchar(40));
Query OK, 0 rows affected (1.50 sec)

mysql> desc t2_dept;
+--------+-------------+------+-----+---------+----------------+
| Field  | Type        | Null | Key | Default | Extra          |
+--------+-------------+------+-----+---------+----------------+
| deptno | int(11)     | NO   | PRI | NULL    | auto_increment |
| dname  | varchar(20) | YES  |     | NULL    |                |
| loc    | varchar(40) | YES  |     | NULL    |                |
+--------+-------------+------+-----+---------+----------------+
3 rows in set (0.01 sec)

mysql> INSERT INTO t2_dept value(1,'wsy','yangluo');
Query OK, 1 row affected (0.62 sec)

mysql> select * from t2_dept;
+--------+-------+---------+
| deptno | dname | loc     |
+--------+-------+---------+
|      1 | wsy   | yangluo |
+--------+-------+---------+
1 row in set (0.00 sec)

mysql> INSERT INTO t2_dept(dname,loc) value('whsw','yang');
Query OK, 1 row affected (0.04 sec)

mysql> select * from t2_dept;
+--------+-------+---------+
| deptno | dname | loc     |
+--------+-------+---------+
|      1 | wsy   | yangluo |
|      2 | whsw  | yang    |
+--------+-------+---------+
2 rows in set (0.00 sec)

mysql>
```

图 6-5 插入部分字段数据时未给出值的字段按事先设置的约束进行自动增加

6.1.2 插入多条数据记录

当需要往数据表中插入多条记录时，可以使用上面介绍的方法逐条插入记录，但是，逐条插入时每次都要写一个新的“INSERT INTO”语句，会比较麻烦。MySQL 允许在一个“INSERT INTO”语句中同时插入多条数据记录。其语句格式：

INSERT INTO 表名[(字段名 1,字段名 2,……)] VALUES(值 1,值 2,……),(值 1,值 2,……),……,(取值列表 n)；

与原来插入单条数据记录的语句相比，就是在其后面加上更多的数据记录的字段值列表，每一个新加的数据记录的字段值列表和前面数据记录的字段值列表之间用“,”分隔。

下面分别看一下插入多条完整数据记录和插入多条不完整数据记录的示例。

1. 插入多条完整数据记录

跟插入单条数据记录一样，它也有两种语句格式：INSERT INTO 表名 VALUES(取值列表 1),(取值列表 2),……,(取值列表 n)；

其二为 INSERT INTO 表名(全部字段列表) VALUES(取值列表 1),(取值列表 2)…,(取值列表 n)；

如图 6-6、6-7 所示为两个“INSERT INTO”语句运行的截图分别采用了第一种方法和第二种方法给表 t2_dept 添加了 2 条数据记录。

```
mysql> INSERT INTO t2_dept value(3,'ws','yanglu'),(4,'sy','yang');
Query OK, 2 rows affected (0.05 sec)
Records: 2  Duplicates: 0  Warnings: 0

mysql> select * from t2_dept;
+--------+-------+----------+
| deptno | dname | loc      |
+--------+-------+----------+
|      1 | wsy   | yangluo  |
|      2 | whsw  | yang     |
|      3 | ws    | yanglu   |
|      4 | sy    | yang     |
+--------+-------+----------+
4 rows in set (0.00 sec)
```

图 6-6　表名后不带字段列表插入多条数据记录

```
mysql> INSERT INTO t2_dept(dname,deptno,loc) value('whswxy',5,'yangl'),('whsy',6
,'yang');
Query OK, 2 rows affected (0.03 sec)
Records: 2  Duplicates: 0  Warnings: 0

mysql> select * from t2_dept;
+--------+--------+----------+
| deptno | dname  | loc      |
+--------+--------+----------+
|      1 | wsy    | yangluo  |
|      2 | whsw   | yang     |
|      3 | ws     | yanglu   |
|      4 | sy     | yang     |
|      5 | whswxy | yangl    |
|      6 | whsy   | yang     |
+--------+--------+----------+
6 rows in set (0.00 sec)
```

图 6-7　表名后带字段列表插入多条数据记录

2. 插入多条不完整数据记录

插入多条不完整数据记录使用“INSERT INTO　表名(字段列表)　VALUES(字段值列表 1),(字段值列表 2),……,(字段值列表 n);”,其示例如图 6-8 所示。

```
mysql> INSERT INTO t2_dept(dname,loc) value('swxy','yangluo'),('whswxy','yangluo
');
Query OK, 2 rows affected (0.01 sec)
Records: 2  Duplicates: 0  Warnings: 0

mysql> select * from t2_dept;
+--------+--------+----------+
| deptno | dname  | loc      |
+--------+--------+----------+
|      1 | wsy    | yangluo  |
|      2 | whsw   | yang     |
|      3 | ws     | yanglu   |
|      4 | sy     | yang     |
|      5 | whswxy | yangl    |
|      6 | whsy   | yang     |
|      7 | swxy   | yangluo  |
|      8 | whswxy | yangluo  |
+--------+--------+----------+
8 rows in set (0.00 sec)
```

图 6-8　插入多条不完整记录

6.1.3　插入查询结果

“INSERT INTO”语句可以将一个表中查询出来的数据插入到另一表中,这样,可以实现不同表之间的数据复制与迁移。其语句格式:

INSERT INTO　表名 1(字段列表 1)　SELECT　(属性列表 2)　FROM　表名 2 WHERE 条件表达式;

如下面的例子将 t2_dept 表中查询到的全部数据插入到 t_dept 表中。

在将 t2_dept 表中查询到的全部数据插入到 t_dept 表中之前,查询 t_dept 表可以看到里面有 3 条记录,查询 t2_dept 表则有 8 条记录,如图 6-9 所示。

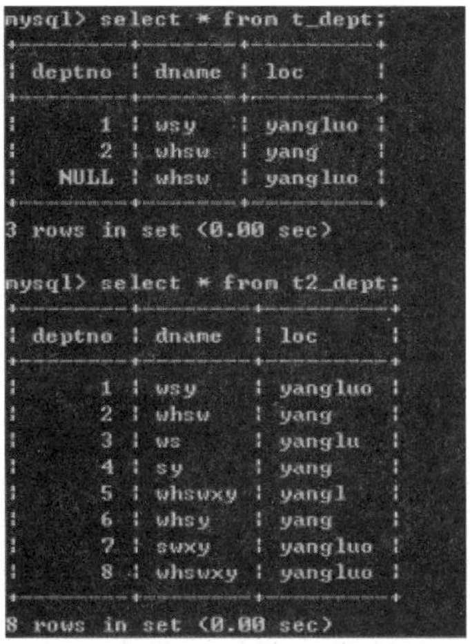

```
mysql> select * from t_dept;
+--------+-------+----------+
| deptno | dname | loc      |
+--------+-------+----------+
|      1 | wsy   | yangluo  |
|      2 | whsw  | yang     |
|   NULL | whsw  | yangluo  |
+--------+-------+----------+
3 rows in set (0.00 sec)

mysql> select * from t2_dept;
+--------+--------+----------+
| deptno | dname  | loc      |
+--------+--------+----------+
|      1 | wsy    | yangluo  |
|      2 | whsw   | yang     |
|      3 | ws     | yanglu   |
|      4 | sy     | yang     |
|      5 | whswxy | yangl    |
|      6 | whsy   | yang     |
|      7 | swxy   | yangluo  |
|      8 | whswxy | yangluo  |
+--------+--------+----------+
8 rows in set (0.00 sec)
```

图 6-9　显示 t_dept 和 t2_dept 中数据记录

使用"INSERT INTO"将 t2_dept 表中查询到的全部数据插入到 t_dept 表中,如图 6-10 所示。

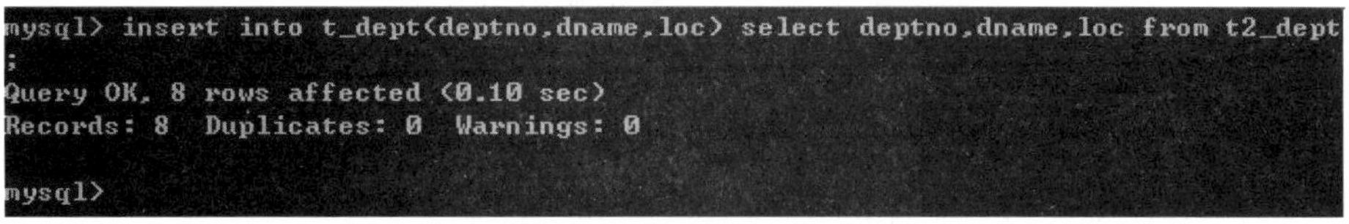

```
mysql> insert into t_dept(deptno,dname,loc) select deptno,dname,loc from t2_dept
;
Query OK, 8 rows affected (0.10 sec)
Records: 8  Duplicates: 0  Warnings: 0

mysql>
```

图 6-10　将 t2_dept 中全部数据插入到 t_dept 中

插入之后,查询 t_dept 可以看到有 11 条记录,多出了原来 t2_dept 中的 8 条记录(如图 6-11 所示)。

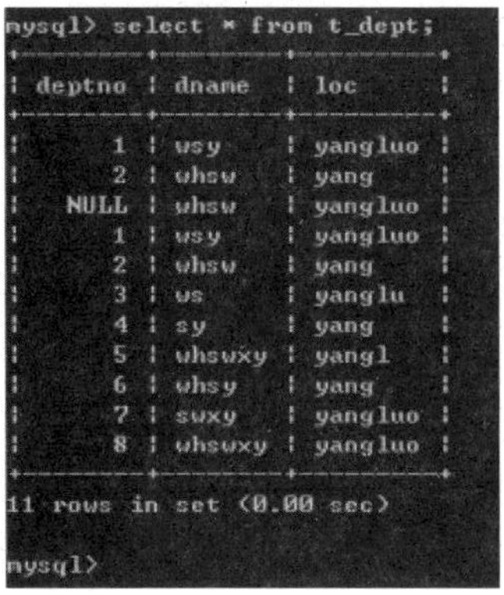

```
mysql> select * from t_dept;
+--------+--------+----------+
| deptno | dname  | loc      |
+--------+--------+----------+
|      1 | wsy    | yangluo  |
|      2 | whsw   | yang     |
|   NULL | whsw   | yangluo  |
|      1 | wsy    | yangluo  |
|      2 | whsw   | yang     |
|      3 | ws     | yanglu   |
|      4 | sy     | yang     |
|      5 | whswxy | yangl    |
|      6 | whsy   | yang     |
|      7 | swxy   | yangluo  |
|      8 | whswxy | yangluo  |
+--------+--------+----------+
11 rows in set (0.00 sec)

mysql>
```

图 6-11　插入 t2_dept 中全部数据之后的 t_tept 中数据记录显示

6.2 更新数据

更新数据是指更新表中记录的字段值。在 MySQL 中,可以通过“UPDATE”语句来更新表中记录的字段数据。其语句格式:

UPDATE 表名 SET 字段名 1=值 1,字段名 2=值 2,……,字段名 n=值 n WHERE 条件表达式;

其中,“表名”指明要更新数据的是哪一个表,后面各个“字段名 n=值 n”指明将“字段名 n”所指字段的值更新为“值 n”所指的值,“WHERE 条件表达式”指明要更新符合什么条件的记录,若无此子句(“WHERE 条件表达式”)时将更新所有记录。

如 t_dept 表中原有数据记录如图 6-12 所示。

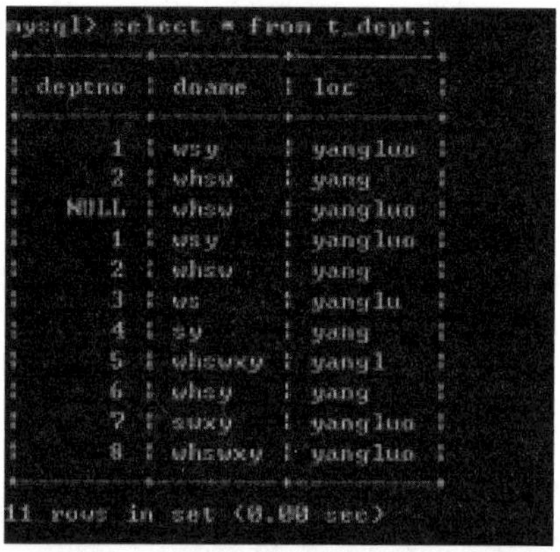

```
mysql> select * from t_dept;
+--------+--------+----------+
| deptno | dname  | loc      |
+--------+--------+----------+
|      1 | wsy    | yangluo  |
|      2 | whsw   | yang     |
|   NULL | whsw   | yangluo  |
|      1 | wsy    | yangluo  |
|      2 | whsw   | yang     |
|      3 | ws     | yanglu   |
|      4 | sy     | yang     |
|      5 | whswxy | yangl    |
|      6 | whsy   | yang     |
|      7 | swxy   | yangluo  |
|      8 | whswxy | yangluo  |
+--------+--------+----------+
11 rows in set (0.00 sec)
```

图 6-12 t_dept 中原有数据记录的显示

使用“UPDATE”语句更新 t_dept 表中 loc 字段值为“yangl”的记录,将其 loc 字段值改为“yangluo”后再次查询 t_dept 表中记录情况,可看到要求的更新操作已经完成(如图 6-13 所示)。

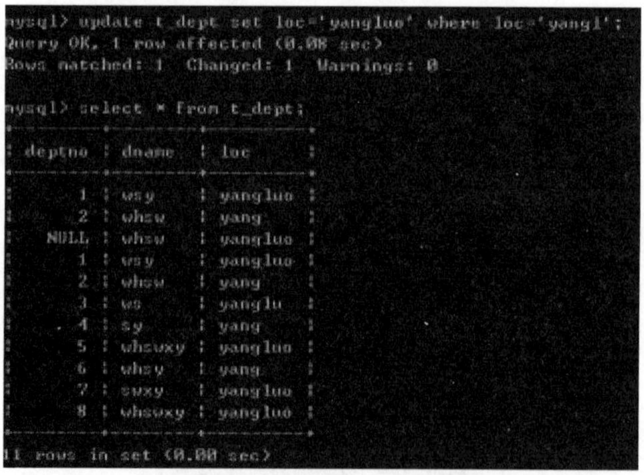

```
mysql> update t_dept set loc='yangluo' where loc='yangl';
Query OK, 1 row affected (0.08 sec)
Rows matched: 1  Changed: 1  Warnings: 0

mysql> select * from t_dept;
+--------+--------+----------+
| deptno | dname  | loc      |
+--------+--------+----------+
|      1 | wsy    | yangluo  |
|      2 | whsw   | yang     |
|   NULL | whsw   | yangluo  |
|      1 | wsy    | yangluo  |
|      2 | whsw   | yang     |
|      3 | ws     | yanglu   |
|      4 | sy     | yang     |
|      5 | whswxy | yangluo  |
|      6 | whsy   | yang     |
|      7 | swxy   | yangluo  |
|      8 | whswxy | yangluo  |
+--------+--------+----------+
11 rows in set (0.00 sec)
```

图 6-13 更新 t_dept 表中 loc 字段值为“yangl”

下面的一个例子中使用“UPDATE”语句更新了 t_dept 表中 loc 字段值为“yang“的记录，将其 dname 和 loc 字段值分别改为“whs”和“yangluo”(如图 6 - 14 所示)。

```
mysql> select * from t_dept;
+--------+--------+---------+
| deptno | dname  | loc     |
+--------+--------+---------+
|      1 | wsy    | yangluo |
|      2 | whsw   | yang    |
|   NULL | whsw   | yangluo |
|      1 | wsy    | yangluo |
|      2 | whsw   | yang    |
|      3 | ws     | yanglu  |
|      4 | sy     | yang    |
|      5 | whswxy | yangluo |
|      6 | whsy   | yang    |
|      7 | swxy   | yangluo |
|      8 | whswxy | yangluo |
+--------+--------+---------+
11 rows in set (0.00 sec)

mysql> update t_dept set dname='whs',loc='yangluo' where loc='yang';
Query OK, 4 rows affected (0.02 sec)
Rows matched: 4  Changed: 4  Warnings: 0

mysql> select * from t_dept;
+--------+--------+---------+
| deptno | dname  | loc     |
+--------+--------+---------+
|      1 | wsy    | yangluo |
|      2 | whs    | yangluo |
|   NULL | whsw   | yangluo |
|      1 | wsy    | yangluo |
|      2 | whs    | yangluo |
|      3 | ws     | yanglu  |
|      4 | whs    | yangluo |
|      5 | whswxy | yangluo |
|      6 | whs    | yangluo |
|      7 | swxy   | yangluo |
|      8 | whswxy | yangluo |
+--------+--------+---------+
11 rows in set (0.01 sec)

mysql>
```

图 6 - 14 更新 t_dept 表中 loc 字段值为“yang”的记录中 dname 和 loc 字段的值

6.3 删除数据

6.3.1 DETELE 删除

删除数据是指删除表中已经存在的记录。在 MySQL 中，可以通过“DELETE”语句来删除数据记录。其语句格式如下：

DELETE FROM 表名 [WHERE 条件表达式]；

其中，“表名”指明要删除数据的是哪一个表，“WHERE 条件表达式”指明要删除哪些记录(删除符合条件的记录)，若无此子句(“WHERE 条件表达式”)时将删除所有记录。

图 6 - 15 中的“DELETE”语句删除了符合条件(dname＝'ws')的记录。

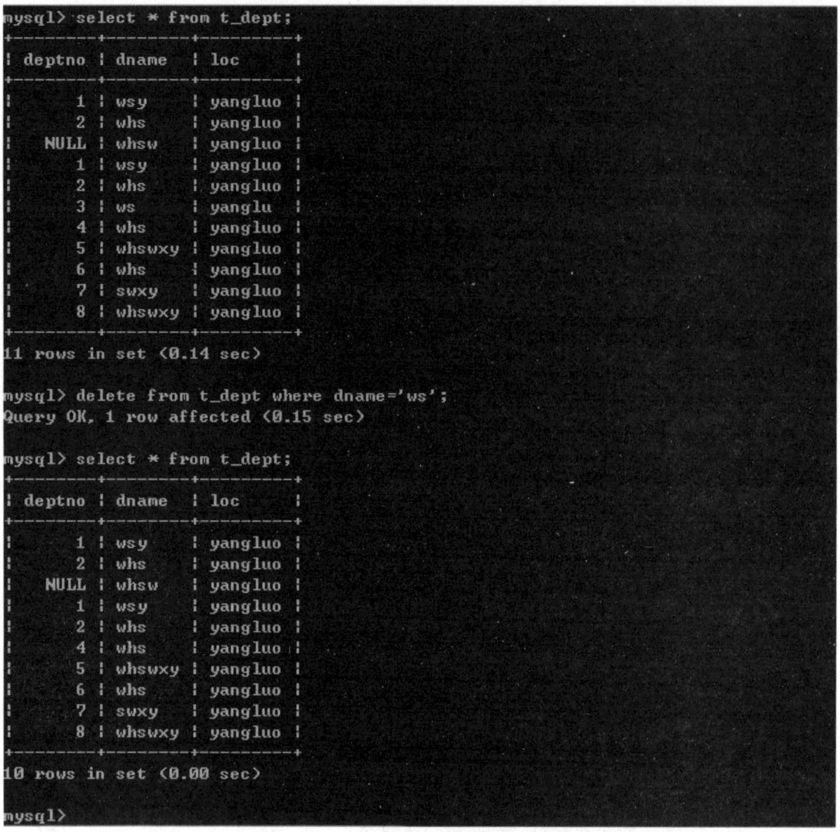

```
mysql> select * from t_dept;
+--------+--------+---------+
| deptno | dname  | loc     |
+--------+--------+---------+
|      1 | wsy    | yangluo |
|      2 | whs    | yangluo |
|   NULL | whsw   | yangluo |
|      1 | wsy    | yangluo |
|      2 | whs    | yangluo |
|      3 | ws     | yanglu  |
|      4 | whs    | yangluo |
|      5 | whswxy | yangluo |
|      6 | whs    | yangluo |
|      7 | swxy   | yangluo |
|      8 | whswxy | yangluo |
+--------+--------+---------+
11 rows in set (0.14 sec)

mysql> delete from t_dept where dname='ws';
Query OK, 1 row affected (0.15 sec)

mysql> select * from t_dept;
+--------+--------+---------+
| deptno | dname  | loc     |
+--------+--------+---------+
|      1 | wsy    | yangluo |
|      2 | whs    | yangluo |
|   NULL | whsw   | yangluo |
|      1 | wsy    | yangluo |
|      2 | whs    | yangluo |
|      4 | whs    | yangluo |
|      5 | whswxy | yangluo |
|      6 | whs    | yangluo |
|      7 | swxy   | yangluo |
|      8 | whswxy | yangluo |
+--------+--------+---------+
10 rows in set (0.00 sec)

mysql>
```

图 6 - 15　使用 delete 删除指定记录

而不带子句("WHERE 条件表达式")的"DELETE"语句则删除的是全部记录,如图 6 - 16 所示。

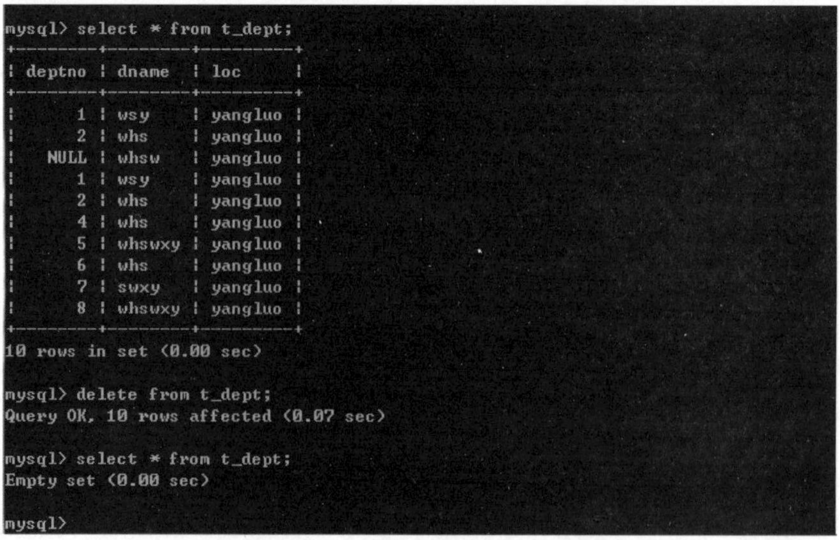

```
mysql> select * from t_dept;
+--------+--------+---------+
| deptno | dname  | loc     |
+--------+--------+---------+
|      1 | wsy    | yangluo |
|      2 | whs    | yangluo |
|   NULL | whsw   | yangluo |
|      1 | wsy    | yangluo |
|      2 | whs    | yangluo |
|      4 | whs    | yangluo |
|      5 | whswxy | yangluo |
|      6 | whs    | yangluo |
|      7 | swxy   | yangluo |
|      8 | whswxy | yangluo |
+--------+--------+---------+
10 rows in set (0.00 sec)

mysql> delete from t_dept;
Query OK, 10 rows affected (0.07 sec)

mysql> select * from t_dept;
Empty set (0.00 sec)

mysql>
```

图 6 - 16　使用 delete 删除表中全部记录

6.3.2　TRUNCATE 删除

在 MySQL 中,还有一种方式可以用来删除表中所有的记录,即用"TRUNCATE"语句,其格式:

$$TRUNCATE　［TABLE］　表名;$$

其中,［TABLE］是可选参数,可省掉,"表名"则是用来指定要删除所有记录的表。

TRUNCATE 语句和不带 where 子句的 DETELE 语句都能删除表中所有数据,但两者有一些区别,主要表现在:

(1)使用 DELETE 语句时,每删除一条记录都会在日志中记录,而使用 TRUNCATE 语句时,不会在日志中记录删除的内容,因此 TRUNCATE 语句的执行效率比 DELETE 语句高。

(2)使用 TRUNCATE 语句删除表中的数据后,若再要向表中添加记录时,其中自动增加字段的默认初始值重新由 1 开始,而使用 DELETE 语句删除表中所有记录,再向表中添加记录时,自动增加字段的值为删除时该字段的最大值加 1。

6.4　思考与练习

1. "INSERT INTO"语句一次可以插入多条记录吗? 若能其语句格式是什么?

2. 将一个表中指定的数据记录插入到另外一个表中对应的字段上的命令是什么?

3. DELETE 和 TRUNCATE 删除表中数据记录有什么不同?

4. 更新数据表使用的是以下哪一个命令(　　　)。

A. DROP

B. UPDATE

C. DELETE

D. TRUNCATE

5. 下面删除记录的语句正确的是(　　　)。

A. Delete from emp where name=' Tony ';

B. Delete ＊ from emp where name=' Tony ';

C. Drop from emp where name=' Tony ';

D. Drop ＊ from emp where name=' Tony ';

第7章 MySQL 的数据备份、恢复与导入、导出

7.1 使用 SQLyog 进行备份、恢复和导入、导出

7.1.1 使用 SQLyog 进行备份、恢复

1. SQLyog 导出为 SQL 脚本

SQLyog 可方便地将 MySQL 数据库(表)导出为一个 SQL 脚本文件,以实现对数据库(表)的备份。其步骤如下:

(1)在 SQLyog 中选取要进行备份的表,如 student 库中的 xszl 表,在其上单击右键,弹出一菜单后在其中选择"备份/导出"下的"备份表作为 SQL 存储"打开 SQL 转储对话框(如图 7-1 所示)。

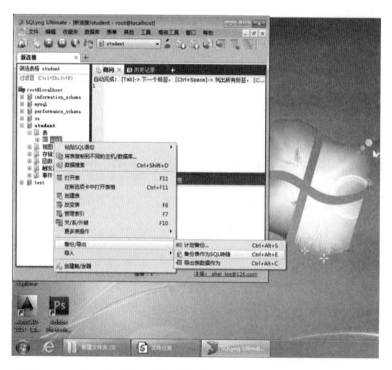

图 7-1 sqlyog 中选取表后在右键菜单中找到"备份表作为 sql 存储"

(2)在 SQL 转储对话框中,选择导出、转储表的方式(可选择结构唯一、仅有数据或结构和数据),根据需要勾选右下边列示出来的有关选项、单击导出到文件输入框后的按钮打开

另存为对话框(如图 7 - 2 所示)。

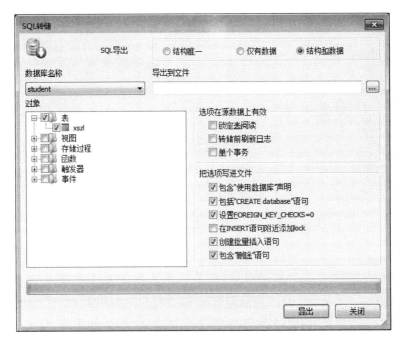

图 7 - 2　SQL 转储对话框

(3)在另存为对话框中选择一个要另存到的目录路径,在文件名输入框输入一个要另存为的文件名,如输入 student 后点保存(如图 7 - 3 所示)。

图 7 - 3　输入转储路径与文件名

(4)返回到 SQL 存储对话框后,点击导出后,开始导出操作(如图 7 - 4 所示)。

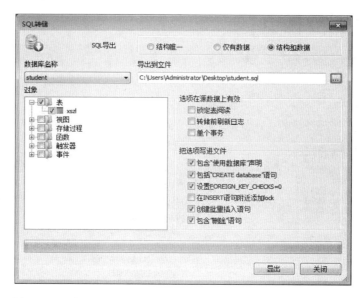

图 7-4　选择 SQL 导出的方式后点"导出"开始备份表到 SQL 存储

（5）等导出进度条到 100％后，点完成即可结束"备份表到 SQL 存储"的工作（如图 7-5 所示）。

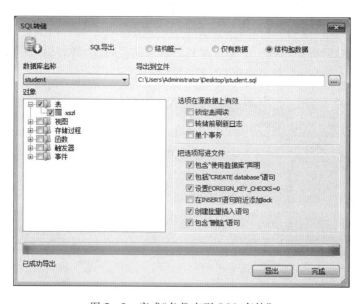

图 7-5　完成"备份表到 SQL 存储"

导出后的 student.sql 脚本内容如下，由创建表、插入表数据的一些命令组成，在恢复时通过执行这些命令可以完成对一个表的重建。

```
/*
SQLyog Ultimate v11.24(32 bit)
MySQL - 5.6.5 - m8：Database - student
* * * * * * * * * * * * * * * * * * * * * * * * * * * * * * * * * * * * * * * * * * * * * *
```

```
*/

/*!40101 SET NAMES utf8 */;

/*!40101 SET SQL_MODE='' */;

/*!40014 SET @OLD_UNIQUE_CHECKS=@@UNIQUE_CHECKS,UNIQUE_CHECKS=0 */;
/*!40014 SET @OLD_FOREIGN_KEY_CHECKS=@@FOREIGN_KEY_CHECKS,FOREIGN_KEY_CHECKS=0 */;
/*!40101 SET @OLD_SQL_MODE=@@SQL_MODE,SQL_MODE='NO_AUTO_VALUE_ON_ZERO' */;
/*!40111 SET @OLD_SQL_NOTES=@@SQL_NOTES,SQL_NOTES=0 */;
CREATE DATABASE /*!32312 IF NOT EXISTS*/`student` /*!40100 DEFAULT CHARACTER SET gbk */;

USE `student`;

/*Table structure for table `xszl` */

DROP TABLE IF EXISTS `xszl`;

CREATE TABLE `xszl`(
  `考生号` varchar(255)DEFAULT NULL,
  `姓名` varchar(255)DEFAULT NULL,
  `性别` varchar(255)DEFAULT NULL,
  `专业` varchar(255)DEFAULT NULL
)ENGINE=InnoDB DEFAULT CHARSET=utf8;

/*Data for the table `xszl` */
```

insert into `xszl`(`考生号`,`姓名`,`性别`,`专业`) values('13422802130074','刘御','女','动画'),('13422802130165','陈缺','男','动画'),('13422802170146','付蕊','男','环境设计'),('13429401130207','王御','男','动画'),('13429501130319','付红','女','环境设计'),('13429501130342','周生','女','视觉传达设计'),('13429501130647','刘蕊','男','动画'),('13429501170037','李茹','男','环境设计'),('13429601130340','郑方','男','环境设计'),('13429601170054','陈帆','女','环境设计'),('13429601170161','马军','男','环境设计'),('13420281850124','蒋茹','男','环境设计'),('13420281850175','郑御','男','计算机科学与技术'),('13420321850029','李缺','男','土木工程(建筑工程)'),('13420321850093','吴方','男','土木工程(建筑工程)'),('13420527850007','徐花','女','生物工程'),('13420528810016','马成','女','土木工程(建筑工程)'),('13420528850189','赵成','男','制药工程'),('13420528850354','钱花','男','土木工程(建筑工程)'),('13420528850377','彭茹','女','土木工程(建筑工程)'),('13420582850144','付生','女','制药工程'),('13420583850061','彭明','女','机械设计制造及其自动化'),('13420583850079','王花','男','机械设计制造及其自动化'),('13420601851104','钱军','女','土木工程(建筑工程)'),('13420601851153','赵彪','女','土木工程(建筑工程)'),('13420624850032','孙生','男','土木工程(建筑工程)'),('13420701850130','孙锐','男','机械设计制造及其自动化'),('13420802810003','郑成','女','制药工程'),('13420881850123','王帆','男','计算机科学与技术');

```
/*! 40101 SET SQL_MODE = @OLD_SQL_MODE */;
/*! 40014 SET FOREIGN_KEY_CHECKS = @OLD_FOREIGN_KEY_CHECKS */;
/*! 40014 SET UNIQUE_CHECKS = @OLD_UNIQUE_CHECKS */;
/*! 40111 SET SQL_NOTES = @OLD_SQL_NOTES */;
```

2. SQLyog 执行 SQL 脚本

对于事先已备份好的 SQL 脚本文件,可在 SQLyog 中按以下步骤来执行恢复:

(1)双击 SQLyog 桌面图标进入"连接到我的 SQL 主机",单击新建,输入连接参数(或直接采用缺省参数)点击"连接",即连接进入我的 SQL 主机(如图 7-6 所示)。

图 7-6 新建连接以登入我的 Mysql 主机

(2)在"我的连接"上选择(使用)右键菜单"创建数据库",弹出"创建数据库对话框"(如图 7-7 所示)。

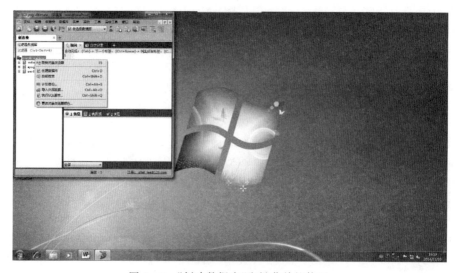

图 7-7 "创建数据库"右键菜单的使用

（3）在"创建数据库对话框"中输入要创建的"数据库的名称"点击"创建"，即可完成数据库的创建（如图 7-8 所示）。

图 7-8 创建数据库对话框

（4）选择刚"创建的数据库"，单击"右键"选择"导入"中的"执行 SQL 脚本"，进入"从一个文件执行查询"对话框（如图 7-9 所示）。

图 7-9 通过"执行"SQL 脚本往新建的数据库中导入数据

（5）之后在"从一个文件执行查询"对话框中通过点击浏览按钮（.....）打开文件选择窗口（如图 7-10 所示）。

图 7-10 进入"从一个文件执行查询"对话框

(6)选择要打开执行的 SQL 脚本文件,如选取 dept 再单击打开(如图 7 - 11 所示)。

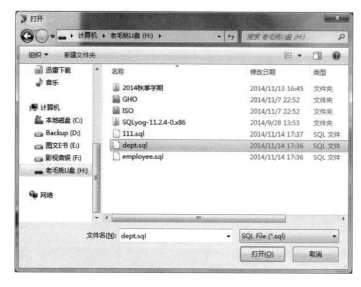

图 7 - 11　选择要执行的 SQL 脚本

(7)回到"从一个文件执行查询"对话框后单击"执行"按钮(如图 7 - 12 所示)。

图 7 - 12　执行选定的 SQL 脚本

(8)执行完成、提示导入成功后单击"完成"按钮,结束导入工作(如图 7 - 13 所示)。

图 7 - 13　完成 SQL 脚本的导入

7.1.2　使用 SQLyog 进行导入、导出

1. SQLyog 导出为 Excel 表数据

（1）双击 SQLyog 桌面图标进入“连接到我的 SQL 主机”，单击新建，输入连接参数（或直接采用缺省参数）点击“连接”，即连接进入我的 SQL 主机（如图 7 - 14 所示）。

图 7 - 14　新建连接以登入我的 sql 主机

（2）在进入的新连接中，逐级展开主机下的数据库、数据表，找到要导出的 t_dept（如图 7 - 15所示）。

图 7 - 15　找到要导出为 Excel 的表 t_dept

(3)在表 t_dept 上面单击右键,选择"备份/导出"中的"导出表数据作为……"(如图 7 - 16 所示)。

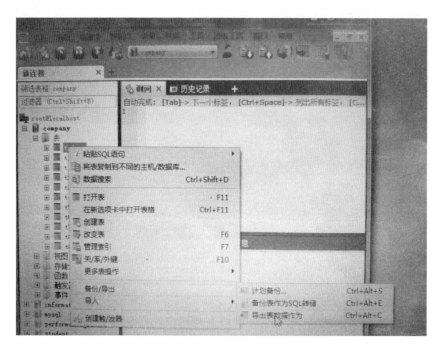

图 7 - 16　在表 t_dept 上通过右键菜单选择"导出表数据作为……"

(4)在弹出的"Export As(导出表数据作为……)"对话框中,选择要导出成的表数据文件类型,如选择 EXCEL,然后单击"保存到文件"输入框后的选择文件按钮(如图 7 - 17 所示)。

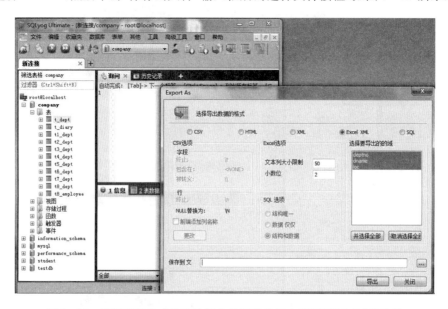

图 7 - 17　选择要导出成的表数据文件类型并进入"保存到文件"的选择

(5)选择导出文件保存到的目录和保存文件类型并输入其文件名后,点保存按钮(如图

7-18所示）。

图 7-18　指定导出的表数据文件应保存成的文件

（6）回到"Export As（导出表数据作为……）"对话框中，可看到"保存到文件"后的输入框中已有了要保存到的文件名及其路径，此时单击"导出"（如图 7-19 所示）。

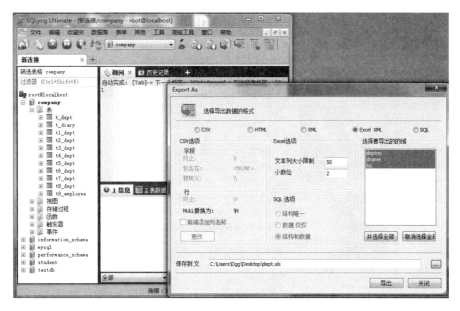

图 7-19　点击"导出"开始导出

（7）"导出"完成后，会提示"数据导出成功，你想打开文件吗？"，此时选"是"可结束导出并打开导出的 Excel 文件，选"否"直接结束导出并不打开所导出的文件（如图 7-20 所示）。

图 7-20   导出完成

2. SQLyog 导入 Excel 表等外部数据

对于一些外部数据文件,如 Excel 中的数据表,可使用 SQLyog 将其导入 MySQL 数据库中。下面以实例来讲解如何创建一个数据库 student,然后将外部的 Excel 文件 xsmd 中的数据表 xszl 导入到 MySQL 数据库 student 中的步骤。

(1)双击 SQLyog 桌面图标进入"连接到我的 SQL 主机",单击新建,输入连接参数(包括我的 SQL 主机地址、用户名、密码、端口等)后点击"连接",即连接进入我的 SQL 主机。

通常,我的 SQL 主机地址默认为 localhost,用户名为默认的 root,端口默认为 3306,若核对无误,可不用另行输入,直接使用默认值(如图 7-21 所示)。

图 7-21   新建连接以登入我的 Mysql 主机

(2)在"我的连接"上选择(使用)右键菜单"创建数据库",弹出"创建数据库对话框"(如图 7-22 所示)。

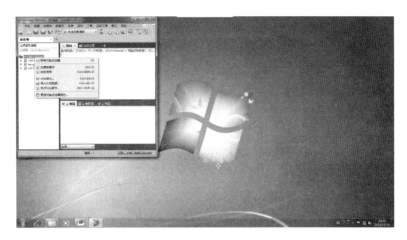

图 7-22 使用右键菜单弹出"创建数据库对话框"

(3)在"创建数据库对话框"中输入要创建的"数据库的名称"点击"创建",即可完成数据库的创建(如图 7-23 所示)。

图 7-23 在"创建数据库"对话框中创建一个数据库

(4)选择刚"创建的数据库",单击"右键"选择"导入"中的"导入其他数据表",弹出"外部数据导入向导"(如图 7-24 所示)。

图 7-24 选择刚创建库右键菜单中选择"导入其他数据表"

(5)选择数据源类型为 Excel、通过浏览按钮选择外部数据文件名称为所提供的 xsmd. xls 点击下一步(如图 7 - 25 所示)。

图 7 - 25　选择数据源文件类型及具体文件名

(6)选择要导入表副本或查询(此处选择表副本)点击下一步(如图 7 - 26 所示)。

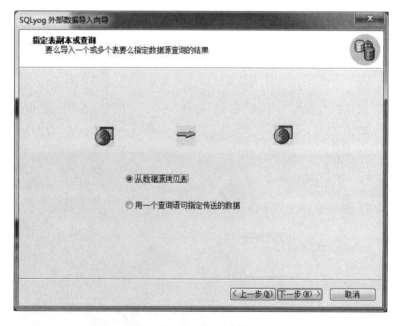

图 7 - 26　指定表副本或查询

(7)选择要复制的表(此处为:xszl,实际中可以为多个)点击下一步(如图 7 - 27 所示)。

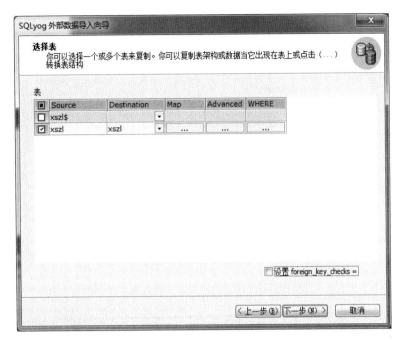

图 7 - 27　选择要复制的表

（8）选择错误处理方式后点击下一步（如图 7 - 28 所示）。

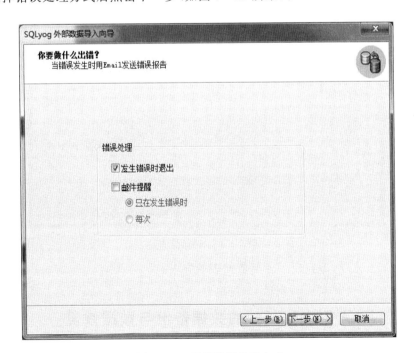

图 7 - 28　选择错误处理方式

（9）选择"立刻运行"后点击下一步（如图 7 - 29 所示）。

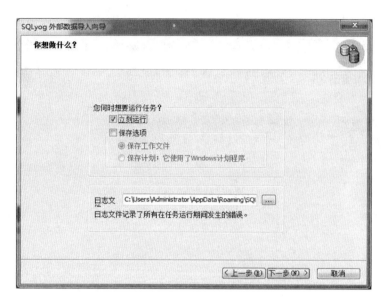

图 7-29　选择何时运行任务

(10)等待导入过程,完成后(出现 Successful 时)单击下一步(如图 7-30 所示)。

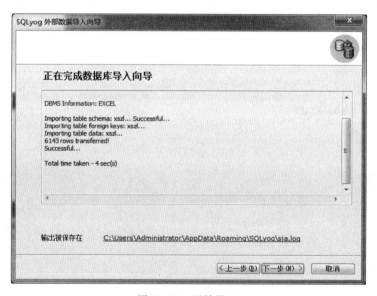

图 7-30　开始导入

(11)再次单击完成,即完成了外部数据表的导入。

7.2　MySQL 的数据备份与数据恢复

7.2.1　数据备份

在 MySQL 中,数据备份可以有逻辑备份和物理备份两类方法:逻辑备份就是把数据库的结构定义语句、数据记录的插入语句等全部存储下来，等到恢复的时候，再在另一个MySQL 服务器上执行这些语句，就可以创建另一个与之前一样的数据库；物理备份就是把MySQL 中存储好的所有文件都拷贝下来、保存到另一个地方。逻辑备份对于各种存储引擎，可以使用同样的方法来备份；而物理备份则不同，它对于不同的存储引擎通常有着不同的备份方法。下面我们分别介绍逻辑备份和物理备份。

1. 逻辑备份

逻辑备份是在 MS - DOS 命令行状态下使用 Mysqldump 命令来进行的备份。

Mysqldump 是 MySQL 安装目录下 BIN 子目录中的一个可执行的程序文件，该程序（或称命令）文件用于对数据库进行备份（或转储数据库、将数据转移到另一个支持 SQL 语句的服务器，这个服务器不一定是 MySQL 服务器）。

一般情况下，mysqldump 命令执行后生成一个文本文件，其扩展名为 . sql，内容为创建表和往表中插入数据的有关 SQL 语句（它包含所有重建数据库所需要的 SQL 命令），在实际中，有 3 种方式来调用 mysqldump 程序：

(1)备份一个数据库或一张表，其语句格式：

mysqldump [选项]数据库名[表名]＞backname. sql

其中"[选项]"参数可以是"－u username""－ppassword""－h hostname"中的一个或几个的组合；"数据库名"用于指定一个要备份的数据库的名字，其后若继续给出若干"[表名]"参数，则可以对数据库中的表进行备份。"数据库名"后要备份的多个"表名"和前面的内容均以"空格"分隔。

Backname. sql 为备份到的文件名，其中扩展名为 . sql，主名由用户随意命名。

下面是备份一个库或表的例子：

① "mysqldump-u root-proot company＞c:\company. sql"语句 company 数据库备份到了 c:\company. sql 中；

② 而"mysqldump-u root-proot company t_dept＞c:\t_dept. sql"则将 company 数据库中的 t_dept 表备份到了 c:\t-dept. sql 中。

在 mysqldump 命令备份后产生的备份文件中以"-"开头的都是关于 SQL 语言的注释，以"/ * ! 40014"开头的都是与 MySQL 服务器有关的注释，其他的则是如 CREATE、DROP 等一些记录创建数据库、插入记录的语句，它们用于后期还原数据库之用。

如图 7 - 31 中的 mysqldump 命令将数据库 student 逻辑备份到了 student. sql。

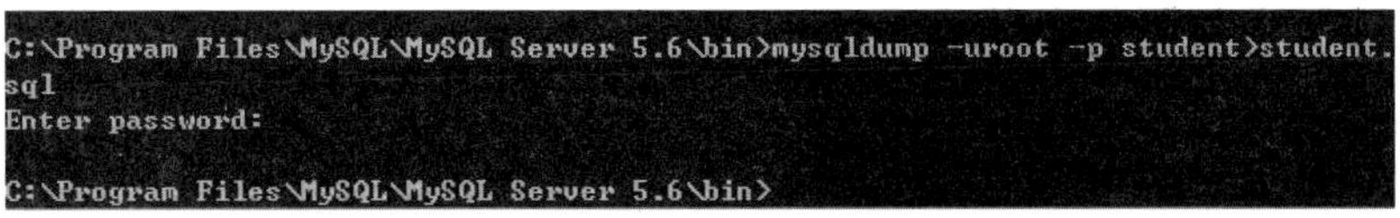

图 7 - 31　使用 mysqldump 进行逻辑备份 student 库

在 student. sql 中有一些用于后期还原(恢复)数据库的语句，其余是一些注释性的内容。

—MySQL dump 10. 13 Distrib 5. 6. 20,for Win32(x86)

－ －

```
- - Host:localhost Database:student
- - - - - - - - - - - - - - - - - - - - - - - - - - - - -
- - Server version5.6.20

/*! 40101 SET @OLD_CHARACTER_SET_CLIENT = @@CHARACTER_SET_CLIENT */;
/*! 40101 SET @OLD_CHARACTER_SET_RESULTS = @@CHARACTER_SET_RESULTS */;
/*! 40101 SET @OLD_COLLATION_CONNECTION = @@COLLATION_CONNECTION */;
/*! 40101 SET NAMES utf8 */;
/*! 40103 SET @OLD_TIME_ZONE = @@TIME_ZONE */;
/*! 40103 SET TIME_ZONE = '+00:00' */;
/*! 40014 SET @OLD_UNIQUE_CHECKS = @@UNIQUE_CHECKS,UNIQUE_CHECKS = 0 */;
/*! 40014 SET @OLD_FOREIGN_KEY_CHECKS = @@FOREIGN_KEY_CHECKS,FOREIGN_KEY_CHECKS = 0 */;
/*! 40101 SET @OLD_SQL_MODE = @@SQL_MODE,SQL_MODE = 'NO_AUTO_VALUE_ON_ZERO' */;
/*! 40111 SET @OLD_SQL_NOTES = @@SQL_NOTES,SQL_NOTES = 0 */;


- -
- - Table structure for table 'bjb$'
- -


DROP TABLE IF EXISTS 'bjb$';
/*! 40101 SET @saved_cs_client = @@character_set_client */;
/*! 40101 SET character_set_client = utf8 */;
CREATE TABLE 'bjb$'(
  '班级代号' double DEFAULT NULL,
  '班级名称' varchar(255)DEFAULT NULL,
  '班主任' varchar(255)DEFAULT NULL
)ENGINE = InnoDB DEFAULT CHARSET = utf8;
/*! 40101 SET character_set_client = @saved_cs_client */;


- -
- - Dumping data for table 'bjb$'
- -


LOCK TABLES 'bjb$' WRITE;
/*! 40000 ALTER TABLE 'bjb$' DISABLE KEYS */;
/*! 40000 ALTER TABLE 'bjb$' ENABLE KEYS */;
UNLOCK TABLES;


- -
- - Table structure for table 'xsb$'
- -
```

```
DROP TABLE IF EXISTS 'xsb$';
/*! 40101 SET @saved_cs_client = @@character_set_client */;
/*! 40101 SET character_set_client = utf8 */;
CREATE TABLE 'xsb$'(
  '考生号' varchar(255)DEFAULT NULL,
  '姓名' varchar(255)DEFAULT NULL,
  '性别' varchar(255)DEFAULT NULL,
  '专业' varchar(255)DEFAULT NULL,
  '班级代号' double DEFAULT NULL,
  '总成绩' varchar(255)DEFAULT NULL
)ENGINE = InnoDB DEFAULT CHARSET = utf8;
/*! 40101 SET character_set_client = @saved_cs_client */;


--

-- Dumping data for table 'xsb$'

--


LOCK TABLES 'xsb$' WRITE;
/*! 40000 ALTER TABLE 'xsb$' DISABLE KEYS */;
/*! 40000 ALTER TABLE 'xsb$' ENABLE KEYS */;
UNLOCK TABLES;
/*! 40103 SET TIME_ZONE = @OLD_TIME_ZONE */;


/*! 40101 SET SQL_MODE = @OLD_SQL_MODE */;
/*! 40014 SET FOREIGN_KEY_CHECKS = @OLD_FOREIGN_KEY_CHECKS */;
/*! 40014 SET UNIQUE_CHECKS = @OLD_UNIQUE_CHECKS */;
/*! 40101 SET CHARACTER_SET_CLIENT = @OLD_CHARACTER_SET_CLIENT */;
/*! 40101 SET CHARACTER_SET_RESULTS = @OLD_CHARACTER_SET_RESULTS */;
/*! 40101 SET COLLATION_CONNECTION = @OLD_COLLATION_CONNECTION */;
/*! 40111 SET SQL_NOTES = @OLD_SQL_NOTES */;


-- Dump completed on 2018 - 05 - 10 11:21:43
```

又如图 7 - 32 中的 mysqldump 命令将数据库 student 中 xsb$ 表逻辑备份到了 xsb. sql。

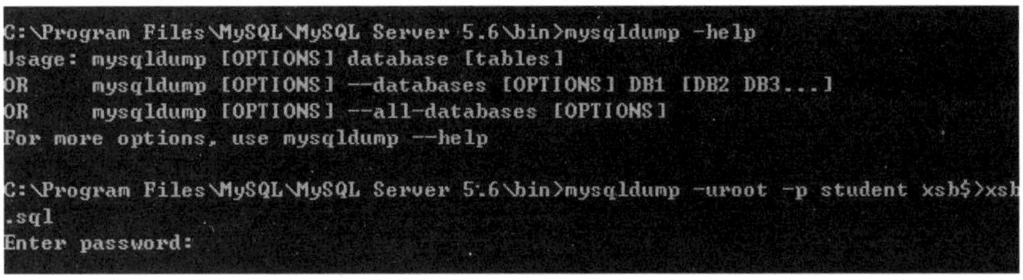

图 7 - 32　使用 mysqldump 逻辑备份 student 库中 xsb$

其备份文件内容:

```
/*! 40101 SET @OLD_CHARACTER_SET_RESULTS = @@CHARACTER_SET_RESULTS */;
/*! 40101 SET @OLD_COLLATION_CONNECTION = @@COLLATION_CONNECTION */;
/*! 40101 SET NAMES utf8 */;
/*! 40103 SET @OLD_TIME_ZONE = @@TIME_ZONE */;
/*! 40103 SET TIME_ZONE = '+00:00' */;
/*! 40014 SET @OLD_UNIQUE_CHECKS = @@UNIQUE_CHECKS,UNIQUE_CHECKS = 0 */;
/*! 40014 SET @OLD_FOREIGN_KEY_CHECKS = @@FOREIGN_KEY_CHECKS,FOREIGN_KEY_CHECKS = 0 */;
/*! 40101 SET @OLD_SQL_MODE = @@SQL_MODE,SQL_MODE = 'NO_AUTO_VALUE_ON_ZERO' */;
/*! 40111 SET @OLD_SQL_NOTES = @@SQL_NOTES,SQL_NOTES = 0 */;


--
-- Table structure for table 'xsb$'
--


DROP TABLE IF EXISTS 'xsb$';
/*! 40101 SET @saved_cs_client = @@character_set_client */;
/*! 40101 SET character_set_client = utf8 */;
CREATE TABLE 'xsb$'(
  '考生号' varchar(255)DEFAULT NULL,
  '姓名' varchar(255)DEFAULT NULL,
  '性别' varchar(255)DEFAULT NULL,
  '专业' varchar(255)DEFAULT NULL,
  '班级代号' double DEFAULT NULL,
  '总成绩' varchar(255)DEFAULT NULL
)ENGINE = InnoDB DEFAULT CHARSET = utf8;
/*! 40101 SET character_set_client = @saved_cs_client */;


--
-- Dumping data for table 'xsb$'
--


LOCK TABLES 'xsb$' WRITE;
/*! 40000 ALTER TABLE 'xsb$' DISABLE KEYS */;
/*! 40000 ALTER TABLE 'xsb$' ENABLE KEYS */;
UNLOCK TABLES;
/*! 40103 SET TIME_ZONE = @OLD_TIME_ZONE */;


/*! 40101 SET SQL_MODE = @OLD_SQL_MODE */;
/*! 40014 SET FOREIGN_KEY_CHECKS = @OLD_FOREIGN_KEY_CHECKS */;
/*! 40014 SET UNIQUE_CHECKS = @OLD_UNIQUE_CHECKS */;
```

```
/ * ! 40101 SET CHARACTER_SET_CLIENT = @OLD_CHARACTER_SET_CLIENT * /;
/ * ! 40101 SET CHARACTER_SET_RESULTS = @OLD_CHARACTER_SET_RESULTS * /;
/ * ! 40101 SET COLLATION_CONNECTION = @OLD_COLLATION_CONNECTION * /;
/ * ! 40111 SET SQL_NOTES = @OLD_SQL_NOTES * /;
```

－－Dump completed on 2018－05－10 11:16:55

(2)同时备份多个数据库,其语句格式:

mysqldump［选项］－databases 数据库 1［数据库 2 数据库 3……］]＞backname. sql

其中"［选项］"参数可以是"－u username""－ppassword""－h hostname"中的一个或几个的组合;"database"后的"数据库 1""数据库 2"……是要进行备份的数据库名,每个库名和前面的内容间应以"空格"分隔。

Backname. sql 为备份到的文件名,其中扩展名为 sql,主名由用户随意命名。

下面的例子同时备份 company、company2 两个数据库,备份文件放在 c:\cc. sql 文件中:

mysqldump－u root－p—databases company company2＞c:\cc. sql

(3)备份服务器上所有的数据库,其语句格式:

mysqldump［选项］—all—databases＞backname. sql

其中"［选项］"参数可以是"－u username""－ppassword""－h hostname"中的一个或几个的组合。

Backname. sql 为备份到的文件名,其中扩展名为 sql,主名由用户随意命名。

如:"mysqldump－u root－p－all－databases＞c:\all. sql"将所有数据库进行备份,备份文件放在 c:\all. sql 文件中。

在 mysqldump 命令中,加入"－T,－tab＝name"参数可同时生成一个 . sql 文本文件和一个 . txt 文本文件,其中,txt 文本文件中保存从数据表中导出的数据,此部分内容将在后面数据导出中介绍。

为保证数据备份的一致性,可在 mysqldump 命令中使用两个可选参数,一是对于支持事务操作的存储引擎,可加入"－single－transaction"保证同一时刻取出所有数据;二是通过加入锁表参数(LOCK－TABLES 或 LOCK－ALL－TABLES)来使数据库中数据保持静止。

2. 物理备份

物理备份相对于逻辑备份,执行速度通常更快些,它又可以分为冷备份和热备份,所谓冷备份,是指停止服务后进行的备份;而热备份,是指不停止服务(在线)进行的备份。这里的停止服务严格地说是停止数据库的写入操作。

(1)冷备份

冷备份是在停掉 MySQL 数据库服务后,在操作系统环境下复制数据库(表)文件的一种备份方法。

进行冷备份时,为保证表在拷贝期间不被使用,可靠的操作应该是:

① 执行 FLUSH TABLES 将所有数据写入数据库文件里。

FLUSH TABLES 命令格式如下:

FLUSH TABLES with read|write lock;

其中,"with read lock"表示加读锁,而"with write lock"表示加写锁。

② 再关闭 MySQL 服务。

③ 进入到操作系统环境下进行直接拷贝相关文件(对于 MyISAM 存储引擎的表,需要拷贝三个文件:扩展中分别为".frm"".MYD"".MYI")。

④ 完成后再重新启动服务。

(2)热备份

有些时候服务器要求 24 小时不间断服务,此时关闭服务器的方法就不很合适,我们可以通过表的锁定和解锁的相关操作确保在拷贝文件期间该文件不会被修改。对于 MyISAM 存储引擎来说,可以使用以下步骤:

① 使用 LOCK TABLES 命令锁定某一表或多个表。

在 MySQL 命令行下,LOCK TABLES 语句的格式:

LOCK TABLES 表名[read|write]

其中,"表名"指定要锁定的表,其后的[read|write]可选参数用于指定对表进行的是哪种锁定,"read"表示读锁,"write"表示写锁。

② 进入到操作系统环境下拷贝对应的文件(对于 MyISAM 存储引擎的表,需要拷贝三个文件:扩展中分别为".frm"".MYD"".MYI")。

③ 使用 UNLOCK TABLES 解锁已拷贝完的表。

但应该注意,这种直接复制进行的备份只适合早期的 ISAM、MyISAM 类型的数据库,不适合存储引擎为 InnoDB 的数据库。

对于 MyISAM 存储引擎,也可以直接使用 MySQL 为我们提供的 mysqlhotcopy 命令,其语句格式为:mysqlhotcopy db_name [目录]。

在这一语句格式中,目录为要备份到的地方,省略时默认备份到当前命令文件所在目录。

对于 InnoDB 存储引擎,常使用 innobackupex,它是 Percona 公司提供的两个备份工具之一,可备份 InnoDB、Xtrabackup 及 MyISAM 等存储类型,而 xtrabackup 只能备份 InnoDB、Xtrabackup 存储类型(的数据库)。

(3)备份文件的查看

备份文件是文本文件,可使用记事本等文本编辑软件打开查看。

7.2.2 数据恢复

1. 使用 MySQLimport 恢复

语句格式:

MySQLimport - u root - ppassword [- local] [- lock - tables] [- replace|- ignore] dbname file_name [option]

以上语句第一部分"-u root-ppassword"指明登录到 MySQL 服务器使用的用户名密码,可选参数 local 指定在本地计算机中查找文本文件,可选参数[-lock-tables]表示处理文本文件前锁定所有表以便写入,这样可以确保所有表在服务器上保持同步。可选参数[-replace|-ignore]表示控制复制唯一键值已有记录的输入记录的处理方式。如果指定-replace,新行替换有相同的唯一键值的已有行。如果指定-ignore,复制已有的唯一键值的输入行被跳过。如果不指定这两个选项,当发现一个复制键值时会出现一个错误,并且忽视文本文件的剩余部分。dbname 指定要导入的目标数据库,file_name 指定要导入的源文本文件名,可选参数 option 可取值如下:

① "-fields-TERMINATED-BY=string"用来指定字段值间的符号,默认为\t。

② "-fields-ENCLOSED-BY=char"用来指定在两端括上字段值的符号,默认不使用。

③ "-fields-OPTIONALLY-ENCLOSED-BY=char"表示所有的值都使用指定的定界符,默认不使用。

④ "-fields-ESCAPED-BY=char"子句用来指定转义字符,默认使用"\"。

⑤ "-LINES-TERMINATED-BY=string"子句,指定一行结束的标志,默认使用"\n"。

⑥ "-ignore-lines=n"用来忽略文件的前 n 行。

2. 使用 MySQL 恢复

在 MySQL 中,还可以使用 MySQL 来恢复之前备份的数据,其语句格式:

$$mysql-u\ username-ppassword\ [dbname]<backupname.\ sql$$

其中,"-u username-ppassword"用来指定恢复时连接到 MySQL 服务器的用户名密码等参数;其后的"dbname"参数可指定,也可以不指定,指定时还原指定数据库里的数据,不指定时还原全部数库里的数据。

示例 1:mysql-u root-p<c:\t_dept. sql,该语句可恢复备份文件 c:\t_dept. sql 里的表数据。

示例 2:mysql-u root-p<c:\cc. sql,该语句可还原备份文件 c:\cc. sql 里的所有数据库。

7.3　MySQL 数据的导入、导出

7.3.1　数据导出

1. 使用 SELECT 语句导出数据

其语句格式如下:

SELECT fieldlist FROM tablename [WHERE condition] INTO outfile'filename'[option]

其中,INTO 之前的为普通的查询语句,outfile 之后的'filename'是导出的文本文件名,而

option 是可选参数项,它可取以下 6 个值当中的一个或几个:

① fields TERMINATED BY 'string'用 来 指 定 字 段 值 之 间 的 符 号,例 如,"TERMINATED BY','"指定了逗号作为两个字段值之间的标志,默认为\t。

② fields ENCLOSED BY 'char'用 来 指 定 在 两 端 括 上 字 段 值 的 符 号,例 如,"ENCLOSED BY'"'"表示文件中字符值放在双引号之间,默认不使用。

③ fields OPTIONALLY ENCLOSED BY'char'表示所有的值都使用指定的定界符,默认不使用。

④ fields ESCAPED BY 子句用来指定转义字符,默认使用"\"。

⑤ LINES starting by 子句,设置每行开头的符号,,默认不使用。

⑥ LINES TERMINATED BY 子句,指定一行结束的标志,,默认使用"\n"。

示例 1:SELECT * FROM t_dept INTO outfile'c:\t_dept. txt'。

以上语句将 t_dept 中的数据导出到文件 c:\t_dept. txt,使用默认的 OPTION 设置。

示例 2:SELECT * FROM t_dept INTO outfile'c:\t_dept. txt'fields TERMINATED BY'\、'OPTIONALLY ENCLOSED BY'\"'LINES starting by'\>'TERMINATED BY '\r\n'。

以上语句将 t_dept 中的数据导出到文件 c:\t_dept. txt,重新定义了一些分隔符、截止符与定界符。

2. 使用 mysqldump 语句导出数据

其语句格式为:mysqldump - u root - ppassword - T file_directory dbname tablename [option]

以上语句中参数"- u root - ppassword"指明登录到 MySQL 服务器的用户名密码,参数"- T file_directory"通过其中的"file_directory"指明导出文本文件的路径与文件名,参数"dbname tablename"指明要导出的是哪一个数据库、哪一个数据表,最后的"option"是可选参数项,它可取以下 6 个值当中的一个或几个:

(1)"- fields - TERMINATED - BY=string"用来指定字段值之间的符号,默认为\t。

(2)"- fields - ENCLOSED - BY=char'用来指定在两端括上字段值的符号,默认不使用。

(3)"- fields - OPTIONALLY - ENCLOSED - BY=char'表示所有的值都使用指定的定界符,默认不使用。

(4)"- LINES - starting - BY=string"子句,设置每行开头的符号,默认不使用。

(5)"- LINES - TERMINATED - BY=string"子句,指定一行结束的标志,默认使用"\n"。

示例 1:mysqldump - u root - p - T c:\ company t_dept.

以上语句将 t_dept 中的数据导出到文件 c:\t_dept. txt,使用默认的 OPTION 设置。

示例 2:mysqldump - u root - p - T c:\ company t_dept"—fields - TERMINATED - BY=、""—fields - OPTIONALLY - ENCLOSED - BY="""- LINES - TERMINATED - BY=\r\n".

以上语句将 t_dept 中的数据导出到文件 c:\t_dept. txt,并且重新定义了一些分隔符、截止符与定界符。

3. 使用 MySQL 命令导出数据

其语句格式：mysql－u root－ppassword－e"SELECT fieldlist FROM tablename" dbname＞file_name

以上语句第一部分"mysql－u root－pPassword"指明登录到 MySQL 服务器的用户密码，第二部分"－e"SELECT fieldlist FROM tablename"指明要执行的查询语句，第三部分"dbname"指明要导出的是哪一个数据库，最后的"＞file_name"指定将导出结果保存在 file_name 中。

如：mysql－u root－p－e"SELECT ＊ FROM t_dept"company＞c:\t_dept.txt.

7.3.2　数据导入

数据导入有两种方法：一是在 MySQL 命令行状态下，通过"LOAD DATA　INFILE"来导入；二是在 DOS 命令行状态下，通过"MySQLimport"命令来导入。其中 MySQLimport 导入数据在前面数据恢复中已讲，这里只介绍下通过 LOAD DATA　INFILE 导入文本文件。

通过 LOAD DATA INFILE 导入文本文件的语句格式：

LOAD DATA [LOCAL] INFILE"file_name" INTO TABLE tablename [option]；

其中，LOCAL 为可选参数，指明在本地计算机上查找文本文件，tablename 用于指明要导入数据的表的名称，option 为可选参数，可取以下值中的一个或几个。

① Fields　TERMINATED　BY 'string' 用来指定字段值之间的符号，例如，"TERMINATED BY','"指定了逗号作为两个字段值之间的标志，默认为\t。

② Fields　ENCLOSED　BY 'char' 用来指定在两端括上字段值的符号，例如，"ENCLOSED BY'"'"表示文件中字符值放在双引号之间，默认不使用。

③ Fields OPTIONALLY ENCLOSED BY'char'表示所有的值都使用指定的定界符，默认不使用。

④ Fields ESCAPED BY 子句用来指定转义字符，默认使用"\"。

⑤ LINES starting by 子句，设置每行开头的符号，，默认不使用。

⑥ LINES TERMINATED BY 子句，指定一行结束的标志，默认使用"\n"。

⑦ IGNORE n LINES，忽略文件前 n 行。

⑧ （字段列表）：指定根据字段列表中的字段和顺序来加载记录。

⑨ SET columm＝expr：用来设置列的转换条件，即所指定的列需经过转换后才能加载。

示例：LOAD　DATA　INFILE "c:\t_dept.txt" INTO　TABLE　t_dept fields TERMINATED BY'\、' OPTIONALLY ENCLOSED BY'\"' LINES starting by'\＞' TERMINATED BY'\r\n'.

注意：后面格式选项参数的设定应跟之前导出时保持一致。

7.4　思考与练习

1. 什么是逻辑备份？它是如何实现的？
2. 什么是物理备份？它有哪两种类型？各是怎样实现的？
3. MySQL 中的数据恢复有哪两种方法？
4. MySQL 数据导出和导入各有哪几种方法？

第8章　MySQL 的单表查询

8.1　简单查询(基本查询)

这里的简单查询是指不带条件和其他可选参数的查询,是在一个表中查询其全部字段或部分字段值的一种查询。其语句一般格式是:

SELECT　*|{字段名 1,字段名 2,字段名 3,……}　FROM　表名;

其中,"SELECT"是查询语句的语句动词,其后以竖线分隔的的"*"和"字段名 1,字段名 2,字段名 3,……"分别表示显示表中的全部字段值和显示表中"字段名 1,字段名 2,字段名 3,……"等所列示出来的有关字段的值,这两个参数不能同时使用;"FROM"后的"表名"指明要在哪一个表中查询字段数据。下面分别介绍使用该简单查询语句查询表中全部字段和部分字段的语句格式和应用示例。

8.1.1　查询全部字段

可使用两种语句格式,格式一:SELECT　*　FROM 表名;

格式二:SELECT 字段名 1,字段名 2,字段名 3,……　FROM　表名;

这两种格式区别是第一种格式使用"*"代替表中全部字段的列表,并且列表顺序与表中各字段的内在顺序保持一致;而格式二中则必须将表中各个字段一个一个地列示出来,在列示的时候顺序可以与表中各字段内在顺序不一致。执行时第一种格式会按各字段的内部顺序来显示各字段的值,而第二种格式会按列表中给出的字段顺序来显示各个字段的值,当列表中给出顺序跟表中字段顺序一致时,它的显示结果跟第一种格式一样。

如对 company 库中 t_employee 表,通过"desc t_employee"可以查出表中各字段及顺序:empno、ename、job、MGR、Hiredate、sal、comm、deptno(如图 8-1 所示)。

图 8-1　t_employee 表的结构

在使用"SELECT ＊ FROM t_employee;"查询时,各条记录的字段值的显示是按各字段内在的顺序(empno、ename、job、MGR、Hiredate、sal、comm、deptno)进行显示,结果如图8-2所示。

图 8-2 使用"select ＊"查询 t_employee 表中全部记录的全部字段

可以"SELECT"后按各字段的内部顺序使用全部字段的列表来实现相同的查询,如"SELECT empno,ename,job,MGR,Hiredate,sal,comm,deptno FROM t_employee;"运行结果如图8-3所示。

图 8-3 使用"select 字段列表"查询 t_employee 表中全部记录的全部字段

也可以在"SELECT"后按任意的顺序列示出全部字段来进行查询,如"SELECT ename,job,MGR,Hiredate,sal,comm,deptno,empno FROM t_employee;"运行结果如图8-4所示。

图 8-4 按任意字段顺序查询 t_employee 表中全部记录的全部字段

注意此时各字段显示的顺序跟前面两个"SELECT"命令的不同。

8.1.2　查询部分字段

当我们在"SELECT 字段名 1,字段名 2,字段名 3,…… FROM 表名;"语句中给出的字段列表只是全部字段中部分字段的列表时,可以查询、显示表中各记录的指定字段的值。如"SELECT empno,ename,deptno FROM t_employee;"会查询、显示出表中各记录的"empno"、"ename"、"deptno"三个字段的值(如图 8-5 所示)。

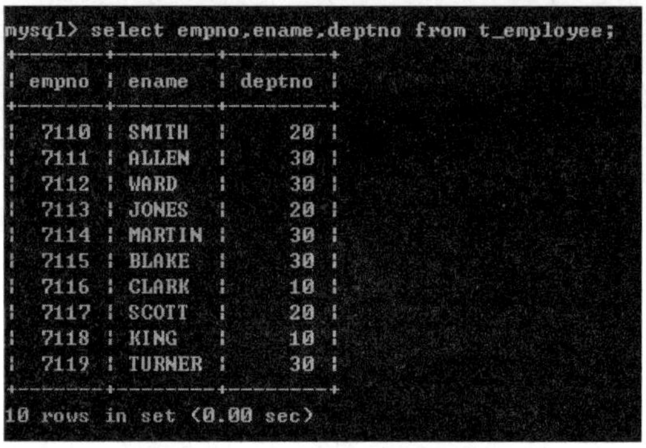

图 8-5　查询 t_employee 表中部分字段

8.2　条件查询

条件查询是在简单查询语句的后面使用了"WHERE 条件表达式"、可以查询表中符合指定条件的记录中的全部或部分字段的一种查询。其语句一般格式如下:

SELECT *|{字段名 1,字段名 2,字段名 3,……} FROM 表名 WHERE 条件表达式;

根据"WHERE 条件表达式"中条件表达式的几种不同情况,下面分别进行介绍:

8.2.1　带关系表达式的查询

这种查询中的条件表达式为使用关系运算符连接两个运算数构成的关系表达式,通常前一个运算数为表中某个字段,后一运算数为该字段应该大于、小于、等于(或其他更多的一些关系运算符表达的关系,详细如表 8-1 中的说明)的某个值。

表 8-1　关系运算符

关系运算符	说明
=	等于
<>	不等于
! =	不等于
<	小于

（续表）

关系运算符	说明
<=	小于等于
>	大于
>=	大于等于

如在 t_employee 表中查询工资大于 2000 的员工的信息，可使用：

SELECT * FROM t_employee WHERE sal>2000;

8.2.2 带"AND""OR"运算符的多条件查询

这种查询中的条件表达式为使用"AND""OR"运算符连接的两个（或多个）条件，其中"AND"连接的两个（或多个）条件同时成立时整个表达式结果为真，只要有一个不成立结果即为假。而"OR"连接的两个（或多个）条件只要有一个成立整个表达式结果即为真，只有两个都不成立结果才为假。另在实际中，还可能会用到一个"NOT"运算符，它放在一个条件表达式的前面表示对该条件表达式执行取反操作，即条件表达值若为真在取反后变为假，条件表达值若为假在取反后变为真。"AND""OR""NOT"均属于逻辑运算符，它们的使用格式及运算说明见表 8-2。

表 8-2　逻辑运算符

运算符	语　法	说　明
AND,&&	a AND B,a && b	逻辑与；如果两操作数为真，结果为真
OR,‖	a OR B,a‖b	逻辑或；任一操作数为真，结果为真
NOT,！	NOT a,！a	逻辑非；如果操作数为假，结果为真

这三种运算同时出现在一个表达式中时，优先序按"NOT""AND""OR"执行。

下面是使用"AND""OR"运算符的两个例子。

例一：在 t_employee 中查询工资大于等于 1500 小于等于 2500 的员工的信息。

语句为：SELECT * FROM t_employee WHERE sal>=1500&&sal<=2500;

例二：在 t_employee 中查询职位为 SALESMAN 或 CLERK 的员工的信息。

语句为：SELECT * FROM t_employee WHERE job="SALESMAN"‖job="CLERK";

8.2.3 带"IN"运算符的查询

这种查询中的条件表达式可能有两种形式："字段名 IN（元素 1，元素 2，……）"或"字段名 NOT IN（元素 1，元素 2，……）"，前面一种形式表示字段名所指字段在后面给出的集合型数据之中（即等于后面的某一个集合元素值），后面一种形式表示字段名所指字段不在后面给出的集合型数据之中（即不等于后面的某一个集合元素值）。

图 8-6 中的两个例子分别可以查询、显示 t_employee 中员工编号是 7112、7113、7115、

7118 当中的一个的员工姓名和 t_employee 中员工编号不是 7112、7113、7115、7118 当中的一个的员工姓名。

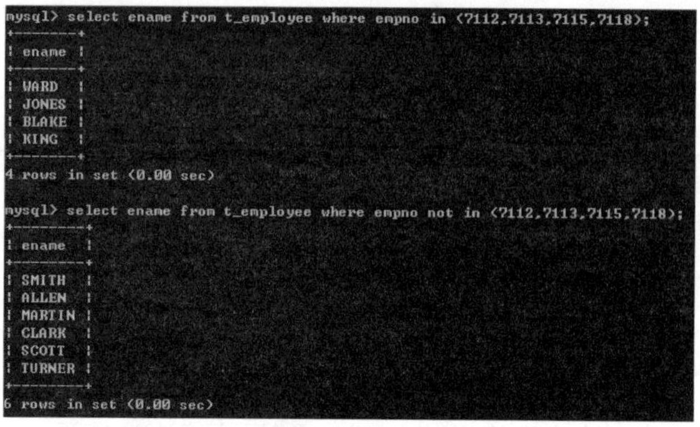

图 8-6　使用"in"运算符的 select 查询

8.2.4　带"BETWEEN AND"运算符的查询

这种查询中的条件表达式形如:"字段名　[NOT]　BETWEEN　值 1　AND　值 2",用于指明字段值是否在某一数值范围。当没有使用 NOT 时,表示"字段名"所指字段的值在"值 1"和"值 2"之间,当使用 NOT 时,表示"字段名"所指字段的值不在"值 1"和"值 2"之间。

图 8-7 中的两个例子分别可以查询、显示 t_employee 中工资在 1000 到 2000 之间的员工姓名和 t_employee 中工资不在 1000 到 2000 之间的员工姓名,注意在 1000 和 2000 之间包括 1000 和 2000。

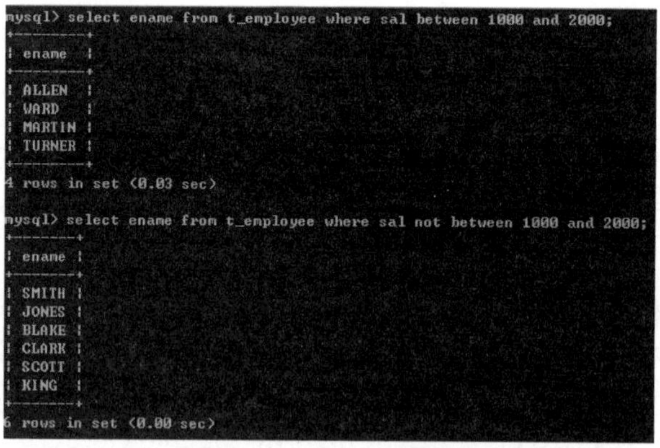

图 8-7　使用"between and"的 Select 查询

工资在 1000 到 2000 之间也可以用之前的 AND 连接多个条件的表达式来实现:

SELECT ename FROM t_employee WHERE sal>=1000&&sal<=2000;

8.2.5　带"NULL"值的查询

这种查询中的条件表达式形如:"字段名 IS [NOT] NULL",将"字段名"所指字段为空

（或不为空）作为查询条件。如图 8－8 中的两个例子分别可以查询、显示 t_employee 中 comm 字段值为空和 comm 字段值不为空的员工姓名。

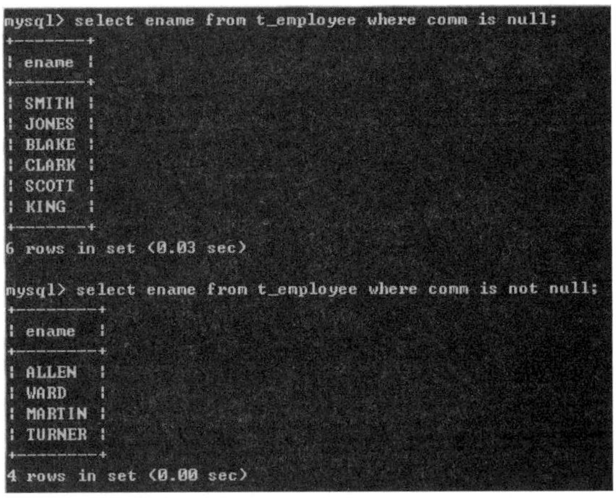

图 8－8　使用带 Null 值的 select 查询

8.2.6　带"LIKE"运算符的查询

这种查询中的条件表达式形如："字段名　[NOT] LIKE '匹配字符串'"，当没有 NOT 时，"字段名"所指字段的值与"匹配字符串"能够匹配得上时认为条件成立，当有 NOT 时，"字段名"所指字段的值与"匹配字符串"匹配不上时认为条件成立。

在"匹配字符串"中，常使用百分号和下划线作为通配符，分别表示匹配任意长度的一个字符串与匹配单个字符。如果在匹配字符串中要表示百分号和下划线本身，需要在通配字符串中使用右斜线（"\"）对百分号和下划线进行转义，例如，"\%"匹配百分号字面值，"_"匹配下划线字面值。

如图 8－9 中的两个例子分别可以查询、显示 t_employee 中 ename 字段值是以 S 开头的员工姓名和不是以 S 开头的员工姓名。

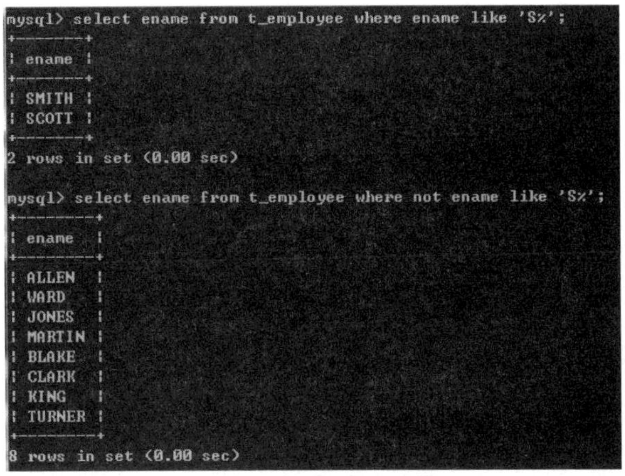

图 8－9　使用带 like 运算符的 select 查询

8.3 高级查询

8.3.1 带"DISTINCT"的查询

在查询语句中 select 的后面,可使用[DISTINCT]参数来指明要去除结果中的重复数据,也即对于重复数据只显示一次,而没使用该参数时,对于结果中的重复数据将全部显示。如对 t_employee 表中,要想查询表中都有哪些职位信息可使用"SELECT DISTINCT job FROM t_employee"语句,其运行结果如图 8-10 所示。

图 8-10 使用带"distinct"的 select 查询

要注意,当在除重查询中涉及多个字段数据时,即执行"SELECT DISTINCT 字段名 1,字段名 2,…… FROM 表名;"语句时里面字段有多个时,只有 DISTINCT 关键字后指定的多个字段值都相同,才会被认作是重复记录。

8.3.2 带"ORDER BY 字段名[ASC|DESC]"的查询

这种查询语句是在简单查询或条件查询语句的后面使用"ORDER BY 字段名 [ASC|DESC]"参数来表示对查询得到的数据记录按哪个字段的哪种(升或降)顺序进行显示。其中"字段名"指明排序时依据的字段是哪一个,而后面可选的 ASC 和 DESC 参数分别表示按升序和降序排序,缺省时表示按升序。

其一般格式:SELECT 字段名 1,字段名 2,…… FROM 表名 [where 条件表达式] ORDER BY 字段名[ASC | DESC]

若在排序时有多个排序关键字,可在"ORDER BY"后依次给出,之间用","号分隔。

如图 8-11、8-12 中的命令按工资升序、入职时间降序显示 t_employee 中的各个记录的情况。

图 8-11 使用带"order by"的 select 查询(1)

```
mysql> select * from t_employee order by sal,hiredate desc;
+-------+--------+-----------+------+------------+---------+---------+--------+
| empno | ename  | job       | MGR  | Hiredate   | sal     | comm    | deptno |
+-------+--------+-----------+------+------------+---------+---------+--------+
|  7110 | SMITH  | CLERK     | 7902 | 1981-03-12 |  800.00 |    NULL |     20 |
|  7112 | WARD   | SALESMAN  | 7698 | 1983-03-12 | 1250.00 |  500.00 |     30 |
|  7114 | MARTIN | SALESMAN  | 7698 | 1981-01-12 | 1250.00 | 1400.00 |     30 |
|  7119 | TURNER | SALESMAN  | 7698 | 1989-03-12 | 1500.00 |    0.00 |     30 |
|  7111 | ALLEN  | SALESMAN  | 7698 | 1982-03-12 | 1600.00 |  300.00 |     30 |
|  7116 | CLARK  | MANAGER   | 7839 | 1985-03-12 | 2450.00 |    NULL |     10 |
|  7115 | BLAKE  | MANAGER   | 7839 | 1981-03-12 | 2850.00 |    NULL |     30 |
|  7113 | JONES  | MANAGER   | 7839 | 1981-03-12 | 2950.00 |    NULL |     20 |
|  7117 | SCOTT  | ANALYST   | 7566 | 1981-03-12 | 3000.00 |    NULL |     20 |
|  7118 | KING   | PRESIDENT | NULL | 1981-03-12 | 5000.00 |    NULL |     10 |
+-------+--------+-----------+------+------------+---------+---------+--------+
10 rows in set (0.00 sec)
```

图 8－12 使用带“order by”的 select 查询(2)

8.3.3 带“GROUP BY 字段名 [HAVING 条件表达式]”的查询

这种查询语句是在简单查询或条件查询语句的后面使用“GROUP BY 字段名 [HAVING 条件表达式]”参数来表示按某个字段进行分组查询。

其语句一般格式：

SELECT 字段(表达式)列表 FROM 表名 [where 条件表达式] GROUP BY 字段名 1,字段名 2,…… [HAVING 条件表达式];

其中,“字段(表达式)列表”是指字段或包含字段的表达式的列表,它常使用一些聚合函数作为字段表达式;FROM 后的“表名”指定在哪一个表中进行查询;“where 条件表达式”用于指定在表中哪一些记录中进行分组查询;而“GROUP BY 字段名 1,字段名 2,……”用于指定进行分组的依据,它可以是多个字段的列表,可选参数“HAVING 条件表达式”用于对查询结果进行过滤筛选。

应该注意的是,直接对字段使用 group by 关键字进行查询无任何实际意义,但可以显示出查询结果,它只显示每个分组中的一条记录,并且会出现“ERROR:No query specified”提示。如图 8－13 是直接对表 t_employee 中字段进行分组查询时的执行结果。

```
mysql> select * from t_employee group by deptno;;
+-------+-------+----------+------+------------+---------+--------+--------+
| empno | ename | job      | MGR  | Hiredate   | sal     | comm   | deptno |
+-------+-------+----------+------+------------+---------+--------+--------+
|  7116 | CLARK | MANAGER  | 7839 | 1985-03-12 | 2450.00 |   NULL |     10 |
|  7110 | SMITH | CLERK    | 7902 | 1981-03-12 |  800.00 |   NULL |     20 |
|  7111 | ALLEN | SALESMAN | 7698 | 1982-03-12 | 1600.00 | 300.00 |     30 |
+-------+-------+----------+------+------------+---------+--------+--------+
3 rows in set (0.06 sec)

ERROR:
No query specified

mysql> select * from t_employee group by empno;;
+-------+--------+-----------+------+------------+---------+---------+--------+
| empno | ename  | job       | MGR  | Hiredate   | sal     | comm    | deptno |
+-------+--------+-----------+------+------------+---------+---------+--------+
|  7110 | SMITH  | CLERK     | 7902 | 1981-03-12 |  800.00 |    NULL |     20 |
|  7111 | ALLEN  | SALESMAN  | 7698 | 1982-03-12 | 1600.00 |  300.00 |     30 |
|  7112 | WARD   | SALESMAN  | 7698 | 1983-03-12 | 1250.00 |  500.00 |     30 |
|  7113 | JONES  | MANAGER   | 7839 | 1981-03-12 | 2950.00 |    NULL |     20 |
|  7114 | MARTIN | SALESMAN  | 7698 | 1981-01-12 | 1250.00 | 1400.00 |     30 |
|  7115 | BLAKE  | MANAGER   | 7839 | 1981-03-12 | 2850.00 |    NULL |     30 |
|  7116 | CLARK  | MANAGER   | 7839 | 1985-03-12 | 2450.00 |    NULL |     10 |
|  7117 | SCOTT  | ANALYST   | 7566 | 1981-03-12 | 3000.00 |    NULL |     20 |
|  7118 | KING   | PRESIDENT | NULL | 1981-03-12 | 5000.00 |    NULL |     10 |
|  7119 | TURNER | SALESMAN  | 7698 | 1989-03-12 | 1500.00 |    0.00 |     30 |
+-------+--------+-----------+------+------------+---------+---------+--------+
10 rows in set (0.00 sec)

ERROR:
No query specified
```

图 8－13 使用带“group by”的 select 查询(未和聚合函数一起使用)

实际中,有意义的分组查询常是"GROUP BY"和聚合函数一起使用,它们可以统计出某个或者某些字段在一个分组中的最大值、最小值、平均值等。如图 8 - 14 是在表 t_employee 中进行分组查询,查各部门的工资之和及各部门工资的平均值。

图 8 - 14　使用带"group by"的 select 查询(和聚合函数一起使用)

在分组查询语句中,HAVING 和 WHERE 都用于设置条件对查询结果进行过滤。两者区别有两点:一是 having 是从之前(select 子句中)筛选过的字段中再筛选,而 where 是从数据表中的字段直接进行的筛选的;二是 having 之后可以跟聚合函数,而 WHERE 不能。

8.3.4　带"LIMIT［OFFSET］记录数"的查询

在一个查询语句中使用"LIMIT［OFFSET］记录数"可以将查询结果限制在指定偏移位置(OFFSET 参数指定)开始的若干条记录里。其语句一般格式为:

SELECT 字段名 1,字段名 2,…… FROM 表名　［where 条件表达式］LIMIT　［OFFSET,］记录数;

其中,"OFFSET":为可选值,表示偏移量,如果偏移量为 0 则从查询结果的第一条记录开始……,以此类推,如果不指定其默认值为 0;"记录数":表示返回查询记录的条数。

如图 8 - 15 中的 SELECT 语句后分别使用了"limit 0,3"和"limit 2,3",前面的表示从查询到的结果中第一条开始、连续显示 3 条记录,而后面的表示从查询到的结果中第 3 条开始、连续显示 3 条记录。

图 8 - 15　带"limit"的 select 查询

8.4 统计(聚合函数)查询与表达式查询

统计(聚合函数)查询是指在 SELECT 之后使用一些聚合函数来统计表中记录条数、数值型字段的最大值、最小值、求和与求平均值等。表达式查询是指更广泛的在 SELECT 之后使用含字段或不含字段的表达式代替普通字段值的一种查询。下面分别介绍:

8.4.1 查询记录条数

常使用 COUNT()函数来统计查询语句中记录的条数,其语法格式:

SELECT COUNT(∗) FROM 表名 [WHERE 条件表达式];

该语句不使用"WHERE 条件表达式"时查询指定"表名"的表中记录的条数;使用"WHERE 条件表达式"时查询指定"表名"的表中符合条件表达式指定条件的记录的条数。其中"COUNT(∗)"还可用"COUNT(字段名)"来代替,使用"COUNT(字段名)"名表示某个字段值的个数。

如:"SELECT COUNT(∗) FROM student where sex='男';"可在学生表中查询男生的人数。

8.4.2 查询字段中的最大值或最小值

求最大值函数为 MAX(),在查询语句中可使用 MAX()求出某个字段(或含字段表达式)的最大值;求最小值函数为 MIN(),在查询语句中可使用 MIN()求出某个字段(或含字段表达式)的最小值。其语法格式:

SELECT MAX(字段名)| MIN(字段名) FROM 表名 [WHERE 条件表达式];

如:"SELECT MAX(score),MIN(score)FROM student;"可求出 student 表中 score 字段的最大值和最小值。

8.4.3 对字段值求和或平均值

求和函数为:SUM()函数;求平均值函数为:AVG()。利用它们可以利用 SELECT 语句求表中某个字段(或含字段表达式)的总和及平均值,其语法格式:

SELECT SUM(字段名)| AVG(字段名) FROM 表名 [WHERE 条件表达式];

如:"SELECT SUM(score),AVG(score)FROM student;"可求出 student 表中所有记录中 score 字段的总和及平均值。

8.4.4 查询包含字段的表达式的值

根据问题的需要,我们也可以在 SELECT 语句中使用包含字段的表达式代替要显示的字段,这时将对表中某些字段进行表达式指定的运算再进行显示输出。

如："SELECT 学号,姓名,语文成绩＋数学成绩＋外语成绩 FROM student;"可查出 student 表中所有记录的学号、姓名及语文、数学、外语三科成绩之和。

8.5 为表和字段命名"别名"

在查询操作时,如果表名或字段名很长,使用起来就不太方便,这时可以为表和字段取一个别名,这个别名可以代替其指定的表和字段。

为表取别名的方法是:

SELECT ＊ FROM 表名 ［AS］ 别名;

即在 SELECT 语句的表名后加"AS 别名",其中 AS 可省略。

为字段取别名的方法是:

SELECT 字段名 1 ［AS］ 别名 1 ［,字段名 2 ［AS］别名,……］ FROM 表名;

即在 SELECT 语句中的字段名后加"AS 别名",其中 AS 可省略。

使用别名我们可以对之前在 student 表中求 score 字段的最大值和最小值的语句 "SELECT MAX(score),MIN(score)FROM student;"进行改写:

SELECT MAX(score) as 最高分,MIN(score) as 最低分 FROM student;

8.6 思考与练习

1. 使用 SELECT 语句在表中查询数据时至少应包括以下两个部分( )。

A. 仅"SELECT 表达式项";

B. "SELECT □"和"FROM 表名";

C. "SELECT □"和"GROUP BY 字段";

D. "SELECT □"和"WHERE 条件表达式";

2. 在 SELECT 语句中,可以使用( )把重复行屏蔽。

A. TOP B. ALL C. UNION D. DISTINCT

3. 在 SELECT 语句中,用来选择要查询的数据记录的子句是( )。

A. select B. group by C. where D. from

4. 在 SELECT 语句中,从 GROUP BY 分组的结果集中再次用条件表达式进行筛选的子句是( )。

A. FROM B. ORDER BY C. HAVING D. WHERE

5. 查询语句"SELECT COUNT(SAL)FROM T_EMPLOYEE GROUP BY DEPTNO;"的作用是( )。

A. 求每个部门中的工资

B. 求每个部门中工资的大小

C. 求每个部门中工资的综合

D. 求每个部门中工资的个数

6. 以下查询语句格式错误的是( )。

A. select sal＋1 from t_employee;

B. select sal * 10,sal * deptno from t_employee;

C. select sal,deptno;

D. select sal * 10,deptno * 10 from t_employee;

注:sal,deptno 为表 t_employee 中的字段。

7. 以下查询语句不正确的是( )。

A. select * from t_employee;

B. select ename,hiredate,sal from t_employee;

C. select * from t_employee order deptno;

D. select * from t_employee where deptno=1 and sal<300;

8. 以下聚合函数中用来求数据总和的是( )。

A. MAX( )　　　　　　B. SUM( )　　　　　　C. COUNT( )　　　　　　D. AVG( )

9. 例如数据库中有 A 表,包括学生,学科,成绩三个字段,数据库结构为

学生	学科	成绩
张三	语文	80
张三	数学	100
李四	语文	70
李四	数学	80

如何统计每个学科的最高分( )。

A. select 学生,max(成绩)from A group by 学生;

B. select 学生,max(成绩)from A group by 学科;

C. select 学生,max(成绩)from A order by 学生;

D. select 学生,max(成绩)from A group by 成绩;

第 9 章　MySQL 的多表查询

9.1　关系数据操作概述

关系数据操作包括两种运算:并(UNION)与笛卡儿积(CARTESIAN PRODUCT)。"并"是针对两个结构相同的表进行的关系运算,是把字段结构及类型相同的两个表中的记录合并到一个表中的一种运算。

"笛卡儿积"是针对两个结构不同的表进行的一种关系操作,是两个没有连接条件的表按照"结果表字段数为两原始表字段数之和、结果表记录数为两原始表记录数之积"连接生成结果表的一种关系运算。

9.2　连接查询

9.2.1　连接查询及其分类

表的连接查询,是两表间一种重要的关系运算,它是在表关系的笛卡儿积数据记录中,按照相应字段值的比较条件进行选择生成一个新的关系。

在实际中,连接查询又分为内连接(INNER JOIN)查询、外连接(OUTER JOIN)查询、交叉连接(CROSS JOIN)查询三种方式。

内连接查询是在参与连接表的笛卡儿积数据记录中保留表关系中所有能够跟指定(或默认)的条件匹配得上的数据记录、删除不匹配的数据记录,内连接又分为自然连接、等值连接、不等连接。

外连接查询是在参与连接表的笛卡儿积数据记录中不仅保留表关系中所有能够跟指定(或默认)的条件匹配得上的数据记录,还会保留部分不匹配的数据记录,根据保留不匹配数据记录的来源不同外连接又分为左外连接、右外连接、全外连接。

交叉连接查询是两(或多)表的笛卡儿积全部数据记录,是两表间不带匹配条件的连接查询。

9.2.2　连接查询的早期语句格式

连接查询的早期语句格式如下:

SELECT　[DISTINCT]　字段(表达式)列表　FROM　表名列表　[WHERE　条件

表达 1］〔GROUP BY　字段名表〔HAVING　条件表达式 2〕〕〔ORDER BY　字段名 1〔ASC|DESC〕〔,字段名 2〔ASC|DESC〕……〕〕;

　　初看这一格式,跟前面已学过的单表查询语句格式好像是一样的,但仔细比较,连接查询语句中有一个地方是跟单表查询不一样的,即 FROM 后的原来是"表名";现在是"表名列表",是多个表名的一个列表(它们之间用","号分隔),这意味着,现在的这一 SELECT 语句是可以从多个表中查询所需要的数据的。除了在语句格式中这一显式的区别外,在多表查询语句格式中,与单表查询语句格式之间的不同还有:字段列表中字段前可带"表名."表示是哪个表中的字段,〔WHERE 条件表达式 1〕中涉及表间关系赖以建立的对应字段应满足的一个条件。

　　如"select * from t_dept,t_employee;"可实现"t_dept"和"t_employee"两表间无条件的连接查询,即生成笛卡尔积的连接查询,如图 9-1 所示。

图 9-1　生成笛卡尔积的连接查询

9.2.3　连接查询的 ANSI 语法格式

　　ANSI 语法的连接查询是在 FROM 后使用"表 1〔选项参数〕JOIN 表 2"并可用"ON 条件表达式"代替原 WHERE 子句的一种连接查询,其通用格式:
SELECT〔DISTINCT〕字段(表达式)列表　FROM
表 1〔NATURAL|INNER|LEFT|RIGHT|FULL|CROSS〕JOIN　表 2〔ON 条

件表达式 1〕〔〔GROUP BY　属性名表　〔HAVING　条件表达式 2〕〕〔ORDER BY 字段名 1　〔ASC|DESC〕〔,字段名 2　〔ASC|DESC〕……〕〕;

上面语句格式中有以下几点需要注意:

① 字段(表达式)列表中字段前须带上"表名 ."。

② 格式中表 1、表 2 及各处字段(表达式)均可以用 as 定义一个别名(其中 as 可省)。

③ JOIN 前加 NATURAL、INNER、LEFT、RIGHT、FULL、CROSS 等选项参数分别表示自然连接、内连接(含等值连接和不等连接)、左连接、右连接、全连接、交叉连接。

下面的 9.2.4～9.2.6 中将分别介绍这些连接查询。

9.2.4　交叉连接查询

前面 9.2.1 中已经讲过,交叉连接查询是两(或多)表的笛卡儿积全部数据记录,是两表间不带匹配条件的连接查询。它可以使用两种格式:

一是早期格式,即:SELECT ＊ FROM 表 1,表 2;

二是 ANSI 格式:SELECT ＊ FROM 表 1 CROSS JOIN 表 2;

前面 9.2.2 中给出的"SELECT ＊ FROM t_dept,t_employee;"即是使用早期格式来实现的交叉连接查询,它也可以用 ANSI 语法格式(如图 9-2 所示):

SELECT ＊ FROM t_dept CROSS JOIN t_employee;

图 9-2　Ansi 语法格式生成笛卡儿积的查询

9.2.5　内连接查询

1. 语句一般格式

内连接查询语句可使用早期格式或 ANSI 格式,这里重点介绍 ANSI 格式:

SELECT ［DISTINCT］ 字段(表达式)列表　FROM　表 1 ［NATURAL｜INNER］ JOIN 表 2 ［ON　条件表达式 1］［［GROUP BY　属性名表 1 ［HAVING　条件表达式 2 ］］［ ORDER BY　字段名 1 ［ASC｜DESC］［,字段名 2 ［ASC｜DESC］……］］;

其中,NATURAL 表示自然连接,INNER 表示一般内连接(含等值内连接与不等内连接);"ON 条件表达式"可用"WHERE 条件表达式"代替;字段(表达式)列表中字段前须带"表名 .";可以用 as 为表或字段表达式定义一个别名(其中 as 可省)。

2. 自然连接(NATURAL JOIN)查询

自然连接(NATURAL JOIN)查询是指两表通过"NATURAL JOIN"进行连接,其后不带"ON 表达式",执行时自动根据两表中同名字段进行记录匹配并去掉重复记录的一种查询,这种查询在连接后总字段个数为原两表中字段之和减去两表中重复字段个数,记录数为两表的笛卡儿积记录条数减去两表中相同字段值不相等的记录。

如:"SELECT * FROM t_dept NATURAL JOIN t_employee;"会对两表("t_dept"和"t_employee")进行自然连接查询,其运行结果如图 9 - 3 所示。

```
mysql> select * from t_dept natural join t_employee;
+--------+------------+----------+-------+--------+-----------+------+------------+------+------+
| deptno | dname      | loc      | empno | ename  | job       | MGR  | Hiredate   | sal  | comm |
+--------+------------+----------+-------+--------+-----------+------+------------+------+------+
|     20 | RESEARCH   | DALLAS   |  7110 | SMITH  | CLERK     | 7902 | 1981-03-12 |  800 | NULL |
|     30 | SALES      | CHICAGO  |  7499 | ALLEN  | SALESMAN  | 7698 | 1982-03-12 | 1600 |  300 |
|     30 | SALES      | CHICAGO  |  7521 | WARD   | SALESMAN  | 7698 | 1983-03-12 | 1250 |  500 |
|     20 | RESEARCH   | DALLAS   |  7566 | JONES  | MANAGER   | 7839 | 1981-03-12 | 2950 | NULL |
|     30 | SALES      | CHICAGO  |  7654 | MARTIN | SALESMAN  | 7698 | 1981-01-12 | 1250 | 1400 |
|     30 | SALES      | CHICAGO  |  7698 | BLAKE  | MANAGER   | 7839 | 1981-03-12 | 2850 | NULL |
|     10 | ACCOUNTING | NEW YORK |  7782 | CLARK  | MANAGER   | 7839 | 1985-03-12 | 2450 | NULL |
|     20 | RESEARCH   | DALLAS   |  7788 | SCOTT  | ANALYST   | 7566 | 1981-03-12 | 3000 | NULL |
|     10 | ACCOUNTING | NEW YORK |  7839 | KING   | PRESIDENT | NULL | 1981-03-12 | 5000 | NULL |
|     30 | SALES      | CHICAGO  |  7844 | TURNER | SALESMAN  | 7698 | 1989-03-12 | 1500 |    0 |
+--------+------------+----------+-------+--------+-----------+------+------------+------+------+
10 rows in set (0.00 sec)
```

图 9 - 3　自然连接查询

3. 等值连接查询

等值连接查询是在两表的笛卡儿积中选择那些跟指定的条件能够匹配得上的数据记录,而删除掉匹配不上的数据记录。它通过"INNER JOIN"进行连接,其后需给出"ON 表达式"且表达式应该为一个等值条件,与自然连接相比,它也要减去两表有相同字段而值不相等的记录,但它不去掉重复的字段。

如:"SELECT * FROM t_dept d INNER JOIN t_employee e on d.deptno = e.deptno;"是对"t_dept"和"t_employee"进行等值连接查询,在语句格式上其和前面自然连接语句主要区别有两个:一是将 NATURAL 改成了 INNER,二是使用了"on 条件表达式"显式地指明两表进行匹配的条件。它在显示结果方面和原来的自然连接也有不同,即它不去掉重复的字段,而自然连接会去掉重复的字段。其运行结果如图 9 - 4 所示。

图 9-4　等值连接查询

等值连接中有一种特殊情况,它发生在同一个表之间,这种等值连接我们称之为自连接,它是一个表根据合适的条件与它自己进行的等值连接。应该注意的是,在自连接查询中的这一个表实际是当两个表来使用的,它需要满足一个条件,即在这一个表中有两个字段中的数据,其数据类型及其中的值表示的意义是相同的,在构成自连接时,正是通过这两个数据类型及其中的值表示的意义相同的不同字段来进行匹配的。

以一个实际的例子来说,假如要在 t_employee 表(其中各记录的数据如图 9-5 所示)中,查询每个雇员的姓名、职位及领导姓名。

图 9-5　t_employee 表的结构

分析:在上面的 t_employee 表中,每个雇员的姓名(ename)、职位(job)、领导编号(MGR)在 t_employee 中可以查到,由于领导编号(MGR)使用的是该领导的员工编号(empno),因此查到领导的编号(MGR)后,可使用该编号,再一次在 t_employee(这次把它当作领导表)中按领导表的员工编号(empno)等于员工表的领导编号(MGR)查到该领导的姓名。

也就是说,在这个查询中 t_employee 表需分别当作雇员表与领导表使用两次,并按 t_employee. mgr= t_employee. empno 这一条件通过 INNER JOIN 进行自连接。这里前后两次的 t_employee 可分别引入一个别名来代替。

其实现语句:select e. ename,e. job,l. name from t_employee e inner join t_employee l on e. mgr=l. empno;

运行结果如图 9-6 所示。

图 9-6　使用 t_employee 进行自连接查询

　　注意,在这个自连接的例子当中,原本有 10 条记录的 t_employee 最后显示出来员工姓名、职位及领导姓名的只有 8 条记录,与实际中不符。为什么,如何避免? 请大家思考。

4. 不等连接查询

　　不等连接查询是在两表的笛卡儿积中选择所匹配字段值不相等的数据记录,它也是通过"INNER JOIN"进行连接,其后也需给出"ON 表达式",但这里的表达式应该为一个不等条件表达式,与自然连接、等值连接相比,它要减去的是两表有相同字段且值相等的记录,但它跟等值连接一样也不去掉重复的字段。

　　如在上面等值查询例子基础上稍变化下,只将 on 后的表达式中"="号变成"! =",即得到一个不等查询,它获得的记录集应是两表交叉连接得到记录集送去两表等值连接得到的记录集,但这样的一个不等查询是没有实际意义的。

　　下面看一个在实际中有意义的不等连接查询:在 t_employee 表中查询每个雇员编号大于其领导编号的每个雇员的姓名、职位、领导姓名。

　　由于这里仍然要在 t_employee 中查询雇员姓名、职位及领导姓名,所以查询主体还要用到在上面自连接中的例子中的查询语句,但这里的条件中除"e. mgr＝l. empno"外还要加一个"e. empno＞l. empno",即其查询语句应为:select　e. ename,e. job,l. name　from　t_employee e inner join t_employee l on e. mgr＝l. empno and e. empno＞l. empno;

　　其运行结果如图 9 - 7 所示。

图 9 - 7　不等连接查询

9.2.6　外连接查询

1. 外连接查询一般格式(ANSI 语法格式)

　　SELECT　［DISTINCT］　字段(表达式)列表　FROM　表 1　LEFT｜RIGHT｜FULL ［OUTER］　JOIN　表 2　［ON　条件表达式 1］［［GROUP BY　属性名表　［HAVING　条件表达式 2］］　［ORDER BY　字段名 1　［ASC｜DESC］　［,字段名 2　［ASC｜DESC]……］］;

　　其中,"left""right""full"分别表示左外连接、右外连接、全外连接;"ON 条件表达式"可用"WHERE 条件表达式"代替;字段(表达式)列表中字段前须带"表名 .";可以用 as 为表或字段表达式定义一个别名(其中 as 可省)。

2. 左(外)连接查询

　　在左外连接(LEFT JOIN)查询中,两表通过 LEFT JOIN 进行连接,其后需带"ON 表达式",执行时根据 ON 后指定的表达式对左右两表进行记录匹配,两表连接后总字段个数为原两表中字段数之和,记录条数为"两表的笛卡儿积记录条数减去两表有相同字段而其值不相等的记录条数＋左表中未匹配的记录数"。

　　我们回到前面自连接那个例子中,为什么自连接后记录条数比原来 t_employee 中少了两条呢? 经仔细观察,原来是因为有些员工其领导编号为 NULL,或虽然不为空,但在员工编号列没有与它对应的值,也即有员工的领导编号不能与前面的员工编号列匹配得上。为了能够把全部的员工信息都查出来,在当员工表的左表与当领导表的右表进行连接时,我们应将左表中与右表不能匹配得上的数据也显示出来,因此这时,我们应使用左外连接。其查询语句应为:SELECT e.ename, e.job, l.name FROM t_employee e LEFT JOIN t_employee l ON e.mgr=l.empno;运行结果如图 9-8 所示。

图 9-8 使用左外连接重做图 9-6 中的查询

3. 右(外)连接查询

在右外连接(LEFT JOIN)查询中,两表通过 RIGHT JOIN 进行连接,其后也需带"ON 表达式",执行时根据 ON 后指定的表达式对左右两表进行记录匹配,两表连接后总字段个数为原两表中字段数之和,记录条数为"两表的笛卡儿积记录条数减去两表有相同字段而其值不相等的记录条数+右表中未匹配的记录数"。

在前面曾使用内连接,曾将 t_dept 作为左表,t_employee 作为右表,查出每个雇员的编号,姓名,职位、部门名称、部门位置。但有些时候(当有雇员的部门信息不能在部门表中找到匹配的时候)使用前述的等值连接会丢失数据(如图 9-9 所示)。

图 9-9 使用等值连接对 t_dept 和 t_employee 进行连接查询

为了解决这一问题,我们应该将 t_dept 作为左表、将 t_employee 作为右表使用右外连接查询,图 9-10 和图 9-9 的对比中可看出它们的不同。

图 9-10 使用右外连接查询对 t_dept 和 t_employee 进行连接查询

4. 全(外)连接查询

在全外连接查询中,两表通过 FULL JOIN 进行连接,其后也需带"ON 表达式",执行时根据 ON 后指定的表达式对左右两表进行记录匹配,两表连接后总字段个数为原两表中字段数之和,记录条数为"两表的笛卡儿积记录条数减去两表有相同字段而其值不相等的记录条数+左表中未匹配的记录数+右表中未匹配的记录数"。

实际上全(外)连接查询的效果相当于交叉连接查询。

9.3 合并查询

在 MySQL 中通过 UNION 或 UNION ALL 连接对两个结构相同的表的查询语句构成合并查询。其语句一般格式为:

SELECT 字段(表达式)列表 1 FROM 表 1 UNION|UNION ALL SELECT 字段(表达式)列表 2 FROM 表 2;

其中,格式中使用 UNION,合并后会去掉两表中重复记录,使用 UNION ALL,合并后会保留两表中重复记录;而每一个 SELECT 语句中还可以有前面单表查询中的 WHERE、ORDER BY、GROUP BY 等参数的使用。

以图 9-11、9-12 两原始表合并为例。

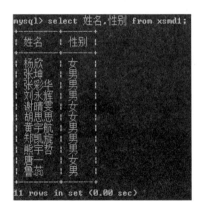 

图 9-11 原始表 xsmd1 中 记录情况 　　图 9-12 原始表 xsmd2 中 记录情况

当使用 union 进行合并查询时,会去掉重复记录,原两表分别为 11 条记录和 10 条记录,但合并后结果为 20 条记录(如图 9-13 所示)。

当使用 union all 进行合并查询时,不会去掉重复记录,原两表分别为 11 条记录和 10 条记录,合并后结果为 21 条记录(重复的记录没有去除,而是显示了两次,如图 9-14 所示)。

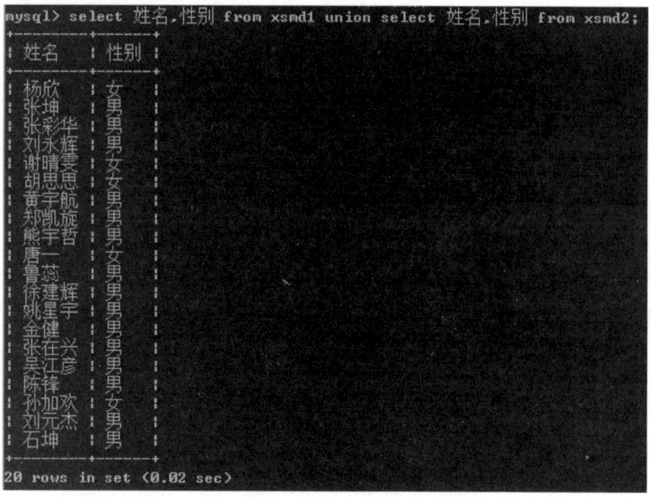

图 9 - 13　使用 union 合并 xsmd1 和 xsmd2

图 9 - 14　使用 union all 合并 xsmd1 和 xsmd2

9.4　思考与练习

1. 简述自然连接和等值连接的联系与区别。

2. 简述内连接和外连接的联系与区别。

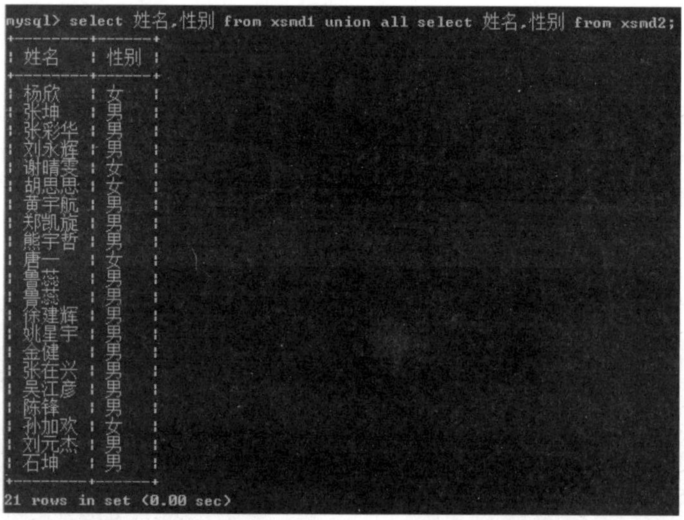

3. 简述左外连接和右外连接的联系与区别。

4. 简述连接查询和合并查询的联系与区别。

5. 以下哪一个（　　）不属于连接查询。

A. 左外连接　　　　　　B. 内连接　　　　　　C. 中间连接　　　　　　D. 交叉连接

6. 以下哪一个可用于左外连接（　　）。

A. JOIN　　　　　　B. RIGHT JOIN　　　　C. LEFT JOIN　　　　　D. INNER JOIN

7. 组合多条 SQL 查询语句形成合并查询的操作符是（　　）。

A. SELECT　　　　　　B. ALL　　　　　　C. LINK　　　　　　D. UNION

第 10 章 MySQL 的嵌套查询(子查询)

10.1 嵌套查询(子查询)概念与分类

所谓嵌套查询是指一个 SELECT 查询中嵌套了另外的一个或几个 SELECT 查询,即在一个 SELECT 查询的 WHERE 或 FROM、JOIN(UNION)子句中嵌套了另外的一个或几个 SELECT 查询,其中,外层的 SELECT 查询为主查询,内层(嵌套)的 Select 查询为子查询。

引入嵌套查询有两个原因:一是实际中的有些问题必须要用嵌套查询才能得到解决;二是对于一些也可用连接查询的问题,若使用嵌套查询其效率更高。这是因为两表间各种连接查询均会先对两表进行笛卡儿积操作,而这一操作会生成"两原始表记录条数之积"条记录,然后再在其中选取符合条件的记录;而嵌套查询则由于子查询和主查询会依次进行两次筛选,而每一次的筛选结果(记录数)都小于对应的原始记录条数,因此嵌套查询的查询语句执行效率会比基于笛卡儿积的连接查询高。

因此在两表数据记录条数都比较多,笛卡儿积比较大时应尽量避免使用连接查询,而改用嵌套查询来代替。实际中,我们可用"SELECT count(*)FROM 表 1,表 2;"来统计两表的笛卡儿积记录条数并根据这一结果来确定是否该使用嵌套查询代替连接查询。

根据子查询返回数据情况的不同,子查询有四种类型,即返回单行单列、多行单列、单行多列或多行多列数据的子查询,其中返回单行单列、多行单列或单行多列数据的子查询一般是嵌入主查询中的 WHERE 子句中,而返回多行多列数据的子查询一般是嵌入主查询中的 FROM 子句中或连接查询的 JOIN 子句、合并查询的 UNION 子句中。

10.2 返回单行单列数据的子查询

此类子查询是在一个表中查询符合某个条件的唯一的记录(行)的某个字段值。通常形如:"SELECT 字段名 FROM 表名 WHERE 条件表达式;",其中的"条件表达式"应保证能返回唯一的一条记录。

它嵌入主查询语句的方式通常是:作为主查询语句中 WHERE 子句中关系表达式的后一运算数,比如:

SELECT * FROM 主表名 WHERE 主表中字段名>(SELECT 字段名 FROM 表名 WHERE 条件表达式);

下面结合实例来看一下含有此种子查询的嵌套查询语句的编写。

实例一:在雇员表(t_employee)中查询工资比 SMITH 还要高的雇员信息。

问题分析:一般地,在面对一个查询问题时,我们可以分三步来进行分析。

① 首先从问题中搞清楚要进行的主查询是什么(在哪一个表中查询符合什么条件的记录的哪些字段数据),并根据分析写出主查询语句,在写主查询语句时对主查询语句中暂时未知的数据先以一个变量来代替,就实例一来说,我们可以假设 SMITH 的工资已查出,为 SMITHSAL,然后就可以写出主查询语句为“SELECT * FROM t_employee WHERE sal > SMITHSAL;”。

② 接着进一步考虑 SMITHSAL 该怎么查出,它是在 t_employee 表中查询姓名为 smith 的员工工资,可以使用查询来实现:SELECT sal FROM t_employee WHERE ename = 'smith';。

③ 把第 2 步中得到的查询语句(注意去掉尾部的分号再在两边加上括号)代入到第 1 步中的 SMITHSAL 中即完成整个嵌套查询语句的编写。

其完整语句及执行结果如图 10-1 所示。

图 10-1 在 t_employee 表中查询工资比 smith 高的雇员信息

10.3 返回单行多列数据的子查询

此类子查询是在一个表中查询符合某个条件的唯一的记录(行)的某几个字段值。通常形如:“SELECT 字段名表 FROM 表名 WHERE 条件表达式;”,其中的“条件表达式”仍然应保证能返回唯一的记录。

它嵌入主查询语句的方式通常是作为主查询语句中 WHERE 子句中相等关系的右边运算数,而其左边应是括号起来的一个字段名表构成的集合型数据,比如:

SELECT * FROM 主表名 WHERE(主表中字段名表)=(SELECT 字段名 FROM 表名 WHERE 条件表达式);

其中,WHERE 子句实质是主表中字段名表中每一个都等于后面查询得到的对应字段值。

实例二:在雇员表(t_employee)中查询工资、职位与 SMITH 一样的雇员信息。

问题分析:我们仍然分三步来进行分析。

上 篇 MySQL 操作篇 | 139

① 首先从问题中搞清楚要进行的主查询是什么(在哪一个表中查询符合什么条件的记录的哪些字段数据),并根据分析写出主查询语句,在写主查询语句时对主查询语句中暂时未知的数据先以一个变量来代替,就实例二来说,我们可以假设 SMITH 的工资、职位已查出,为 SMITHSALJOB,然后就可以写出主查询语句为"SELECT ＊ FROM t_employee WHERE(sal,job)＝ SMITHSALJOB;"。

② 接着进一步考虑 SMITHSAL 该怎么查出,它是在 t_employee 表中查询姓名为 smith 的员工工资和职位,可以使用查询来实现:SELECT sal,job FROM t_employee WHERE ename＝'smith';。

③ 把第 2 步中的查询语句(注意去掉尾部的分号再两边加上括号)代入到第 1 步中的 SMITHSALJOB 中。

其完整语句及执行结果如图 10‐2 所示。

```
mysql> select * from t_employee where (sal,job)=(select sal,job from t_employee where ename='smith');
+-------+-------+-------+------+------------+-----+------+--------+
| empno | ename | job   | MGR  | Hiredate   | sal | comm | deptno |
+-------+-------+-------+------+------------+-----+------+--------+
| 7110  | SMITH | CLERK | 7902 | 1981-03-12 | 800 | NULL |   20   |
+-------+-------+-------+------+------------+-----+------+--------+
1 row in set (0.00 sec)
```

图 10‐2 在 t_employee 表中查询工资职位都与 smith 一样的雇员信息

该题也可以按"在雇员表(t_employee)中查询工资与 SMITH 工资一样,并且职位与 SMITH 职位一样的雇员信息"将查询语句写成:

SELECT ＊ FROM t_employee WHERE sal＝(SELECT sal FROM t_employee WHERE ename＝'smith')&& job＝(SELECT job FROM t_employee WHERE ename＝'smith');

10.4 返回多行单列数据的子查询

此类子查询是在一个表中查询符合某个条件的多条记录(行)的某一个字段值。通常形如:"SELECT 字段名 FROM 表名 WHERE 条件表达式;",其中的"条件表达式"应保证能返回多条记录。

它嵌入主查询语句的方式通常是作为主查询语句中 where 子句里由 IN、ANY、ALL、EXISTS 等连接的表达式的一部分。

下面分别予以介绍:

10.4.1 含 IN 的 WHERE 子句

主查询语句中,含 IN 的 WHERE 子句将某指定的字段值是否在指定的数据集合中作为匹配条件,如在即表示条件成立,否则表示条件不成立。这里的数据集合可直接给出,如"WHERE sal in(1500,1600,2000);"表示 sal 是 1500、1600、2000 三个数据中的一个;或以一个查询返回(多行单列)数据,如:WHERE(主表中字段名) IN (SELECT 字段名 FROM 表名 WHERE 条件表达式);。

实例三:查询雇员表(t_employee)中部门编号均在部门表(t_dept)中出现的雇员信息。

问题分析:我们仍然分三步来进行分析。

① 首先从问题中搞清楚要进行的主查询是什么(在哪一个表中查询符合什么条件的记录的哪些字段数据),并根据分析写出主查询语句,在写主查询语句时对主查询语句中暂时未知的数据先以一个变量来代替,就实例三来说,我们可以假设部门表中的全部部门编号已查出,为 BMBH,然后就可以写出主查询语句为"SELECT ＊ FROM t_employee WHERE deptno in BMBH;"。

② 接着进一步考虑 BMBH 该怎么查出,它是在 t_dept 表中查询全部部门编号,可以使用查询来实现:SELECT deptno FROM t_dept;。

③ 把第 2 步中的查询语句(注意去掉尾部的分号再两边加上括号)代入到第 1 步中的 BMBH 中。

其完整语句及执行结果如图 10－3 所示。

图 10－3 在 t_employee 表中查询部门编号均在部门表 t_dept 中出现的雇员信息

10.4.2 含 ANY 的 WHERE 子句

主查询语句中,含 ANY 的 WHERE 子句返回满足条件中任意一个的数据记录,实际使用中常配合">""<""="等运算符使用。

当使用"=ANY"时,其功能跟使用"IN"一样,表示字段值等于 ANY 后数据集合(子查询返回的结果)中任意一个:

对前面的实例三"查询雇员表(t_employee)中部门编号均在部门表(t_dept)中出现的雇员信息",在这里可以换一种求解方法,使用"=ANY"代替原来查询语句中的"IN",其完整语句为"SELECT ＊ FROM t_employee WHERE deptno ＝ANY(SELECT deptno FROM t_dept)"。

当使用">ANY"(>=ANY)时,表示字段值比数据集合(子查询返回的结果)中最小的要大(或大于等于)。当使用"<ANY"(<=ANY)时,表示字段值比数据集合(子查询返回的结果)中最大的要小(或小于等于);

如"WHERE sal>ANY(1500,1600,2000)"表示 sal 只要大于 1500 就行。

实例四:查询雇员表(t_employee)中工资不低于职位为 MANAGER 的工资的雇员姓名、工资。

问题分析:我们仍然分三步来进行分析。

① 首先从问题中搞清楚要进行的主查询是什么(在哪一个表中查询符合什么条件的记录的哪些字段数据),并根据分析写出主查询语句,在写主查询语句时对主查询语句中暂时未知的数据先以一个变量来代替,就实例四来说,我们可以假设部门表中的全部 MANAGER 的工资已查出,为 GZ,然后就可以写出主查询语句为:SELECT ename,sal FROM t_employee WHERE sal>=ANY(GZ);

② 接着进一步考虑 GZ 该怎么查出,它是在 t_employee 表中查询职位为管理者的员工工资,可以使用查询来实现:SELECT sal FROM t_employee WHERE job=manager;

③ 把第 2 步中的查询语句(注意去掉尾部的分号再两边加上括号)代入到第 1 步中的 GZ 中。

其完整语句及执行结果如图 10 - 4 所示:

```
mysql> select ename,sal from t_employee where sal>=ANY(select sal from t_employee where job='manager');
+-------+------+
| ename | sal  |
+-------+------+
| JONES | 2950 |
| BLAKE | 2850 |
| CLARK | 2450 |
| SCOTT | 3000 |
| KING  | 5000 |
+-------+------+
5 rows in set (0.03 sec)
```

图 10 - 4　查询 t_employee 表中工资不低于职位为 MANAGER 的工资的雇员信息

10.4.3　含 ALL 的 WHERE 子句

主查询语句中,含 ALL 的 WHERE 子句返回满足所有条件的数据记录,实际使用中也常配合">""<"等运算符使用,但不能跟"="一起使用。

当使用>ALL(>=ALL)时,表示字段值比数据集合(子查询返回的结果)中最大的要大(或大于等于);当使用<ALL(<=ALL)时,表示字段值比数据集合(子查询返回的结果)中最小的要小(或小于等于)。

如 WHERE sal>ALL(1500,1600,2000)表示大于 2000 的,实际中,ALL 后的集合数据可来自一个返回多行单列的子查询。

实例五:查询雇员表(t_employee)中工资大于职位为 MANAGER 的工资的雇员姓名、工资。

问题分析:我们仍然分三步来进行分析。

① 首先从问题中搞清楚要进行的主查询是什么(在哪一个表中查询符合什么条件的记录的哪些字段数据),并根据分析写出主查询语句,在写主查询语句时对主查询语句中暂时未知的数据先以一个变量来代替,就实例五来说,我们可以假设部门表中的全部 MANAGER 的工资已查出,为 GZ,然后就可以写出主查询语句为"SELECT ename,sal FROM t_employee WHERE sal>ALL(GZ);"。

② 接着进一步考虑 GZ 该怎么查出,它是在 t_employee 表中查询职位为管理者的员工工资,可以使用查询来实现"SELECT sal FROM t_employee WHERE job=manager;"。

③ 把第 2 步中的查询语句(注意去掉尾部的分号再两边加上括号)代入到第 1 步中的 GZ 中。

其完整语句及执行结果如图 10-5 所示。

图 10-5 在 t_employee 表中查询工资高于职位为 MANAGER 的工资的雇员信息

10.4.4 含 EXISTS 的 WHERE 子句

在 WHERE 子句中使用 EXISTS 指示子查询至少应该返回一行,如:"WHERE EXISTS (SELECT * FROM t_employee WHERE t_employee. deptno=t_dept. deptno)"表示"SELECT * FROM t_employee WHERE t_employee. deptno=t_dept. deptno"查询结果至少有一条记录。

实例六:查询雇员表(t_employee)中能够在部门表中找到部门编号匹配的雇员信息(可仅显示 deptno,ename,job)。

问题分析:我们仍然分三步来进行分析。

① 首先从问题中搞清楚要进行的主查询是什么(在哪一个表中查询符合什么条件的记录的哪些字段数据),并根据分析写出主查询语句,在写主查询语句时对主查询语句中 where 子句中部门编号能够在另一个表 dept 中查询得到的子查询语句,暂时先用 BHCX 来代替,然后就可以写出主查询语句为"SELECT deptno,ename,job FROM t_employee WHERE exists(BHCX);"。

② 接着进一步考虑 BHCX 该怎么查出,它是在 t_dept 表中查询 deptno 等于 t_employee 表中当前 deptno 的数据记录的,可以使用下面语句来实现"SELECT * FROM t_dept WHERE deptno=t_employee. deptno;"。

③ 把第 2 步中的查询语句(注意去掉尾部的分号再两边加上括号)代入到第 1 步中的 BHCX 中。

其完整语句及执行结果如图 10-6 所示。

图 10-6 在 t_employee 表中查询部门编号都在 t_dept 表中能够找到的雇员信息

10.5　返回多行多列数据的子查询

当子查询的返回结果是多行多列数据(多条记录的多个字段值)时,该子查询语句一般会在主查询的 FROM 子句中或连接查询的 JOIN 子句中或合并查询的 UNION 子句中被当作一张临时表来处理。

下面结合一个实例来讲解这种子查询在实际中的应用。

实例七:在 company 库中,查询雇员表(t_employee)中各部门的部门编号、部门名称、部门地址、雇员人数和平均工资,注意部门名称、部门地址是 t_dept 表中的字段。

问题分析:本题可用部门表和雇员表通过连接查询求解,要查询的部门编号、部门名称、部门地址需从 t_dept 中查询得到,而部门雇员人数及平均工资应从 t_employee 通过分组统计查询得到。为此,可使用将 t_dept 中查询得到的部门编号、部门名称、部门地址与从 t_employee 通过分组统计查询得到的部门雇员人数及平均工资通过连接查询连接起来,得到所要的结果。

其完整语句及执行结果如图 10 - 7 所示。

图 10 - 7　查询雇员表 t_employee 中各部门的部门编号、部门名称、
部门地址、雇员人数、平均工资(采用普通连接查询)

也可采用嵌套查询,采用嵌套查询时,主查询显示出部门表中的部门编号、部门名称、部门地址及通过子查询查出的部门雇员人数和平均工资,而 FROM 后采用部门表内连接一个子查询来查询出雇员表中各部门编号、雇员人数和平均工资,实际中,我们可分为三步来写它的命令。

① 假设雇员表中部门人数及平均工资已由单独的子查询 ZCX(其别名为 e)查出,分别保存在为 number、average 别名中,则在主查询中我们可以使用 SELECT d. deptno,d. dname,d. loc,number,average FROM t_dept d INNER JOIN ZCX e on d. deptno=e. deptno; 。

② 进一步考虑 ZCX 子查询该怎么查出雇员表中相关数据,SELECT deptno,count(empno)　number,avg(sal)　average from t_employee GROUP BY deptno; 。

③ 把第 2 步中的查询语句(注意去掉尾部的分号再两边加上括号)代入到第 1 步中的 ZCX 中。

其完整语句及执行结果如图 10 - 8 所示。

图 10 - 8　采用嵌套查询在 t_employee 表中查询各部门的部门编号、
部门名称、部门地址、部门人数、部门平均工资

10.6　思考与练习

1. 什么是嵌套查询,引入嵌套查询的原因是?

2. 嵌套查询一般分为哪几种类型?

3. 条件"IN(20,30,40)"表示(　　)。

A. 年龄在 20 到 40 之间

B. 年龄在 20 到 30 之间

C. 年龄是 20 或 30 或 40

D. 年龄在 30 到 40 之间

4. 判断正误:"WHERE sal>ANY(1000,1500,2000)"表示 sal 只要大于 1000 就行。

5. 判断正误:"WHERE sal>ALL(1000,1500,2000)"表示 sal 只要大于 1000 就行。

6. 判断正误:

当使用"sal=ANY(1000,1500,2000)"时,其功能跟"sal IN(1000,1500,2000)"一样,表示字段值等于"1000,1500,2000"中任意一个。

7. 判断正误:返回单行多列数据的子查询可以转化成多个返回单行单列数据的子查询。

第 11 章　MySQL 的视图

11.1　视图概念

视图是 MySQL 中一种重要的数据库对象,通俗地说,它是在一个"表"中被纳入我们"视野"范围的一部分,从本质上说视图也是一种"表",但它是一种"虚拟表"。其内容来源于真实的表,可以是表中全部的行列数据,也可以是表中部分的行列数据。但是,视图并不在数据库中以存储的数据值形式存在,视图里的行列数据均来自定义视图时的查询语句所引用的基本表,并且在引用视图时动态生成。

产生视图的来源表可以是一个表,也可以是多个表,它们常被称为视图的"基表"。视图和它的基表之间的关系:

① 视图是由"基表"产生的虚表,"基表"是视图的来源表;

② 视图的建立、修改和删除均不影响"基表",但对一些由单表查询建立起的视图中字段数据的更新会最终影响到"基表"。

在 MySQL 中引入视图这一数据库对象,有以下三个方面的原因(好处):

① 可以提高复杂查询语句的复用性。将经常使用的复杂查询定义为视图,可以使用户避免大量重复的操作。

② 可以提高表操作的安全性。通过视图,用户只能查询和修改基表中那些允许我们见到的数据,其他数据我们既看不到也不能修改,有利于保证数据的安全。

③ 让我们可以基于不同的问题需要而在逻辑上对既有的表数据进行适当的组合与筛选。

11.2　视图的创建

在 MySQL 中,创建视图是通过"CREATE VIEW"语句实现的,其语句完整格式:
CREATE ［OR REPLACE］［ALGORITHM = ｛UNDEFINED ｜ MERGE ｜ TEMPTABLE｝］VIEW 视图名［(字段名表)］AS SELECT 语句［WITH［CASCADED｜LOCAL］CHECK OPTION］;

上面语句中有关参数说明:

① 在上面语句格式中,"CREATE VIEW 视图名 AS SELECT 语句"为该语句的最小构成部分,也是最基本的视图创建语句,表示创建一个名为"视图名"的视图,其内容来源于 as

后的"SELECT 语句"的执行结果。

下面的示例将在 department 表上创建一个简单的视图,视图名称为 view1_department,其内容为"SELECT FROM department"语句的执行结果:

```
CREATE VIEW view1_department AS SELECT * FROM department;
```

视图创建完后,我们也可以像对表一样地进行查询操作,查询语句是:

```
SELECT * FROM view1_department;
```

可以看出,由于上面创建视图语句中是"SELECT * FROM department";选择 department 表中全部记录的全部字段,所以视图中得到的是跟表中一样的全部记录的全部字段。

若我们在查询语句中使用部分字段列表,则得到的视图中只是原表中部分字段。如:

```
CREATE VIEW view2_department AS SELECT id,name FROM department;
select * from view2_department;
```

注意在视图创建语句中视图的命名不能和数据库中表名、其他的视图名重名,且应尽量按"VIEW*_基表名"或"V*_基表名"格式命名。

② "CREATE"后若使用可选的[OR REPLACE]参数可覆盖已存在的同名视图。

③ 可选的"ALGORITHM"用于说明引用视图时所给条件与视图定义中的条件的结合(或处理)方式,其可取值如下所示。

MERGE:会将引用视图语句与定义视图语句中的条件合并起来,使得视图定义的某一部分取代引用语句的对应部分。

TEMPTABLE:视图定义中的查询结果将被置于临时表中,然后在临时表中执行视图引用中的查询语句。

UNDEFINED:MySQL 将自动选择执行方式,如果可能,它倾向于 MERGE 而不是 TEMPTABLE。

如果在创建视图时使用不带"algorithm=temptable"的"create view"语句:

```
mysql>CREATE VIEW V1 AS SELECT goods_id,goods_name,goods_price FROM goods WHERE goods_price
>2000
```

引用(查询)视图时使用以下语句:

```
SELECT * FROM V1 WHERE goods_price<3000;
```

则最终执行的语句为:

```
SELECT goods_id,goods_name,goods_price FROM goods WHERE goods_price>2000 AND goods_price
<3000
```

而在在创建视图时使用带"algorithm=temptable"的"CREATE VIEW"语句:

```
mysql>CREATE OR REPLACE view V1 AS SELECT goods_id,goods_name,goods_price FROM goods WHERE
goods_price>2000
```

查询视图时使用以下语句:

```
SELECT * FROM V1 WHERE goods_price<3000;
```

则最终执行的语句是分两步的：

先执行视图定义中的查询语句，取出数据放到临时表里：

```
SELECT goods_id,goods_name,goods_price FROM goods WHERE goods_price>2000;执行结果保存至临
```
时表 temptable 中

然后在临时表中查：

```
SELECT * FROM temptable WHERE goods_price<3000
```

④ 可选的"WITH [CASCADED|LOCAL] CHECK OPTION"用于说明对可更新视图使用何种方式来检查插入或更新的行数据："WITH LOCAL CHECK OPTION"表示仅对视图的列做检查；"WITH CASCADED CHECK OPTION"表示不仅对视图的列做检查，还对与它关联的基表进行检查。

⑤ 当创建视图语句中的查询子句是多表查询时可以在两个或两个以上的表上创建视图，如下面的语句将查询显示 xsb 表和 bjb 表按班级代号进行自然连接的结果并把查询结果创建为视图 V2：

```
CREATE VIEW v2 AS SELECT * FROM xsb$ NATURAL JOIN bjb$
```

运行结果如图 11-1 所示：

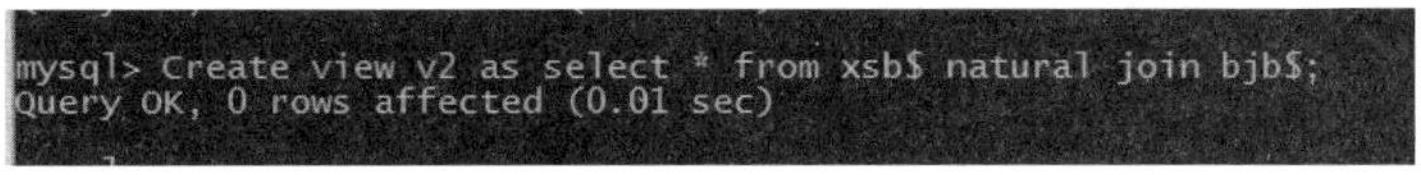

图 11-1　创建视图 V2 运行截图

11.3　视图的查看

由于视图也是一张表（虽然这张表比较特殊，是一张虚拟的表），因此跟表一样，可以使用类似的方法来查看视图。

（1）"SHOW TABLES"查看数据库中包含表与视图的情况：

```
SHOW TABLES;
```

该语句后无参数，需在打开一个数据库时使用，若之前未打开数据库，应在其后给出"FROM 数据库名"，它执行后会显示当前（或指定）数据库中包含表或视图的信息（只显示有哪些表哪些视图）。

图 11-2 是在当前库下执行该命令的结果。

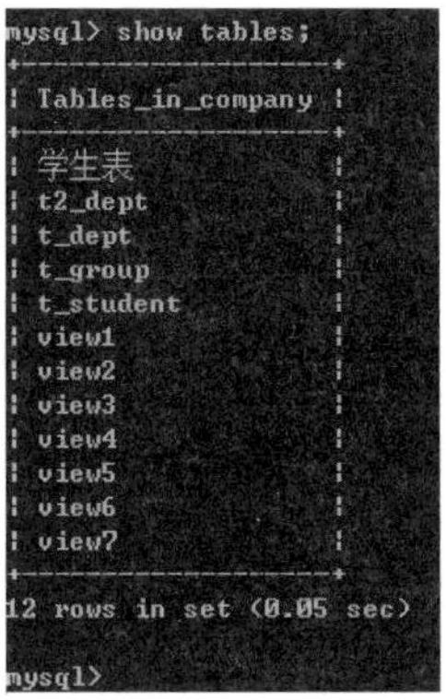

（2）"SHOW TABLE STATUS"查看数据库中包含表与视图的情况：

图 11-2　视图的查看
（show tables 命令的使用）

SHOW TABLE STATUS;

该语句后无参数,需在打开一个数据库时使用,若之前未打开数据库,应在其后给出"FROM 数据库名",它执行后会显示当前(或指定)数据库中包含表或视图的信息(会显示每一个表每一个视图的比较多的信息)。

图 11 - 3 是在当前库下执行该命令的结果。

图 11 - 3 "show table status"查看视图

(3)使用"DESCRIBE"或"SHOW COLUMNS FROM"来查看视图的字段结构信息:

DESCRIBE 视图名;

SHOW COLUMNS FROM 视图名;

上面两语句执行结果相同,均是显示"视图名"所指视图的字段结构,执行时会显示视图中每一个字段的字段名、数据类型、为 NULL 否、KEY 值设置情况、DEFAULT 值设置情况等。它们也应是在打开一个库的情况下执行,否则应在"视图名"前加"库名 ."。

图 11 - 4 是使用"DESC"显示视图 View3 的字段结构信息的截图。

图 11 - 4 "DESC"查看视图

也可以使用"SHOW COLUMNS FROM"来实现相同的功能(截图从略)。

（4）使用"SHOW CREATE VIEW"语句来查看视图的创建语句及创建信息：

SHOW CREATE VIEW 视图名；

如图 11-5 中使用"SHOW CREATE VIEW"显示了"View2"的创建信息。

图 11-5　"show create view"语句查看视图创建信息

（5）通过系统库、表查看视图信息。

在 MySQL 中，所有视图的定义都存放在 information_schema 数据库下的 views 表中。可以在 views 表中查看到数据库中所有视图的详细信息。其查询语句如下：

SELECT * FROM information_schema.views ;

或分两步：

USE information_schema;
SELECT * FROM views;

其中，"＊"表示查询所有的列的信息；"information_schema. views"表示 information_schema 数据库下面的 views。

图 11-6 是该命令运行的截图：

图 11-6　通过系统库 information_schema 下的 views 表查看视图详细信息

11.4 视图的修改

修改视图是指修改数据库中已存在的视图的定义。当基本表的某些字段发生改变时，可以通过修改视图来保持视图和基本表之间一致。在 MySQL 中，可通过 CREATE OR REPLACE VIEW 语句和 ALTER 语句来修改视图。CREATE OR REPLACE VIEW 语句在前面学习视图创建时我们已经介绍过，下面主要介绍 ALTER 语句来修改视图。其语句格式如下：

ALTER [ALGORITHM = {UNDEFINED|MERGE|TEMPTABLE}] VIEW 视图名[(字段名表)] AS SELECT 语句 [WITH [CASCADED| LOCAL] CHECK OPTION] ;

如图 11 - 7 中的"ALTER VIEW"语句修改了 view2 的定义，修改之前的 DESC 和修改之后的 DESC 语句显示了这种改变。

图 11 - 7 使用"ACTER VIEW"命令修改视图 View2

11.5 更新视图

更新视图是指通过视图来插入(INSERT)更新(UPDATE)和删除(DELETE)表中的数据，它们使用的语句跟往表中插入数据或更新表中数据、删除表中数据是一样的。

应该注意的是：

(1)因为视图是一个虚拟表，其中并没有真实存在的数据，通过视图进行的插入(INSERT)、更新(UPDATE)和删除(DELETE)数据等操作最终都是转换到其基本表来进行的，换句话说最终是作用在其基表上的。

(2)更新视图时,只能更新权限范围内的数据,超出了范围,就不能更新。具体地,视图中包含有如下内容时,视图的更新操作将不能被执行:

① 视图中不包含基表中被定义为非空的列。

② 在定义视图的 SELECT 语句后的字段列表中使用了数学表达式或聚合函数。

③ 在定义视图的 SELECT 语句中使用了 DISTINCT,UNION,TOP,GROUP BY 或 HAVING 等子句。

11.6　视图的使用(基于视图的查询)

查询视图是指通过视图查询、检索视图中的数据,它们使用的语句跟在表中查询是一样的。因为视图是一个虚拟表,其中没有数据,通过视图进行的数据查询需要与该视图的定义结合并最终从其基表(或产生的临时表)中来进行查询。

详见前面 11.2 中视图创建时关于"algorithm"参数使用时的举例。

11.7　视图的删除

删除视图是指删除数据库中已存在的视图。删除视图时,只能删除视图的定义,不会删除其基表中的数据。删除视图语句格式如下:

```
DROP VIEW [IF EXISTS] 视图名列表 [RESTRICT|CASCADE]
```

在上面的语句格式中,有以下几点需要注意:

(1)MySQL 中删除视图要求用户必须拥有 DROP 权限;

(2)[IF EXISTS]表示如果存在就执行删除;

(3)[RESTRICT|CASCADE]两参数中 CASCADE,表示在删除视图的同时把所有与该视图相关联的数据库对象全部一起删除;RESTRICT,表示如果定义了相关联的数据库对象(如表,视图等),则拒绝该删除语句的执行。默认是 RESTRICT。

11.8　思考与练习

1. 什么是视图,引入视图有什么好处?

2. 创建视图的命令是(　　)。

A. alter view

B. alter table

C. create table

D. create view

3. 在视图上不能完成的操作是(　　)。

A. 查询

B. 在视图上定义新的视图

C. 更新视图

D. 在视图上定义新的表

4. 判断正误:创建视图时若使用"algorithm＝temptable"参数,表示"视图定义中的查询结果将被置于临时表中,然后在临时表中执行视图引用中的查询语句"。

5. 判断正误:在视图中更新数据最终都是作用在其基表上的。

6. 判断正误:删除视图时,只能删除视图的定义,不会删除其基表中的数据。

第 12 章　MySQL 的索引

12.1　索引概念与分类

　　索引是 MySQL 中一种重要的数据库对象,它是为了提高从表中检索数据的速度,在数据库的表对象上创建的类似书中目录的一种数据结构(B-树或哈希表),它由表中的一个字段或多个字段生成的键组成,有了索引,MySQL 可以快速有效地查找与键值相关联的字段,除此之外,索引还可以保证字段的唯一性,从而实现数据库表的完整性。

　　根据索引的存储类型,可以将索引分为 B 型树索引(BTREE)和哈希索引(HASH),一般 INNODB 和 MYISAM 支持 B 型索引,而 MEMORY 支持 HASH 类型,当前 MySQL 默认时支持 B 型索引。

　　根据索引建立时所依据的字段是单一字段还是多个字段,索引可以分为单列索引和多列索引:单列索引指的是在表中单个字段上创建的索引;多列索引指的是在表中多个字段上创建的索引,在查询条件中使用了多列索引时依据的多个字段中的第一个时,该索引才会被使用。

　　根据索引所依据字段的数据类型或字段值(是否唯一)的不同,索引可以分为:普通索引、唯一索引、全文索引和空间索引。普遍索引是由 KEY 或 INDEX 定义的索引,它是 MySQL 中的基本索引类型,可以创建在任何数据类型中,其值是否唯一和非空由字段本身的约束条件所决定;唯一性索引是在 KEY 或 INDEX 前加 UNIQUE 定义的索引,该索引所在字段的值必须是唯一的;全文索引是在 KEY 或 INDEX 前加 FULLTEXT 定义的索引,它只能创建在 CHAR、VARCHAR 或 TEXT 类型的字段上,而且,现在只有 MyISAM 存储引擎支持全文索引;空间索引是在 KEY 或 INDEX 前加 SPATIAL 定义的索引,它只能创建在空间数据类型的字段上。

　　实际中,我们常会使用到的是普通索引、唯一索引、单列索引、多列索引、全文索引、空间索引,并且单列索引可以是普通索引、唯一索引或者全文索引,多列索引也可以是普通索引、唯一索引或者全文索引。

12.2　索引的创建、查看与校验

　　创建索引是指在某个表的一列或多列上建立一个索引,以便提高对表的访问速度。创建索引有三种方式,这三种方式分别是:创建表的时候创建索引、在已经存在的表上创建索引、使用 ALTER TABLE 语句修改表的时候创建索引。

12.2.1 创建表的时候直接创建索引

语句格式如下

CREATE TABLE 表名(字段名　数据类型［完整性约束条件］,字段名　数据类型［完整性约束条件］［,……］,［UNIQUE|FULLTEXT|SPATIAL］INDEX|KEY 索引名(字段名 1［(长度)］［ASC|DESC］［,(字段名 2［(长度)］［ASC|DESC］……])) ;

在上面格式中,有以下几点需要说明:

(1)此格式为通式,其中包含在"［］"里的为可选项,当选中其中的某一选项时不需要同时给出"［］",而"|"表示其连接的若干选项中选择一个,当选中其中一项时也不需要给出"|",但长度外的()括号应跟着长度一起给出;

(2)"INDEX(或 KEY)"是创建索引的关键(动)词,其后一般空一格后给出一个索引名;

(3)索引名后应至少给出一个字段名来指定作为索引的依据,在其后可指定索引长度(紧跟着给出在一对圆括号里),不同的存储引擎定义了不同的最大索引数及最大索引长度,MySQL 中默认分别为 16 和 256;

(4)ASC|DESC 指定索引时是采用升序(ASC)索引还是降序(DESC)索引,默认时是升序索引;

(5)INDEX 前无任何可选项(也即不带任何限制条件)的索引为普通索引,INDEX(或 KEY)前可加"UNIQUE"表示创建唯一索引、加"FULLTEXT"表示创建全文索引、加"SPATIAL"表示创建空间索引;

(6)作为索引依据的若有多个字段属多列索引,各列间应以","分隔,多列索引前也可加"UNIQUE""FULLTEXT""SPATIAL"来表示唯一索引、全文索引、空间索引。

如下面的命令使用该种方法创建了一个单列普通索引:"CREATE TABLE t_dept(deptno int,dname varchar(20),loc varchar(40),INDEX index_deptno(deptno));",其运行结果如图 12-1 所示。

图 12-1　创建表的同时设置表的索引字段

带索引的表创建后,可使用"SHOW CREATE TABLE"来查看该表及其索引情况,如图 12-2 所示。

图 12-2　查看图 12-1 创建的表及索引信息

　　若要校验刚创建的索引是否被引用,可使用"EXPLAIN SELECT ＊ FROM t_dept WHERE dept＝1\G"命令,如图 12 - 3 所示。

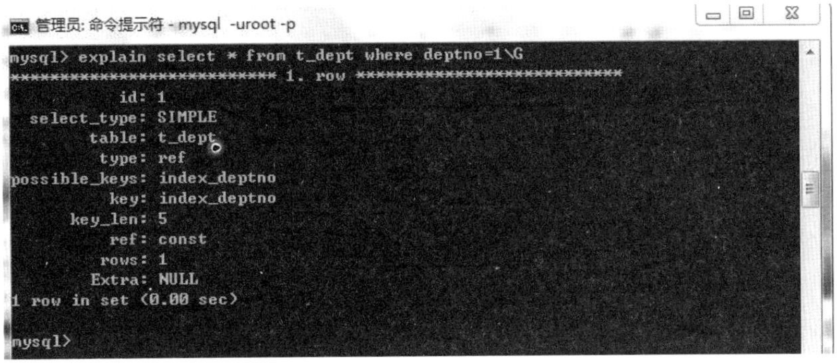

图 12 - 3　校验图 12 - 1 中所创建的索引

　　应注意的是,在创建索引时对作为索引依据的字段进行选择时一般尽量:①选择字段值唯一的字段创建索引;②为常作为查询条件(WHERE)的字段建立索引;③为经常需要排序、分组(GROUP BY)的字段建立索引;④为经常需要在表间进行联合操作的字段建立索引。不建议在以下情况下创建索引:①查询中很少使用的字段;②拥有许多重复值的字段。

　　下面继续使用第一种方法创建一带多索引的列表:

CREATE TABLE t10_dept(deptno int,dname varchar(20),loc varchar(40),INDEX index_dname_loc (dname,loc));

　　之后可使用"Show CREATE TABLE t10_dept\G"查看表中索引的情况;使用" EXPLAIN……"查看索引的使用情况如图 12 - 4 所示。

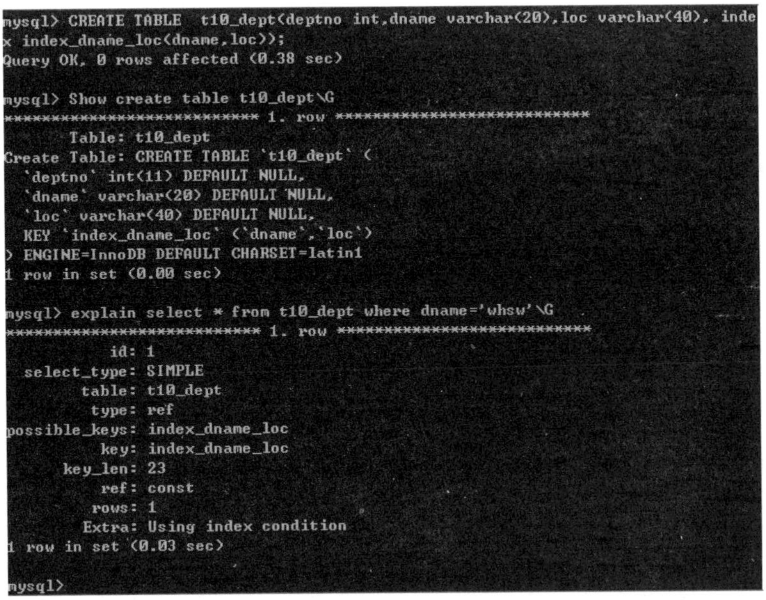

图 12 - 4　创建表的同时指定多列索引

12.2.2　在已经存在的表上创建索引

语句格式：

CREATE [UNIQUE|FULLTEXT|SPATIAL] INDEX 索引名 ON 表名(字段名 1[(长度)][ASC|DESC][,(字段名 2 (长度)][ASC|DESC] ……]);

在上面格式中,也有以下几点需要说明：

(1)此格式为通式,其中包含在"[]"里的为可选项,当选中其中的某一选项时不需要同时给出"[]",而"|"表示其连接的若干选项中选择一个,当选中其中一项时也不需要给出"|",但长度外的()括号应跟着长度一起给出；

(2)"CREATE INDEX 索引名 ON 表名(属性名)"是最简单地为已存在的表创建索引(该索引为单列普通索引)的语句,其中索引名、表名、属性名应根据实际情况给出,注意它们的位置跟上一种创建格式的区别；

(3)作为索引的依据的字段名后可指定索引长度(紧跟着给出在一对圆括号里),不同的存储引擎定义了不同的最大索引数及最大索引长度,MySQL 中默认分别为 16 和 256；

(4)ASC|DESC 指定索引时是采用升序(ASC)索引还是降序(DESC)索引,默认时是升序索引；

(5)INDEX 前无任何可选项(也即不带任何限制条件)的索引为普通索引,INDEX(或 KEY)前可加"UNIQUE"表示创建唯一索引、加"FULLTEXT"表示创建全文索引、加"SPATIAL"表示创建空间索引；

(6)作为索引依据的若有多个字段属多列索引,各列间应以","分隔,多列索引前也可加"UNIQUE""FULLTEXT""SPATIAL"来表示唯一索引、全文索引、空间索引。

如下面使用该种方法先创建一个无索引的表,再在该表上创建一个唯一索引：

```
CREATE TABLE t5_dept(deptno int,dname varchar(20),loc varchar(40));
CREATE UNIQUE INDEX index_deptno ON t5_dept (deptno);
SHOW CREATE TABLE t5_dept\G
```

其运行结果如图 12-5 所示。

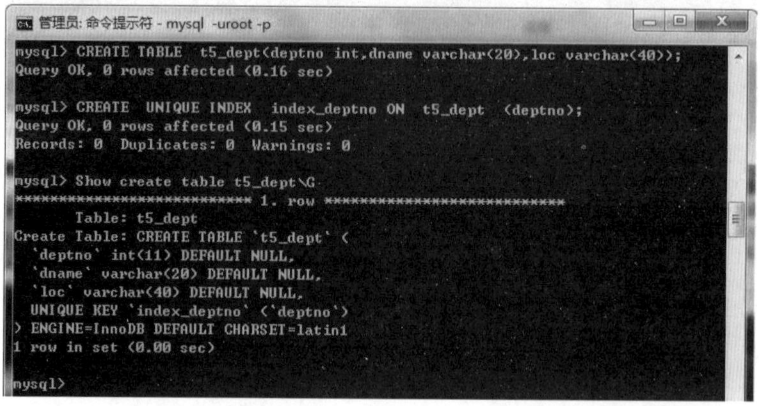

图 12-5　在已有无索引表的基础上使用"CREATE INDEX"创建普通索引

下面继续使用第二种方法先创建一个无索引的表，再在该表上创建一个多列索引：

```
CREATE TABLE t11_dept(deptno int,dname varchar(20),loc varchar(40));
CREATE INDEX index_dname_loc ON t11_dept (dname,loc);
SHOW CREATE TABLE t11_dept\G
```

其运行结果如图 12－6 所示。

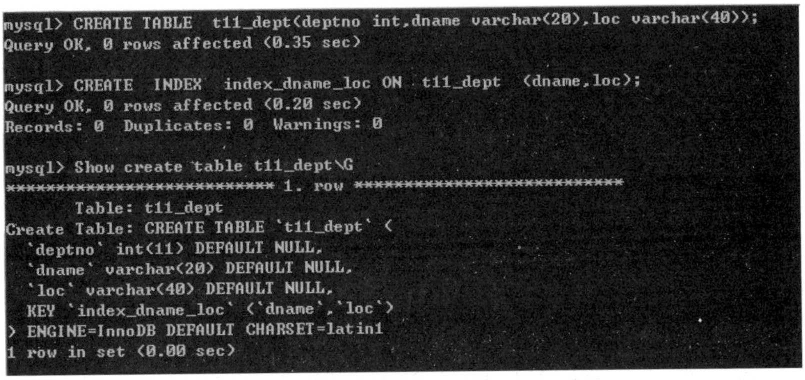

```
mysql> CREATE TABLE  t11_dept(deptno int,dname varchar(20),loc varchar(40));
Query OK, 0 rows affected (0.35 sec)

mysql> CREATE  INDEX  index_dname_loc ON  t11_dept  (dname,loc);
Query OK, 0 rows affected (0.20 sec)
Records: 0  Duplicates: 0  Warnings: 0

mysql> Show create table t11_dept\G
*************************** 1. row ***************************
       Table: t11_dept
Create Table: CREATE TABLE `t11_dept` (
  `deptno` int(11) DEFAULT NULL,
  `dname` varchar(20) DEFAULT NULL,
  `loc` varchar(40) DEFAULT NULL,
  KEY `index_dname_loc` (`dname`,`loc`)
) ENGINE=InnoDB DEFAULT CHARSET=latin1
1 row in set (0.00 sec)
```

图 12－6　在已有无索引表的基础上使用“CREATE INDEX”创建多列索引

12.2.3　使用 ALTER TABLE 语句修改表的时候创建索引

我们也可以通过 ALTER TABLE 语句在对一个表进行修改时为表上的一个或几个字段创建索引，其语句格式如下：

```
ALTER TABLE 表名 ADD [UNIQUE|FULLTEXT|SPATIAL] INDEX|KEY 索引名(字段名 1[[(长度)] [ASC|DESC]
[,属性名 2[(长度)] [ASC|DESC] ……]);
```

在上面格式中，也有以下几点需要说明：

(1)此格式为通式，其中包含在“[]”里的为可选项，当选中其中的某一选项时不需要同时给出“[]”，而“|”表示其连接的若干选项中选择一个，当选中其中一项时也不需要给出“|”，但长度外的“()”括号应跟着长度一起给出；

(2)“ALTER TABLE 表名 INDEX|KEY 索引名(属性)”是另一种为已存在的表创建索引(该索引也为普通索引)的语句，其中索引名、表名、属性名应根据实际情况给出，注意此种格式和第一种、第二种格式之间的区别；

(3)作为索引的依据的字段名后可指定索引长度(紧跟着给出在一对圆括号里)，不同的存储引擎定义了不同的最大索引数及最大索引长度，MySQL 中默认分别为 16 和 256；

(4)ASC|DESC 指定索引时是采用升序(ASC)索引还是降序(DESC)索引，默认时是升序索引；

(5)INDEX 前无任何可选项(也即不带任何限制条件)的索引为普通索引，INDEX(或 KEY)前可加“UNIQUE”表示创建唯一索引、加“FULLTEXT”表示创建全文索引、加“SPATIAL”表示创建空间索引；

(6)作为索引依据的若有多个字段属多列索引，各列间应以“,”分隔，多列索引前也可加

"UNIQUE""FULLTEXT""SPATIAL"来表示唯一索引、全文索引、空间索引；

如下面使用该种方法先创建一个无索引的表,再通过修改该表创建一个唯一索引：

```
CREATE TABLE t9_dept(deptno int,dname varchar(20),loc varchar(40));
ALTER TABLE t9_dept ADD FULLTEXT INDEX index_loc(loc);
SHOW CREATE TABLE t9_dept\G
```

其运行结果如图 12-7 所示。

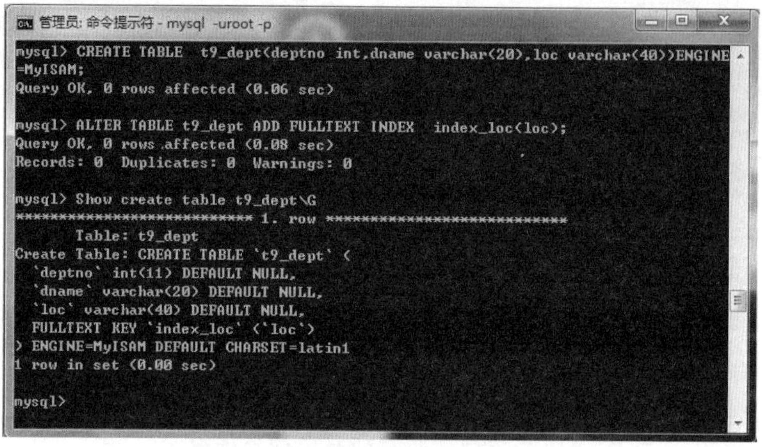

图 12-7 通过修改表创建一个普通索引

注意,由于全文索引只有 MyISAM 支持,所以在此例中创建表的时候需指定存储引擎为 MyISAM。

下面继续使用第三种方法先创建一个无索引的表,再修改该表为其创建一个多列索引：

```
CREATE TABLE t12_dept(deptno int,dname varchar(20),loc varchar(40));
ALTER TABLE t12_dept ADD INDEX index_dname_loc(dname,loc);
SHOW CREATE TABLE t12_dept\G
```

其运行结果如图 12-8 所示。

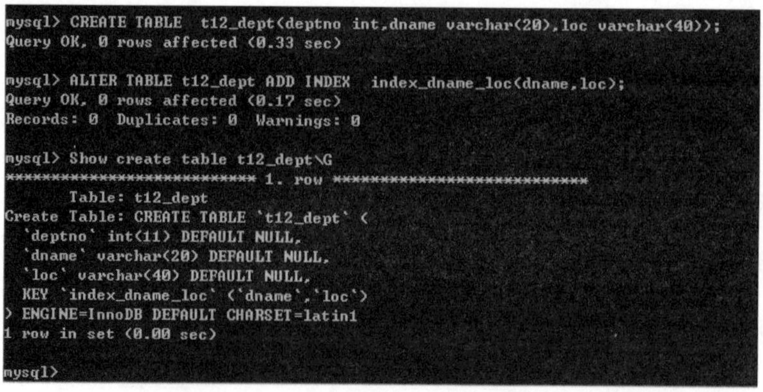

图 12-8 通过修改表创建一个多列索引

12.3　索引的删除

删除索引可以使用两个命令：一个是直接使用"DROP INDEX"命令，另一个是在"ALTER TABLE"中使用"DROP INDEX"。下面主要介绍直接使用"DROP INDEX"命令格式：

```
DROP INDEX 索引名 ON 表名；
```

注意该命令中"表名"所指的表及"索引名"所指索引应该是已存在的。如："DROP INDEX index_deptno ON t_dept;"会将 t_dept 表上的 index_deptno 删除掉。

作为对比，这里也给出在"ALTER TABLE"中使用"DROP INDEX"的语句格式：

```
ALTER TABLE 表名 DROP INDEX 索引名(或字段名)；
```

12.4　思考与练习

1. 什么是索引，常见的索引有哪些类型？

2. 创建索引有哪几种方法？试分别说明其命令格式。

3. UNIQUE 唯一索引的作用是（　　）。

A. 保证各行在该索引上的值都不得重复

B. 保证各行在该索引上的值不得为 NULL

C. 保证参加唯一索引的各列，不得再参加其他的索引

D. 保证唯一索引不能被删除

4. 关于全文索引以下说法不正确的是（　　）。

A. 全文索引是在 KEY 或 INDEX 前加 FULLTEXT 定义的索引

B. 它只能创建在 CHAR、VARCHAR 或 TEXT 类型的字段上

C. 全文索引只能是单列索引

D. 只有 MyISAM 存储引擎支持全文索引

5. 下面哪种字段不宜作为索引字段（　　）。

A. 字段值唯一的字段

B. 常作为查询条件（WHERE）的字段

C. 经常需要排序、分组（GROUP BY）的字段

D. 查询中很少使用的字段

6. 判断正误：有了索引，MySQL 可以快速有效地查找与键值相关联的字段，除此之外，索引还可以保证字段的唯一性，从而实现数据库表的完整性。

中　篇

MySQL 编程篇

第13章 MySQL 的变量、数据运算与内置函数

13.1 MySQL 的变量定义与使用

13.1.1 MySQL 中变量的概念与分类

在 MySqL 中,也有常量和变量之分,常量是指在程序运行或会话进行中其值不会发生改变的量,它以确定的数值、字符串值或日期时间值的形式表现出来,如:2018、3.14、"china"等都是常量。而变量是指在程序运行或会话进行中其值可以改变的量。这里的程序运行中是指在一个 MySqL 程序运行之间,会话进行中是指用户在连接上 MySQL 服务器之后直到断开连接之前的一个过程。

根据定义、创建者的不同,变量分为两种,即系统变量和用户变量。系统变量是指由 MySQL 系统创建的一些对 MySQL 运行参数进行设置的变量,而用户变量是指由用户根据程序中或会话中要解决问题的需要创建的一些变量。

若再考虑变量作用范围(通常是指在程序中的哪一部分或哪一个程序中)与生存期(通常是指从时间上来说变量的有效期)的不同,变量可进一步分为局部变量、用户会话变量、系统会话变量(常简称会话变量)、全局变量。

局部变量是由用户创建的,它同时也是前面的分类中提到的用户变量;而用户会话变量是指用户创建的会话变量,属用户变量的范畴;系统会话变量通常是指当前用户会话中使用的一些系统变量,属系统变量的范畴;全局变量则是可供所有用户使用的系统变量,属系统变量的范畴。

局部变量只在定义它的程序(存储过程、存储函数)中有效,而用户会话变量和系统会话变量则在当前用户的整个会话期均有效,全局变量则对所有用户在任何时候建立的会话均有效。

下面分别介绍局部变量、用户会话变量、系统会话变量、全局变量的定义和使用。

13.1.2 局部变量的定义与使用

局部变量一般用在 sql 语句块中,比如存储过程(或存储函数)的 begin/end 之中。其作用域仅限于该语句块,在该语句块执行完毕后,局部变量就消失了。

局部变量一般用 DECLARE 来声明,可以使用 DEFAULT 来说明默认值。其一般格式

如下：

```
DECLARE var_name1[,varname2,…] type [DEFAULT value];
```

上面格式中，"var_name1、varname2"等为要定义的变量名，其命名规则要求用合法字符"A-Z,a-z,0-9 和_下划线"组成的一个字符串来作为变量的名称，并且应该是能够见名知义、不和系统变量等相冲突的；"type"是它们的数据类型；"DEFAULT value"用来指定缺省值为"value"，未指定此参数时缺省值为 NULL。

例如在下面的计算两数之和的存储过程中，通过 declare 定义的 c 即是一局部变量：

```
DELIMITER $ $
CREATE PROCEDURE sum(in a int,in b int)
BEGIN
DECLARE c int default 0;
SET c = a + b;
SELECT c as c;
END $ $
```

由上面的例子中，我们还可以看出，定义变量 c 后可以通过 set 命令为它赋值，其一般格式为：

```
SET var_name1 = expr1 [,var_name2 = expr2,……];
```

另一种给局部变量赋值的方法是使用 select 语句（来进行赋值），它可以将查询的某字段（或表达式）的值赋值给指定的变量。如：

```
SELECT  max(score)  INTO  maxscore  FROM  'StudScore';
```

对局部变量的输出使用 SELECT 语句，在输出时还可以为其指定别名，如上面例子中的"SELECT c as c;"。

需注意的是：在查询语句中引入的一些字段（表达式等）的别名也是局部变量，在定义存储过程（或存储函数）时给出的参数（如上面计算两数之和的存储过程中的 a 和 b）也是局部变量，虽然它并没有使用 DECLARE 来进行定义。

13.1.3 用户会话变量的定义与使用

用户会话变量作用域比局部变量要广，它可以作用于用户当前的整个连接，在用户断开当前连接后，其所定义的用户变量也将会消失。

用户变量通常以"@"开头以跟局部变量等其他的变量进行区别，其后具体的变量名命名规则同局部变量。

定义用户变量的方法有以下几种：

第一种：直接使用 SET 命令定义并给其赋值，其一般格式如下所示。

```
SET @var_name1 = expr1[,@var_name2 = expr2,……];
```

第二种：使用 SELECT 语句来给有关变量赋值。

使用这种方法对用户变量赋值是将查询的某字段（或表达式）的值赋值给指定的变量。

它又可以有两种语句格式：

一种是在字段（或表达式）前使用"用户变量名：＝"，其完整格式：

Select @var_name1：= expr1 [,@var_name2：= expr2,……];

注意，此处的"：＝"不能用"＝"代替。

另一种是在字段（或表达式）后用"INTO 用户变量名"，其完整格式：

Select expr1 into @var_name1 [,expr2 into @var_name2,……];

下面是一个使用了用户变量的示例程序：

```
DELIMITER $ $
CREATE PROCEDURE plus_minus( in a int,in b int)
BEGIN
SET @var1 = 1;
SET @var2 = 2;
SELECT @plus：=(a + b)  as  sum,@minus：=(a - b)  as  dif;
END $ $
```

在这个程序中，一共定义了 4 个用户变量：@var1、@var2、@plus、@ minus，其中"@var1、@var2"是用 set 命令定义的，"@plus、@minus"是用 select 定义并输出的，另还使用了 4 个局部变量：a、b、sum、dif，其中"a、b"是在函数的参数中定义的，"sum、dif"是在 SQL 语句中通过命名别名来定义的。

该程序在给出两个输入参数后执行结果：

```
mysql> CALL plus_minus(3,4);
+ —— + —— +
| sum  | dif  |
+ —— + —— +
| 7    | - 1   |
+ —— + —— +
1 row in set(0.00 sec)
Query OK,0 rows affected(0.00 sec)
```

可以看出，输入参数传入程序中后并使用 SELECT 语句对他们分别进行了相加和相减的运算并对结果进行了输出，输出时分别引入了别名变量"sum、dif"来代替用户变量"@plus、@minus"

对于上面程序中定义的局部变量，在程序执行完毕后将不再存在，不能继续显示其值，但对于上面程序中定义的用户变量，在程序执行完毕后只要没断开当前用户连接，还是继续存在的，可以对他们进行查询显示。如：

```
mysql> SELECT @var1;
+ —— - +
| @var1  |
+ —— - +
```

```
| 1        |
+ ——— – +
```

1 row in set(0.00 sec)

同样地,还可以查询显示其他的用户变量(如"@var2、@plus、@ minus")的值。

对比局部变量和用户变量,可以发现它们的区别主要有以下几点:

(1)局部变量前没有"@",而用户变量前有"@";

(2)局部变量需先用 declare 为变量声明数据类型再进行赋值,而用户变量不必先声明变量的数据类型(若强行声明会出错);

(3)用户变量的作用范围与生存周期大于局部变量;

(4)SQL 中的局部变量应尽量避免与数据表的字段名同名;

13.1.4 会话变量

系统会话变量通常简称会话变量。MySQL 服务器会为每个连入的用户维护一系列的会话变量,它是在用户连接 MySQL 服务器时,自动使用全局变量中有关变量的当前值对用户的会话变量进行初始化的。用户可以更改自己的会话变量,但不能更改其他用户的会话变量。系统会话变量起作用的范围与用户会话变量一样,仅限于用户当前连接。当用户断开当前连接后,其设置的所有会话变量均失效。

用户重新设置(或更改)会话变量有如下三种方式:

```
SET session var_name = value;
SET @@session.var_name = value;
SET @@var_name = value;
```

查看一个会话变量也有如下三种方式:

```
SELECT @@var_name;
SELECT @@session.var_name;
SHOW SESSION VARIABLES LIKE "%var%";
```

可直接使用"SHOW SESSION VARIABLES"来查看所有的会话变量。

13.1.5 全局变量

全局变量影响服务器整体操作。当服务器启动时,它将所有全局变量初始化为默认值。这些默认值可以在配置文件中或在命令行中使用有关命令来进行更改,但要注意:更改全局变量必须具有 SUPER 权限。

全局变量作用于 server 的整个生命周期,且对所有用户均有效,但是一般不能跨重启。即重启后所有设置的全局变量均失效。要想让全局变量重启后继续生效,需要更改相应的配置文件。

要设置一个全局变量,可以使用如下两种命令格式:

一种格式是:SET global var_name = value;

另一种格式是:SET @@global.var_name = value;

注意:这两种格式中的 global 都不能省略,它表示设置全局变量的值。省略时它表示的是设置 SESSION 变量的值。

要想查看一个全局变量,也有如下两种命令:

SELECT @@global. var_name;

SHOW GLOBAL VARIABLES LIKE "% var %";

直接使用"SHOW GLOBAL VARIABLES;"可查看所有的全局变量。

13.2 MySQL 的数据运算(运算符与表达式)

13.2.1 运算符与表达式的概念

运算符是指用来连接操作(或叫运算)数构成表达式的符号,其作用是用来指明对操作数所进行的运算,表达式是用运算符连接运算数构成的式子。

在 MySQL 中,运算符有四类,分别是算术运算符、比较运算符、逻辑运算符和位运算符。相对应地表达式也有算术表达式、比较表达式、逻辑表达式和位运算表达式等几种。

13.2.2 算术运算符

算术运算符是 MySQL 中最常用的一类运算符。MySQL 支持的算术运算符包括加、减、乘、除、求余。表 13-1 是各种算术运算符(的符号及其作用)一览表。

表 13-1 算术运算符一览表

符 号	作 用	符 号	作 用
+	加法运算	%	求余运算
-	减法运算	DIV	除法运算,返回商。同"/"
*	乘法运算	MOD	求余运算,返回余数。同"%"
÷	除法运算		

注意:

(1)算术运算的操作数可以是各种常量值,也可以是字段值或变量值;

(2)算术运算符在进行混合运算时,其优先序:一般先"*、/、DIV、%"后"+、-",有括号时先做括号;

(3)"/(DIV)%"(MOD)运算中除数不能为 0,否则返回 NULL。

在 MySQL 中使用 SELECT 命令输出表达式的值,其一般格式为:

select 表达式 1、别名 1,表达式 2   别名 2……表达式 n,别名 n;

如"select 6+4 两数相加,6-4   两数相减;"执行结果显示如图 13-1 所示。

图 13-1　查询显示两个数相加和相减的结果

13.2.3　比较运算符

比较运算符是在查询数据时最常用的一类运算符。SELECT 语句中的条件语句经常会使用比较运算符。通过这些比较运算符，可以判断表中的哪些记录是符合条件的。表 13-2 是各种比较运算符（的符号及其作用）一览表。

表 13-2　比较运算符一览表

运算符	名　称	示　例	运算符	名　称	示　例
＝	等于	Id＝5	IS NOT NULL	n/a	ID IS NOT NULL
＞	大于	Id＞5	BETWEEN AND	n/a	Id BETWEEN AND I5
＜	小于	Id＜5	IN	n/a	ID IN(3,4,5)
＞＝	大于等于	Id＞＝5	NOT IN	n/a	Name NOT IN(shi,Ii)
＜＝	小于等于	Id＜＝5	LIKE	模式匹配	Name LIKE('shi%')
！＝或＜＞	不等于	Id！＝5	NOT LIKE	模式匹配	Name　NOT　LIKE('shi%')
IS NULL	n/a	Id IS NULL	REGEXP	正则表达式	Name 正则表达式

下面逐个说明各种不同的比较运算符的运算规则及注意事项。

（1）运算符"＝"，用来判断运算符两边的数值、字符串或表达式值是否相等。如果相等，返回 1，否则返回 0。

说明：

① 在运用"＝"运算符判断两个字符是否相同时，数据库系统都是根据字符的 ASCII 码进行判断的。如果 ASCII 码相等，则表示这两个字符相同。如果 ASCII 码不相等，则表示这两个字符不相同。

② 注意，空值（NULL）不能使用"＝"来判断，而应用"＜＝＞"或后面的"IS NULL"来判断。

（2）运算符"＜＞"和"！＝"，用来判断式子两边的数值、字符串、表达式值等是否不相等：如果不相等，则返回 1；否则，返回 0。这两个运算符也不能用来判断空值（NULL）。

（3）运算符"＞、＞＝、＜、＜＝"，用来判断左边的操作数是否大于、大于等于、小于、小于等于右边的操作数。如果是，返回 1；否则，返回 0。这几个运算符也不能用来判断空值（NULL）。

（4）运算符"IS NULL"，用来判断操作数是否为空值（NULL）：操作数为 NULL 时，结果返回 1；否则，返回 0。"IS NOT NULL"刚好与"IS NULL"相反。

注意：NULL 和'NULL'是不同的，前者表示为空值，后者表示一个由 4 个字母组成的字符串。

(5)运算符"BETWEEN AND"，用于判断数据是否在某个取值范围内，其表达式通常形如："x1 BETWEEN m AND n"表示"如果 x1 大于等于 m，且小于等于 n，结果将返回 1，否则将返回 0"。

(6)运算符"IN"，用于判断数据是否存在于某个集合中，其表达式通常形如："x1 IN(值 1,值 2,……,值 n)"表示"如果 x1 等于值 1 到值 n 中的任何一个值，结果将返回 1。如果不是，结果将返回 0"，"NOT IN"刚好与"IN"相反。

(7)运算符"LIKE"，用来判断数据是否能与式子右边的包含通配符的字符串匹配得上，其表达式通常形如："x1 LIKE s1"，如果 x1 与包含通配符的字符串 s1 匹配得上，结果将返回 1。否则返回 0。通配字符串中可使用的通配符有两个：一个是"%"，另一个是"_"，分别表示通配任意一个字符和通配一个字符。

(8)运算符"REGEXP"，也是用来匹配字符串的，但其使用的是正则表达式来进行匹配。

其表达式通常形如："x1 REGEXP '匹配方式'"，表示"如果 x1 满足匹配方式，结果将返回 1；否则将返回 0"。

这里所谓正则表达式是对字符串进行匹配(或过滤、筛选)操作的一种逻辑公式，是用事先定义好的一些特定字符及这些特定字符的组合，组成一个"规则字符串(或称模式)，"这个"规则字符串(或称模式)，"用来表达对字符串的一种匹配(或过滤、筛选)操作。这些特殊字符即称为模式字符。

下面结合实例介绍一些常用的模式字符：

1. 字符"^"

使用它后跟一特定字符或字符串可以匹配以特定字符或字符串开头的记录。如：语句"SELECT ＊ FROM info WHERE name REGEXP '^L';"，可从 info 表中查询 name 字段值以字母"L"开头的记录。

2. 字符"＄"

将它放在一特定字符或字符串的后面可以匹配以特定字符或字符串结尾的记录。如：语句"SELECT ＊ FROM info WHERE name REGEXP c＄';"，可从 info 表中查询 name 字段值以字母"c"结尾的记录。

3. 字符"."

使用它可以匹配字符串中任意一个字符。如：语句"SELECT ＊ FROM info WHERE name REGEXP '^L..y＄';"可从 info 表中查询 name 字段值以"L"开头、"y"结尾、中间两位为任意字符的记录。

4. 字符"＊"和"＋"

使用它们都可以检测(匹配)该符号后的字符前是否包含该符号之前的字符。但是，"＋"要求至少包含一个字符，而"＊"可以表示零个字符。

如："SELECT ＊ FROM info WHERE name REGEXP 'a＊w';"可从 info 表查询到 name 字段中 w 前包含字符 a(可为 0 个)的记录；

而"SELECT ＊ FROM info WHERE name REGEXP 'a＋w';"可从 info

表查询到 name 字段中 w 前包含字符 a(不可为 0 个)的记录。

　　5. [字符集]和[^字符集合]

　　使用方括号([字符集])可以将需要查询字符组成一个字符集。只要记录中包含方括号中的任意一个字符,该记录就会被查询出来;使用"[^字符集合]"可以匹配字符集指定字符以外的字符。

　　例如,通过"[abc]"可以查询包含 a、b、c 这三个字母中任何一个的记录,[^abc]"可以查询不包含 a、b、c 这三个字母中任何一个的记录。

　　又如:"SELECT ＊ FROM info WHERE name REGEXP '[a－w0－9]';"可从 info 表查询到 name 字段中包含 a 到 w 字母和 0 到 9 数字任意字符的记录。

　　而"SELECT ＊ FROM info WHERE name REGEXP '[^a－w0－9]';"则可从 info 表查询到 name 字段中不包含指定的 a 到 w 字母和 0 到 9 数字字符的记录。

　　6. 字符"|"

　　正则表达式可以检测是否包含指定的字符串,当表中记录的指定字段包含这个字符串时,就可以将该记录查询出来;如果指定多个字符串时,需要用符号"|"隔开,这里只要匹配这些字符串中的任意一个即可。

　　如:"SELECT ＊ FROM info WHERE name REGEXP 'cjg';",可从 info 表查询到 name 字段中包含'cjg'的记录。

　　而"SELECT ＊ FROM info WHERE name REGEXP 'cjg|abc';",可从 info 表查询到 name 字段中包含'cjg'或'abc'的记录。

　　7. "字符串{M}"与"字符串{M,N}"

　　正则表达式中,可以用"字符串{M}"表示字符串连续出现 M 次;"字符串{M,N}"表示字符串连续出现至少 M 次,最多 N 次。例如,"ab{2}"表示字符串"ab"连续出现两次。"ab{2,4}"表示字符串"ab"连续出现至少两次,最多四次。

　　如:"SELECT ＊ FROM info WHERE name REGEXP 'cj[3]';",可从 info 表查询到 name 字段中'cj'连续出现 3 次的记录。

　　"SELECT ＊ FROM info WHERE name REGEXP 'cj[3,5]';",可从 info 表查询到 name 字段中'cj'连续出现最少 3 次最多 5 次的记录。

13.2.4　逻辑运算符

　　逻辑运算符是用来判断表达式的真假的,其返回结果只有 1 和 0。如果表达式是真,结果返回 1。如果表达式是假,结果返回 0。逻辑运算符又称为布尔运算符。MySQL 中支持四种逻辑运算符。这四种逻辑运算符分别是与、或、非和异或。表 13－3 是各种逻辑运算符的符号与作用一览表。

表 13－3　逻辑运算符一览表

符　号	作　用	符　号	作　用
&& 或 AND	与	! 或 NOT	非
‖或 OR	或	XOR	异或

下面分别介绍它们的运算规则及注意事项。

1."与"运算

"&&"或者"AND"都是"与"运算的运算符。如果所有数据不为 0 且不为空值(NULL),则结果返回 1;如果存在任何一个数据为 0,则结果返回 0;如果存在一个数据为 NULL 且没有数据为 0,则结果返回 NULL。"与"运算符支持多个数据同时进行运算。

2."或"运算

"||"或者"OR"都表示"或"运算。所有数据中存在任何一个数据为非 0 的数字时,结果返回 1;如果数据中不包含非 0 的数字,但包含 NULL 时,结果返回 NULL;如果操作数中只有 0 时,结果返回 0。"或"运算符"||"可以同时操作多个数据。

3."非"运算

"!"或者 NOT 表示"非"运算。通过"非"运算,将返回与操作数据相反的结果。如果操作数据是非 0 的数字,结果返回 0;如果操作数据是 0,结果返回 1;如果操作数据是 NULL,结果返回 NULL。

4."异或"运算

XOR 表示"异或"运算。当其中一个表达式是真而另外一个表达式是假时,该表达式返回的结果才是真;当两个表达式的计算结果都是真或者都是假时,则返回的结果为假。

应该注意的是:

(1)在逻辑运算中,运算数非 0 为真、0 为假,结果中 1 为真、0 为假,存在一个 NULL 时结果也为 NULL。

(2)逻辑运算符的优先序是:非、与、或(异或)。

图 13 - 2 显示两数进行逻辑与和逻辑或的结果。

13.2.5 位运算符

位运算符是在二进制数上进行计算的运算符。位运算会先将操作数变成二进制数,然后按位进行运算,最后再将计算结果从二进制数变回十进制数。MySQL 中支持

图 13 - 2　查询显示两逻辑表达式的运算结果

6 种位运算符,分别是:按位与、按位或、按位取反、按位异或、按位左移和按位右移。表 13 - 4 是各种位运算符的符号与作用一览表。

表 13 - 4　位运算符一览表

符　　号	作　　用
&	按位与。进行该运算时,数据库系统会先将十进制的数转换为二进制的数。然后对应操作数的每个二进制位上进行与运算。1 和 1 相与得 1,与 0 相与得 0。运算完成后再将二进制数变回十进制数
|	按位或。将操作数化为二进制数后,每位都进行或运算。1 和任何数进行或运算的结果都是 1,0 与 0 或运算结果为 0
~	按位取反。将操作数化为二进制数后,每位都进行取反运算。1 取反后变成 0,0 取反后变成 1

（续表）

符　号	作　用
^	按位异或。将操作数化为二进制数后,每位都进行异或运算。相同的数异或之后结果是 0,不同的数异或之后结果为 1
<<	按位左移。"<<"表示 m 的二进制数向左移 n 位,右边补上 n 个 0。例如,二进制数 001 左移 1 位后将变成 010
>>	按位右移。">>"表示 m 的二进制数向右移 n 位,左边补上 n 个 0。例如,二进制数 011 右移 1 位后将变成 001,最后一个 1 直接被移出

注意:

（1）位运算的运算结果最后是会转换成十进制的,若想要用二进制显示运算结果,可使用 BIN 函数对位运算的结果进行转换（如图 13 - 3 所示）。

图 13 - 3　位运算的运算结果（十进制显示与二进制显示对比）

（2）运算式中有 NULL 时返回 NULL。（如图 13 - 4 所示）

（3）位运算符的优先序:左移（右移）位反、位与、位或（异或）。

图 13 - 4　带 NULL 的运算符

13.2.6　运算符的优先级

在 MySQL 中,多种运算符混合使用时,须注意它们的运算优先序。表 13 - 5 是从高到低列出了各种不同优先级上的运算符的情况,在同一优先级上的运算符按从左至右来进行运算。

表 13 - 5　运算符的优先级

优先级	运算符
1	!
2	~
3	^

（续表）

优先级	运算符
4	* ,/,DIV,％,MOD
5	+,−
6	>>,<<
7	&
8	|
9	=,<=>,<,<=>,>=,! =,<>,IN,IS,NULL,LIKE,REGEXP
10	BETWEEN AND,CASE,WHEN,THEN,ELSE
11	NOT
12	&&,AND
13	||,OR,XOR
14	:=

13.3　MySQL 的内置函数

13.3.1　函数的相关概念与分类

函数在本质上说是 MySQL 中的一种特殊的数据。它是能够按事先定义的某种（运算）规则对给出的参数（函数参数）进行运算处理后给出运算结果（函数值）的一种特殊的数据。

根据函数给出运算结果（或称函数值）的规则是由系统还是用户定义的不同，函数可分为两大类：一是存储函数，二是内置函数。其中存储函数是用户根据自己的需要创建的，而内置函数是由 MySQL 系统为我们创建的。

存储函数与内置函数的区别还有：①内置函数可以直接拿来使用，而存储函数需先定义、再使用；②存储函数可以修改、删除，而内置函数是不可以的。

不管是哪一类函数（存储函数或内置函数），它们都具有数据的特征、可以作为运算数构成表达式并可以被 select 查询显示结果。

MySQL 的内置函数包括数学函数、字符串函数、日期和时间函数、条件判断函数、系统信息函数、加密函数等几大类，下面将分类介绍 MySQL 中一些常用的内部函数。关于存储函数的定义及使用将在下一章进行介绍。

13.3.2　数学函数

数学函数（也称数值函数）是 MySQL 中极为常用的一类函数，主要用于处理数值型数据（包括整型数、浮点数等），它包括人们熟知的求绝对值函数、求平方根函数、求随机数函数及正弦函数、余弦函数等三角函数。下面介绍一些常用的数学函数：

(1)ABS(x)用来求绝对值,PI()用来返回圆周率。

例:mysql>SELECT ABS(-10),PI();(如图 13-5 所示)

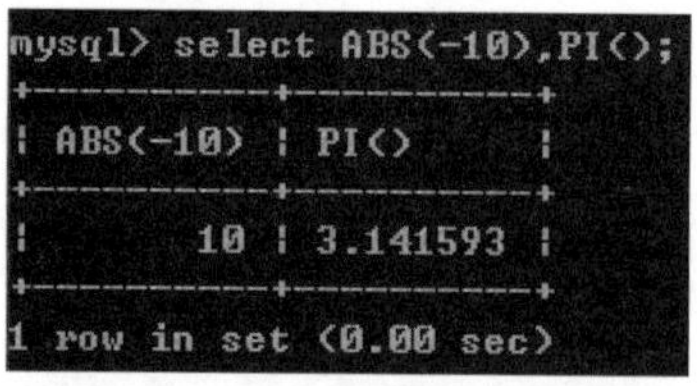

图 13-5 ABS()、PI()的使用示例

(2)SQRT(x)用来求 x 的平方根,MOD(x,y)用来求 x 除以 y 所得的余数。

例:mysql>SELECT SQRT(16),SQRT(2),MOD(5,2);(如图 13-6 所示)

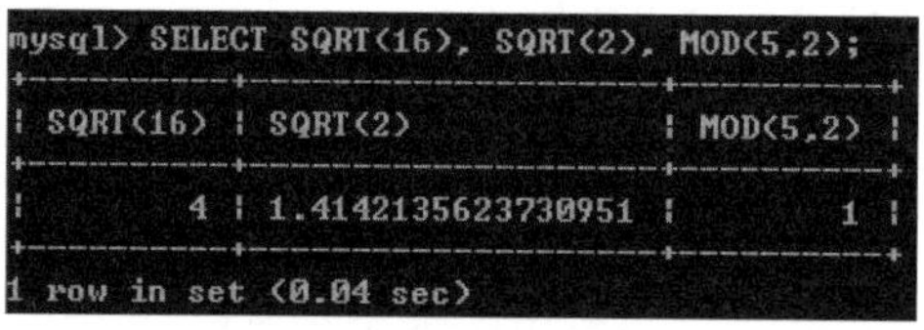

图 13-6 SQRT()、MOD()的使用示例

(3)CEIL(x)和 CEILING(x)这两个函数都用于返回大于或等于 x 的最小整数;而 FLOOR(x)函数则返回小于或等于 x 的最大整数。

例:mysql>SELECT CEIL(4.3),CEIL(-2.5),CEILING(4.3),CEILING(-2.5),FLOOR(4.3),FLOOR(-2.5);(如图 13-7 所示)

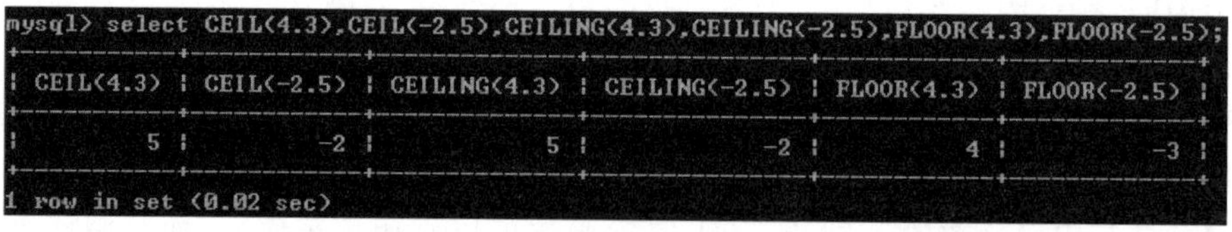

图 13-7 CELL()、CELLING()及 FLOOR()的使用示例

(4)RAND()和 RAND(x)这两个函数都是返回 0~1 的随机数。但是 RAND()返回的数是完全随机的,而 RAND(x)函数的 x 相同时返回的值是相同的。

例:mysql>SELECT RAND(),RAND(),RAND(3),RAND(3);(如图 13-8 所示)

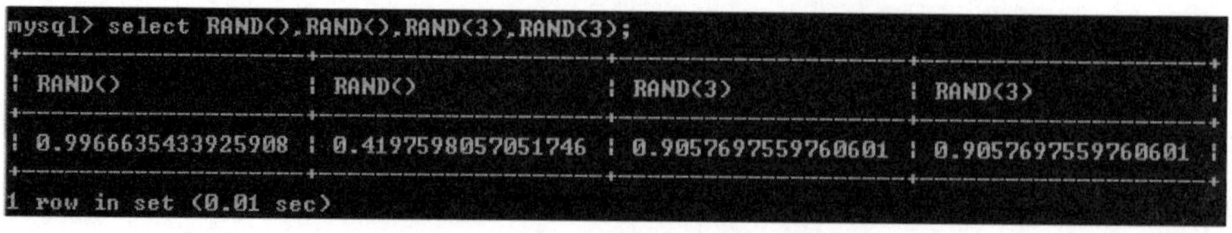

图 13-8 RAND()、RAND(x)的使用示例

(5)ROUND(x)函数返回离 x 最近的整数,也就是对 x 进行四舍五入处理;ROUND(x,y)函数返回 x 保留到小数点后 y 位的值,截断时需要进行四舍五入处理;TRUNCATE(x,y)函数返回 x 保留到小数点后 y 位的值,截断时不需要进行四舍五入处理。

例:mysql＞SELECT ROUND(3.1415),ROUND(3.1415,2),TRUNCATE(3.1415,2);(如图 13－9 所示)

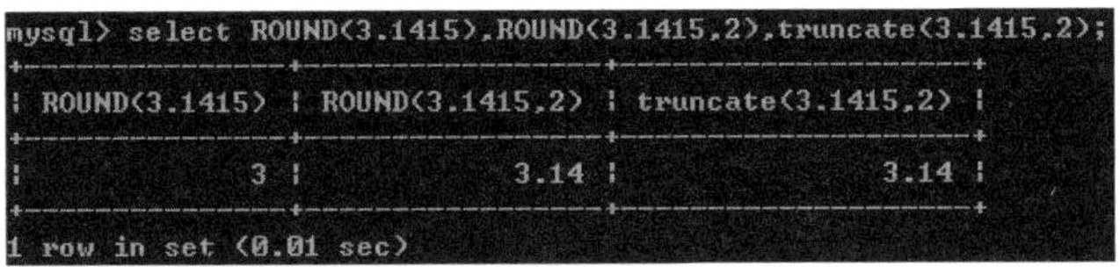

图 13－9 ROUND()、TRUNCATE()的使用示例

又例:mysql＞SELECT ROUND(3.1415),ROUND(3.14615,2),TRUNCATE(3.14615,2);(如图 13－10 所示)

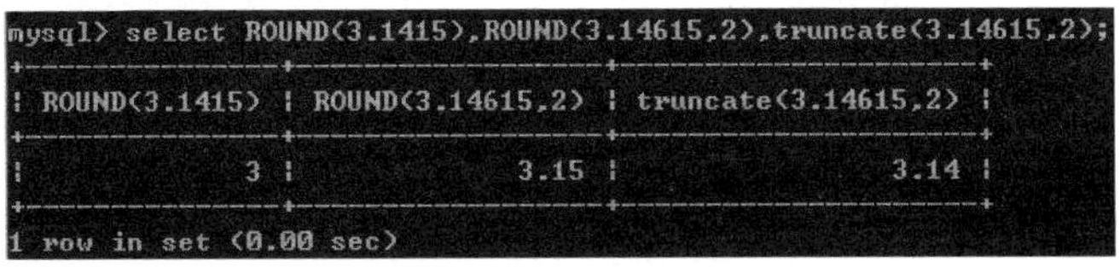

图 13－10 ROUND()、TRUNCATE()的使用示例 2

(6)SIGN(x)函数返回 x 的符号,x 是负数、0、正数分别返回－1、0、1。

例:mysql＞SELECT SIGN(3.1415),SIGN(－3.1415);(如图 13－11 所示)

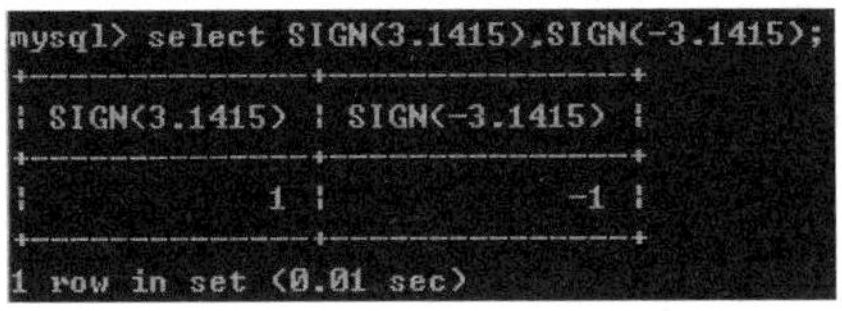

图 13－11 SIGN()的使用示例

(7)POW(x,y)和 POWER(x,y)这两个函数计算 x 的 y 次方,即 x^y;EXP(x)函数计算 e 的 x 次方,即 e^x。

例:mysql＞SELECT POWER(3,4),POW(3,4),EXP(2);(如图 13－12 所示)

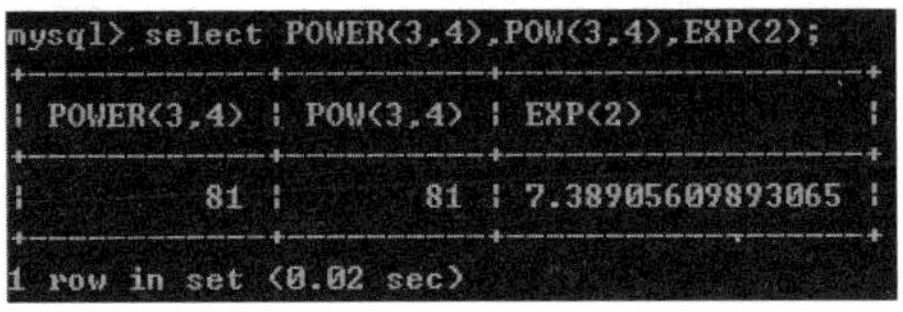

图 13－12 POWER()、POW()、EXP()的使用示例

(8)LOG(x)函数计算 x 的自然对数,LOG(x)和 EXP(x)互为反函数;LOG10(x)函数计算以 10 为底的对数。

例:mysql＞SELECT LOG(3),LOG10(3),EXP(LOG(3));(如图 13－13 所示)

图 13 - 13　LOG()、LOG10()的使用示例

(9)RADIANS(x)函数将角度转换为弧度;DEGREES(x)函数将弧度转换为角度。这两个函数互为反函数。

例:mysql>SELECT RADIANS(30),DEGREES(3.14/4),DEGREES(RADIANS(30));(如图 13 - 14 所示)

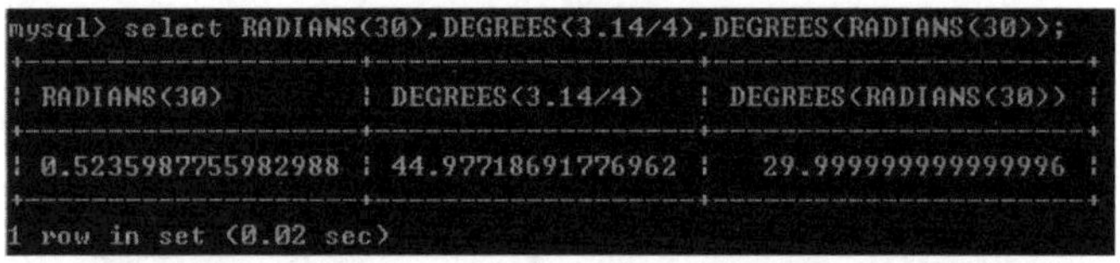

图 13 - 14　RADIANS()、DEGREES()的使用示例

(10)SIN(x)函数用来求正弦值,其中 x 是弧度;ASIN(x)函数用来求反正弦值。ASIN(x)中 x 的取值必须在－1 到 1 之间,否则返回的结果将会是 NULL。

例:mysql>SELECT SIN(RADIANS(30)),ASIN(0.5);(如图 13 - 15 所示)

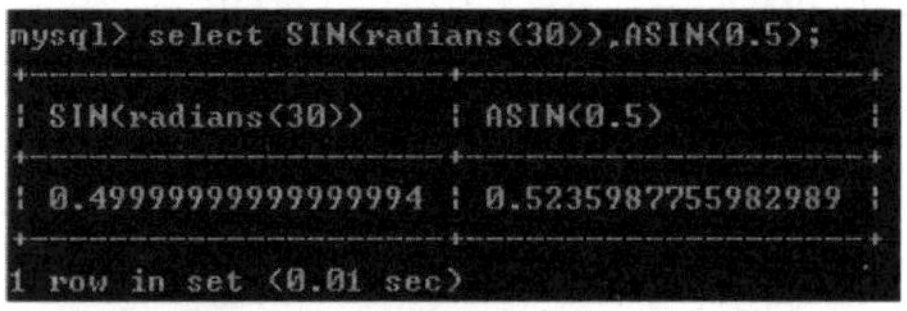

图 13 - 15　SIN()、ASIN()的使用示例

(11)COS(x)函数用来求余弦值,其中 x 是弧度;ACOS(x)函数用来求反余弦值。COS(x)和 ACOS(x)互为反函数。并且,ACOS(x)中 x 的取值必须在－1 到 1 之间。否则返回的结果将会是 NULL。

例:mysql>SELECT COS(RADIANS(30)),ACOS(0.5);(如图 13 - 16 所示)

图 13 - 16　COS()、ACOS()的使用示例

(12)TAN(x)函数用来求正切值,其中 x 是弧度;ATAN(x)和 ATAN2(x)用来求反正切值;COT(x)函数用来求余切值。TAN(x)与 ATAN(x)ATAN2(x)互为反函数。而且 TAN(x)返回值是 COT(x)返回值的倒数。

例:mysql>SELECT TAN(RADIANS(30)),ATAN(0.5),ATAN2(0.5),COT(RADIANS(30));(如图 13 - 17 所示)

图 13-17 TAN()、ATAN()的使用示例

13.3.3 字符串函数

字符串函数是 MySQL 中最常用的一类函数,它主要用于处理表中的字符串。字符串函数包括求字符串长度、合并字符串、替换字符串中子串、大小字母之间切换等函数。下面介绍一些常用的字符串函数。

(1)CHAR_LENGTH(s)函数计算字符串 s 的字符数;LENGTH(s)函数计算字符串 s 的长度。

示例语句及执行结果如图 13-18 所示。

图 13-18 char_length()、length()的使用示例

(2)CONCAT(s1,s2,…)函数和 CONCAT_WS(x,s1,s2,…)函数都可以将 s1、s2 等多个字符串合并成一个字符串,但这两个函数是有区别的:首先,CONCAT_WS(x,s1,s2,…)可以用引入的参数 x 将各字符串隔开,而 CONCAT(s1,s2,…)在连接各字符串时不使用分隔符隔开各字符串;其次,CONCAT(s1,s2,…)中任一参数为 NULL 时结果为 NULL;而 CONCAT_WS(x,s1,s2,…)中 x 为 NULL 时结果才为 NULL,x 之后的"s1,s2,…"中任一参数为 NULL 时将被忽略。

示例语句及执行结果如图 13-19、图 13-20 所示。

图 13-19 CONCAT()、CONCAT_WS()的使用示例 1

图 13-20 CONCAT()、CONCAT_WS()的使用示例 2

（3）INSERT($s1,x,len,s2$)函数将字符串 $s1$ 中 x 位置开始长度为 len 的字符串用 $s2$ 替换。

示例语句及执行结果如图 13-21 所示。

图 13-21　INSERT()的使用示例

（4）UPPER(s)函数和 UCASE(s)函数将字符串 s 的所有字母变成大写字母；LOWER(s)函数和 LCASE(s)函数将字符串 s 的所有字母变成小写字母。

示例语句及执行结果如图 13-22 所示。

图 13-22　EPPER()、UCASE()的使用示例

（5）LEFT(s,n)函数返回字符串 s 的前 n 个字符；RIGHT(s,n)函数返回字符串 s 的后 n 个字符。

示例语句及执行结果如图 13-23 所示。

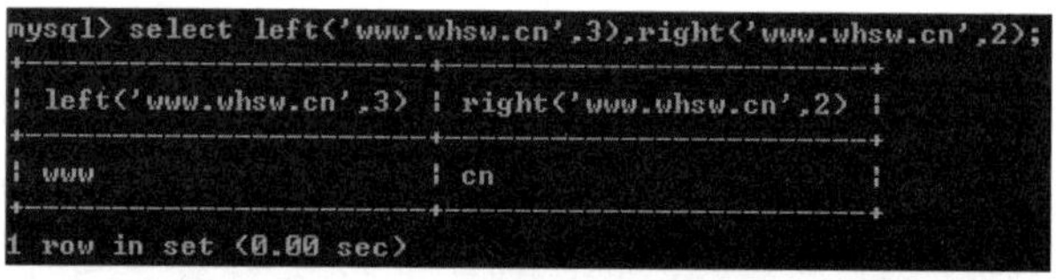

图 13-23　LEFT()、RIGHT()的使用示例

（6）LPAD($s1,len,s2$)函数将字符串 $s2$ 填充到 $s1$ 的开始处，使字符串长度达到 len；RPAD($s1,len,s2$)函数将字符串 $s2$ 填充到 $s1$ 的结尾处，使字符串长度达到 len。

示例语句及执行结果如图 13-24 所示。

图 13-24　LPAD()、RPAD 的使用示例

（7）LTRIM(s)函数将去掉字符串 s 开始处的空格；RTRIM(s)函数将去掉字符串 s 结尾处的空格；TRIM(s)函数将去掉字符串 s 开始处和结尾处的空格；TRIM($s1$ FROM s)函数

将去掉字符串 *s* 中开始处和结尾处的字符串 *s*1。

示例语句及执行结果如图 13 - 25、12 - 26 所示。

```
mysql> select ltrim('  www.whsw.cn  '),rtrim('  www.whsw.cn  '),trim('  www.whsw.cn  ');
+--------------------------+--------------------------+-------------------------+
| ltrim('  www.whsw.cn  ') | rtrim('  www.whsw.cn  ') | trim('  www.whsw.cn  ') |
+--------------------------+--------------------------+-------------------------+
| www.whsw.cn              |   www.whsw.cn            | www.whsw.cn             |
+--------------------------+--------------------------+-------------------------+
1 row in set (0.00 sec)
```

图 13 - 25　ltrim()、rtrim()、trim()的使用示例

```
mysql> SELECT TRIM('ab' FROM 'ababddddabddab');
+----------------------------------+
| TRIM('ab' FROM 'ababddddabddab') |
+----------------------------------+
| ddddabdd                         |
+----------------------------------+
1 row in set (0.00 sec)
```

图 13 - 26　trim()的使用示例

(8)REPEAT(*s*,*n*)函数将字符串 *s* 重复 *n* 次。

示例语句及执行结果如图 13 - 27 所示。

```
mysql> SELECT REPEAT('mysql-',2);
+--------------------+
| REPEAT('mysql-',2) |
+--------------------+
| mysql-mysql-       |
+--------------------+
1 row in set (0.01 sec)
```

图 13 - 27　repeat()的使用示例

(9)SPACE(*n*)函数返回 *n* 个空格;REPLACE(*s*,*s*1,*s*2)函数将字符串 *s*2 替代字符串 *s* 中的字符串 *s*1。

示例语句及执行结果如图 13 - 28 所示。

```
mysql> SELECT SPACE(2),replace('www.whsw.cn','cn','net');
+----------+-----------------------------------+
| SPACE(2) | replace('www.whsw.cn','cn','net') |
+----------+-----------------------------------+
|          | www.whsw.net                      |
+----------+-----------------------------------+
1 row in set (0.00 sec)
```

图 13 - 28　space()、replace()的使用示例

(10)STRCMP(*s*1,*s*2)函数用来比较字符串 *s*1 和 *s*2。如果 *s*1 大于 *s*2,结果返回 1;如果 *s*1 等于 *s*2,结果返回 0;如果 *s*1 小于 *s*2,结果返回－1。

示例语句及执行结果如图 13 - 29 所示。

```
mysql> SELECT STRCMP('www.whsw.cn','www.whsw.net');
+--------------------------------------+
| STRCMP('www.whsw.cn','www.whsw.net') |
+--------------------------------------+
|                                   -1 |
+--------------------------------------+
1 row in set (0.03 sec)
```

图 13 - 29　strcmp()的使用示例

(11)SUBSTRING(s,n,len)函数和 MID(s,n,len)函数从字符串 s 的第 n 个位置开始获取长度为 len 的字符串。

示例语句及执行结果如图 13-30 所示。

图 13-30 substring()、mid()的使用示例

(12)LOCATE($s1,s$)、POSITION($s1$ IN s)和 INSTR($s,s1$)这三个函数从字符串 s 中获取 $s1$ 的开始位置。

示例语句及执行结果如图 13-31 所示。

图 13-31 LOCATION()、POSITION()、INSTR()的使用示例

(13)REVERSE(s)函数将字符串 s 的顺序反过来。

示例语句及执行结果如图 13-32 所示。

图 13-32 REVERSE()的使用示例

(14)ELT($n,s1,s2,\cdots$)函数返回第 n 个字符串。

示例语句及执行结果如图 13-33 所示。

图 13-33 elt()的使用示例

(15)FIELD($s,s1,s2,\cdots$)函数返回第一个与字符串 s 匹配的字符串的位置。

示例语句及执行结果如图 13-34 所示。

图 13 - 34　FIELD()的使用示例

(16)FIND_IN_SET($s1,s2$)函数返回在字符串 $s2$ 中与 $s1$ 匹配的字符串的位置。其中，字符串 $s2$ 中包含了若干个用逗号隔开的字符串。

示例语句及执行结果如图 13 - 35 所示。

图 13 - 35　FIND_IN_SET()的使用示例

(17)MAKE_SET($x,s1,s2,\cdots$)函数按 x 的二进制数中 1 的位置对应地从 $s1,s2,\cdots,sn$ 中按反向选取字符串。例如 12 的二进制是 1100。这个二进制数从右到左的第三位和第四位是 1，所以选取 $s3$ 和 $s4$。

示例语句及执行结果如图 13 - 36 所示。

图 13 - 36　MAKE_SET()的使用示例

13.3.4　日期时间函数

日期和时间函数是 MySQL 中另一类常用的函数，它主要用于处理表中的日期和时间数据。日期和时间函数包括获取当前日期的函数、获取当前时间的函数、各种计算日期或计算时间的函数等。下面分别介绍常用的日期时间函数。

(1)CURDATE()和 CURRENT_DATE()函数获取当前日期；CURTIME()和 CURRENT_TIME()函数获取当前时间。

示例语句及执行结果如图 13 - 37 所示。

图 13 - 37　CURDATE()、CURRENT_DATE()、CURTIME()、CURRENT_TIME()的使用示例

(2)NOW()、CURRENT_TIMESTAMP()、LOCALTIME()和 SYSDATE()这四个函数都用来获取当前的日期和时间。

示例语句及执行结果如图 13-38 所示。

图 13-38　NOW()、CURRENT_TIMESTAMP()、LOCALTIME()、SYSDATE()的使用示例

(3)UNIX_TIMESTAMP(d)函数以 UNIX 时间戳的形式返回当前时间;FROM_UNIXTIME(d)函数把 UNIX 时间戳的时间转换为普通格式的时间;UNIX_TIMESTAMP(d)函数和 FROM_UNIXTIME(d)互为反函数。

示例语句及执行结果如图 13-39 所示。

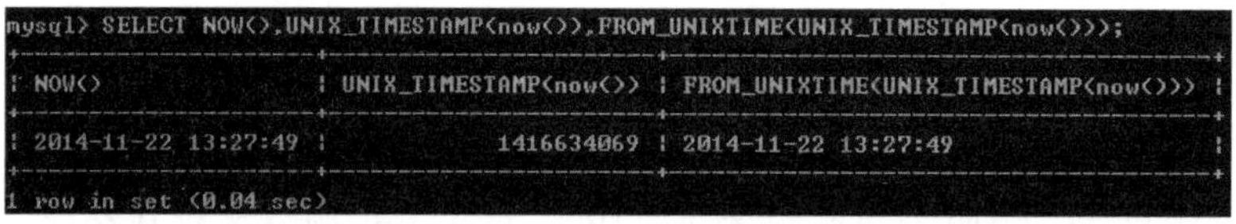

图 13-39　UNIX_TIMESTAMP()、FROM_UNIXTIME()的使用示例

(4)UTC_DATE()函数返回 UTC 日期;UTC_TIME()函数返回 UTC 时间。其中,UTC 是 Universal Coordinated Time 的缩写,也就是国际协调时间。

示例语句及执行结果如图 13-40 所示。

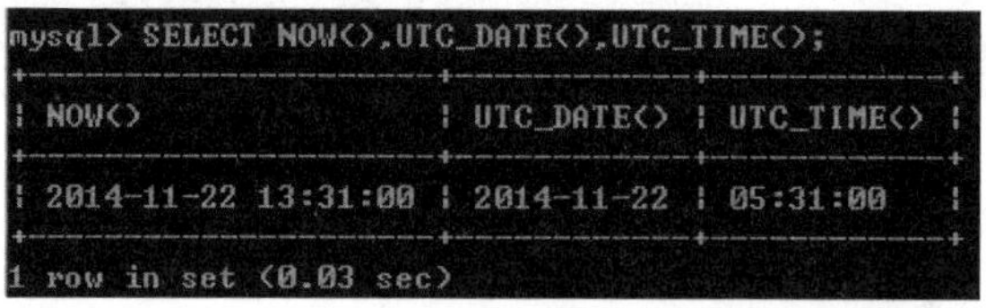

图 13-40　UTC_DATE()、UTC_TIME()的使用示例

(5)MONTH(d)函数返回日期 d 中的月份值,其取值范围是 1～12,其中参数 d 可以是日期和时间,也可以是日期;MONTHNAME(d)函数返回日期 d 中的月份的英文名称,如 January,February 等,其中,参数 d 可以是日期和时间,也可以是日期。

示例语句及执行结果如图 13-41 所示。

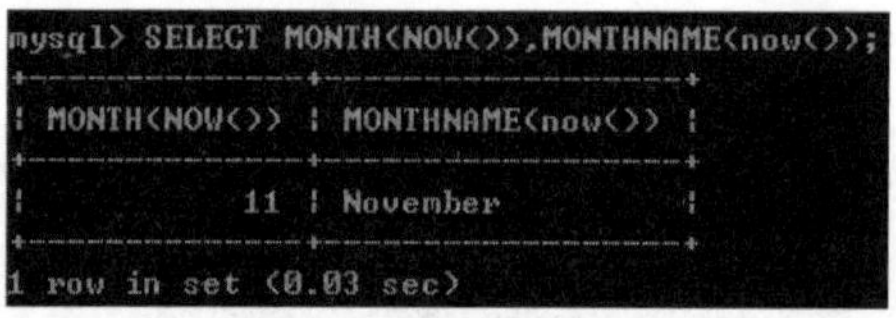

图 13-41　MONTH()、MONTHNAME()的使用示例

(6)DAYNAME(*d*)函数返回日期 *d* 是星期几，显示其英文名，如 Monday、Tuesday 等；DAYOFWEEK(*d*)函数也返回日期 *d* 是星期几，1 表示星期日，2 表示星期一，依次类推；WEEKDAY(*d*)函数也返回日期 *d* 是星期几，0 表示星期一，1 表示星期二，依次类推。以上函数中参数 *d* 可以是日期和时间，也可以是日期。

示例语句及执行结果如图 13－42 所示。

```
mysql> SELECT DAYNAME(NOW()),DAYOFWEEK(now()),WEEKDAY(now());
+----------------+------------------+----------------+
| DAYNAME(NOW()) | DAYOFWEEK(now()) | WEEKDAY(now()) |
+----------------+------------------+----------------+
| Saturday       |                7 |              5 |
+----------------+------------------+----------------+
1 row in set (0.01 sec)
```

图 13－42　DAYNAME()、DAYOFWEEK()、WEEKDAY()的使用示例

(7)WEEK(d,[mode])函数和 WEEKOFYEAR(d)函数都是计算日期 d 是本年的第几个星期。其中 WEEK 中可指定第二个参数 mode，其取值不同，一周的第一天及返回值范围不一样，而 WEEKOFYEAR(d)返回值的范围是 1～53。表 13－6 是 mode 取不同值时一周第一天与返回值范围的情况。

表 13－6

Mode	一周的第一天	范围
0	周日	0～53
1	周一	0～53
2	周日	1～53
3	周一	1～53
4	周日	0～53
5	周一	0～53
6	周日	1～53
7	周一	1～53

示例语句及执行结果如图 13－43 所示。

```
mysql> SELECT WEEK(NOW()),WEEKOFYEAR(now());
+-------------+-------------------+
| WEEK(NOW()) | WEEKOFYEAR(now()) |
+-------------+-------------------+
|          46 |                47 |
+-------------+-------------------+
1 row in set (0.00 sec)
```

图 13－43　WEEK()、WEEKOFYEAR()的使用示例

(8)DAYOFYEAR(*d*)函数日期 *d* 是本年的第几天；DAYOFMONTH(*d*)函数返回计算日期 *d* 是本月的第几天。

示例语句及执行结果如图 13－44 所示。

图 13 - 44 DAYOFYEAR()、DAYOFMONTH()的使用示例

(9)YEAR(d)函数返回日期 d 中的年份值;QUARTER(d)函数返回日期 d 是本年第几季度,值的范围是 1~4;HOUR(t)函数返回时间 t 中的小时值;MINUTE(t)函数返回时间 t 中的分钟值;SECOND(t)函数返回时间 t 中的秒钟值。

示例语句及执行结果如图 13 - 45 所示。

图 13 - 45 YEAR()、QUARTER()、HOUR()、MINUTE()的使用示例

(10)EXTRACT(type FROM d)函数从日期 d 中获取指定的值。这个值是什么由 type 的值决定。type 的取值可以是 YEAR、MONTH、DAY、HOUR、MINUTE、SECOND。如果 type 的值是 YEAR,结果返回年份值;MONTH 返回月份值;DAY 返回是几号;HOUR 返回小时值;MINUTE 返回分钟值;SECOND 返回秒钟值。

示例语句及执行结果如图 13 - 46 所示。

图 13 - 46 EXTRACT()的使用示例

(11)TIME_TO_SEC(t)函数将时间 t 转换为以秒为单位的时间;SEC_TO_TIME(s)函数将以秒为单位的时间 s 转换为时分秒的格式。TIME_TO_SEC(t)和 SEC_TO_TIME(s)互为反函数。

示例语句及执行结果如图 13 - 47 所示。

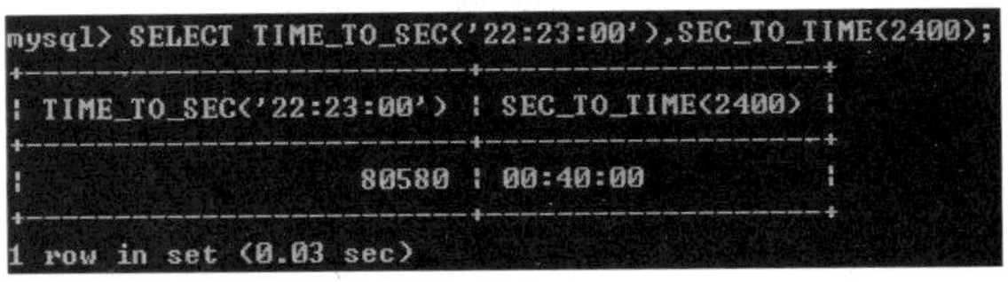

图 13 - 47　TIME_TO_SEC()、SEC_TO_TIME()的使用示例

(12)TO_DAYS(d)、FROM_DAYS(n)和 DATEDIFF(d1,d2)函数。

TO_DAYS(d)计算指定日期参数跟默认日期之间相隔的天数；FROM_DAYS(n)计算与默认日期之间相隔 n 天的日期；DATEDIFF(d1,d2)计算指定两个日期之间相隔的天数。

示例语句及执行结果如图 13 - 48 所示。

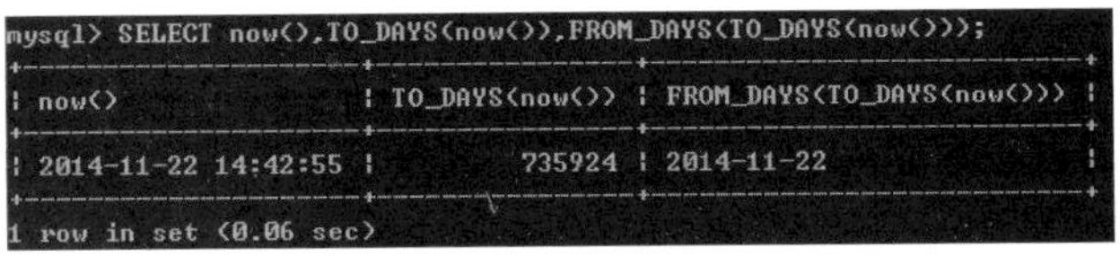

图 13 - 48　TO_DAYS()、FROM_DAYS()、DATEDIFF()的使用示例

(13)ADDDATE(d,n)、SUBDATE(d,n)、ADDTIME(t,n)和 SUBTIME(t,n)函数。

ADDDATE(d,n)计算指定日期 d 之后 n 天的日期；SUBDATE(d,n)计算指定日期 d 之前 n 天的日期；ADDTIME(t,n)计算指定时间 t 之后 n 秒的时间；SUBTIME(t,n)计算指定时间 t 之前 n 秒的时间；

示例语句及执行结果如图 13 - 49、12 - 50 所示。

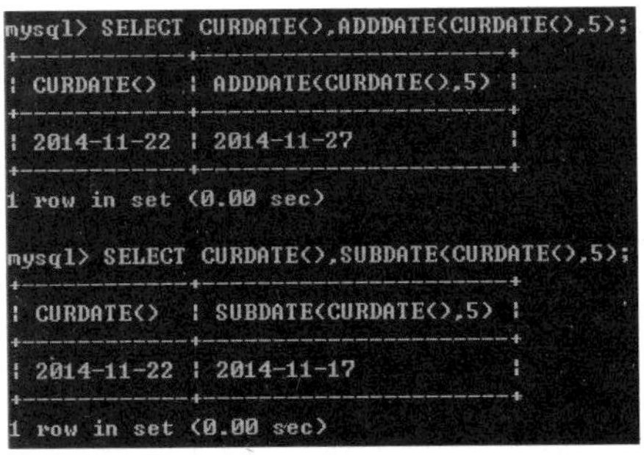

图 13 - 49　ADDDATE()、SUBDATE()的使用示例

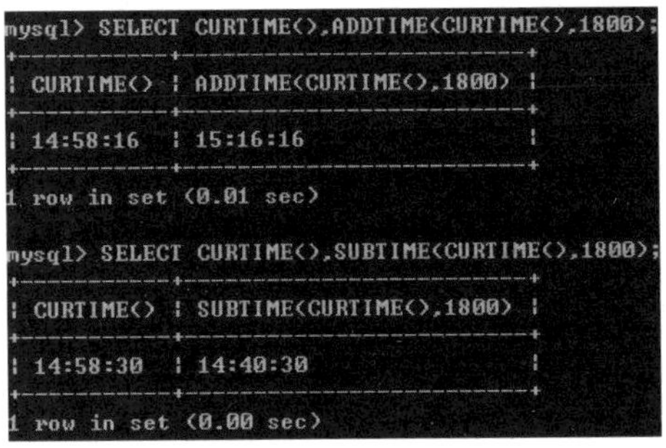

图 13 - 50　ADDTIME()、SUBTIME()的使用示例

13.3.5 条件判断函数

在 MySQL 中,条件判断函数是根据条件判断的不同结果进行不同的运算从而给出不同结果的一类函数。它主要包括:①IF(expr,v1,v2);②IFNULL(v1,v2);③CASE WHEN expr1 THEN v1 [WHEN expr2 THEN v2…] [ELSE vn] END;④CASE expr WHEN e1 THEN v1 [WHEN e2 THEN v2…] [ELSE vn] END 四个函数。下面分别介绍:

1. IF(expr,$v1$,$v2$)

函数格式:IF(expr,$v1$,$v2$)

格式说明:如果表达式 expr 成立,返回结果 $v1$;否则,返回结果 $v2$。

IF(expr,$v1$,$v2$)函数使用示例:假设要在 t6 表中查询学号(id),分数(grade),并且在分数大于等于 60 时,显示"PASS",否则显示"FAIL"。

实现这一问题要求的查询(SELECT)语句:

```
SELECT id,grade,IF(grade> = 60,'PASS','FAIL')  FROM t6;
```

2. IFNULL($v1$,$v2$)

函数格式:IFNULL($v1$,$v2$)

格式说明:如果 $v1$ 的不为空,就显示 $v1$ 的值;否则就显示 $v2$ 的值。

IFNULL($v1$,$v2$)函数使用示例:假设要从 t6 表中查询学号(id),分数(grade),如果分数不为 NULL,显示分数,否则显示"NO GRADE"。

实现这一问题要求的查询(SELECT)语句:

```
SELECT id,IFNULL(grade,'NO GRADE')  FROM t6;
```

3. CASE WHEN expr1 THEN $v1$ [WHEN expr2 THEN $v2$…] [ELSE vn] END

函数格式:CASE WHEN expr1 THEN $v1$ [WHEN expr2 THEN $v2$…] [ELSE vn] END

格式说明:expr1、expr2 值应为逻辑值,当 expr1 为逻辑真时,函数值为 $v1$,否则继续判断 expr2 是否为逻辑真,若为逻辑真时,则函数值为 $v2$,依次类推……,当所有的 when 后的 expr 的值均不为真时,则函数值为 vn。

CASE WHEN expr1 THEN v1 [WHEN expr2 THEN v2…] [ELSE vn] END 函数使用示例:假设要从 t6 表中查询学号(id),分数(grade),如果分数不为 NULL,显示分数,否则显示"NO GRADE"。

实现这一问题要求的查询(SELECT)语句:

```
SELECT id,CASE WHEN grade IS NULL THEN  "NO GRADE"  ELSE grade END FROM t6;
```

4. CASE expr WHEN e1 THEN v1 [WHEN e2 THEN v2…] [ELSE vn] END

函数格式:CASE expr WHEN e1 THEN v1 [WHEN e2 THEN v2…] [ELSE vn] END

格式说明:expr 应为一可取得 $e1$、$e2$、$e3$……等值的表达式,当它取 $e1$ 值时,函数值为 $v1$,当它取 $e2$ 值时,函数值为 $v2$,依次类推……,当 expr 不等于所有的 when 后的值时,则函

数值为 *vn*。

CASE expr WHEN e1 THEN v1 [WHEN e2 THEN v2…] [ELSE vn] END 函数使用示例：假设要从 Stu_score 表中查询学号(sid)，姓名(sname)，分数(score)，并根据分数在不同的范围分别给出成绩等级。

实现这一问题要求的查询(SELECT)语句：

SELECT sid 学号，sname 姓名，score 分数，case floor(score/10) when 10 then '优秀' when 9 then '优秀' when 8 then '良好' when 7 then '中等' when 6 then '及格' else '不及格' end 成绩等级 FROM Stu_score;

13.3.6　系统信息函数

系统信息函数用来查询 MySQL 数据库的系统信息，例如，查询数据库的版本，查询数据库的当前用户等。下面介绍一些常用的系统信息函数：

(1) VERSION() 函数：返回数据库的版本号；

(2) CONNECTION_ID() 函数：返回服务器的连接数，也就是到现在为止 MySQL 服务的连接次数；

(3) DATABASE() 和 SCHEMA()：返回当前数据库名。

如：下面是涉及 VERSION()CONNECTION_ID()DATABASE() 和 SCHEMA() 函数的应用示例如图 13-51 所示。

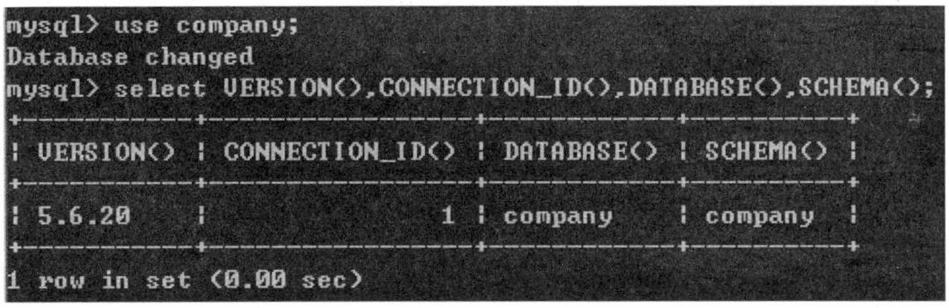

```
mysql> use company;
Database changed
mysql> select VERSION(),CONNECTION_ID(),DATABASE(),SCHEMA();
+-----------+-----------------+------------+----------+
| VERSION() | CONNECTION_ID() | DATABASE() | SCHEMA() |
+-----------+-----------------+------------+----------+
| 5.6.20    |               1 | company    | company  |
+-----------+-----------------+------------+----------+
1 row in set (0.00 sec)
```

图 13-51　VERSION()、CONNECTION_ID()、DATABASE()、SCHEMA() 的使用示例

(4) USER()、SYSTEM_USER()、SESSION_USER() 和 CURRENT_USER 这几个函数可以返回当前用户的名称。图 13-52 是 select 调用这些函数的实例。

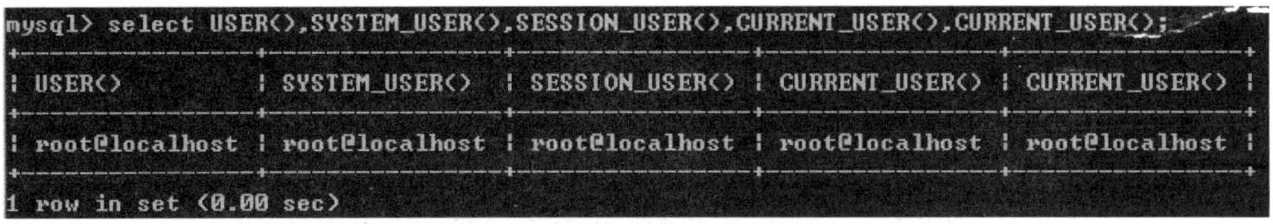

```
mysql> select USER(),SYSTEM_USER(),SESSION_USER(),CURRENT_USER(),CURRENT_USER();
+----------------+----------------+----------------+----------------+----------------+
| USER()         | SYSTEM_USER()  | SESSION_USER() | CURRENT_USER() | CURRENT_USER() |
+----------------+----------------+----------------+----------------+----------------+
| root@localhost | root@localhost | root@localhost | root@localhost | root@localhost |
+----------------+----------------+----------------+----------------+----------------+
1 row in set (0.00 sec)
```

图 13-52　USER()、SYSTEM_USER()、SESSION_USER()、CURRENT_USER 的使用示例

(5) CHARSET(str) 函数返回字符串 str 的字符集，一般情况这个字符集就是系统的默认字符集；COLLATION(str) 函数返回字符串 str 的字符顺序。图 13-53 中分别使用这两个命令输出了“whsw”的字符集和字符顺序。

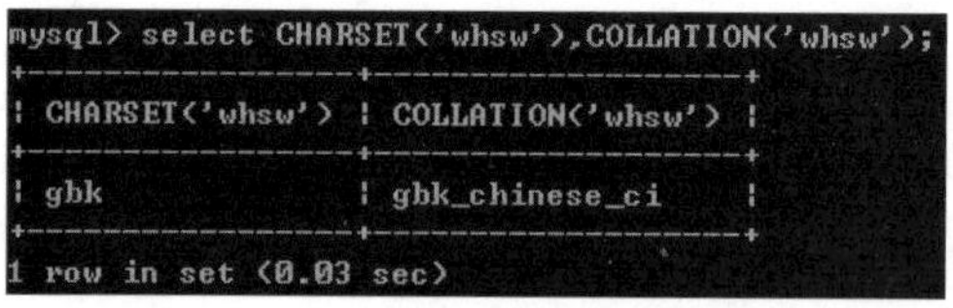

图 13 - 53   charset()、collation()的使用示例

（6）LAST_INSERT_ID()函数返回最后生成的 AUTO_INCREMENT 值。如图 13 - 54 中的命令往表 t_autoincre 中插入 3 个空记录后，其 AUTO_INCREMENT 型的字段值可通过"select LAST_INSERT_ID()"显示出来。

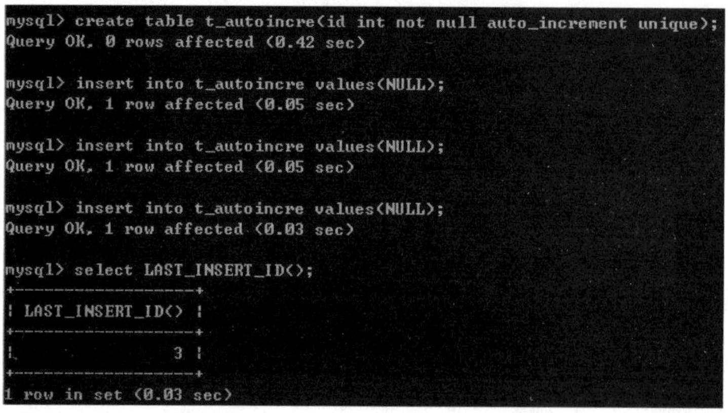

图 13 - 54   last_insert_id()的使用示例

13.3.7   加密函数

加密函数是 MySQL 中用来对数据进行加密的函数。因为数据库中有些很敏感的信息不希望被其他人看到，就应该通过加密方式来使这些数据变成看似乱码。例如用户的密码，就应该经过加密。

1. PASSWORD(str)函数

该函数可以对字符串 str 进行加密。一般情况下，PASSWORD(str)函数主要是用来给用户的密码加密的。如下面语句使用 PASSWORD 函数为字符串"abcd"加密：

```
SELECT PASSWORD('abcd');
```

其运行结果如图 13 - 55 所示。

图 13 - 55   PASSWORD()的使用示例

2. MD5(str)函数

该函数也可以对字符串 str 进行加密,MD5(str)函数主要对普通的数据进行加密。 如:
下面语句使用 MD5(str)函数为字符串"abcd"加密。

```
SELECT MD5('abcd');
```

其运行结果如图 13 - 56 所示。

图 13 - 56　MD5()的使用示例

3. ENCODE(str,pswd_str)函数

该函数可以使用字符串 pswd_str 来加密字符串 str。加密的结果是一个二进制数,必
须使用 BLOB 类型的字段来保存它(注意它不能直接显示)。如下面使用'klm'来加密'
abcd'结果不能被显示。(如图 13 - 57 所示)

图 13 - 57　ENCODE()的使用示例

4. DECODE(crypt_str,pswd_str)函数

该函数可以使用字符串 pswd_str 来为字符串 crypt_str 解密。crypt_str 是通过
ENCODE(str,pswd_str)加密后的二进制数据。字符串 pswd_str 应该与加密时的字符串
pswd_str 是相同的。如下面我们使用 DECODE 来对 ENCODE 加密后的字符串进行解密,
最终还原了原字符串。(如图 13 - 58 所示)

图 13 - 58　DECODE()的使用示例

13.3.8　格式转换函数

MySQL 中除了上述函数以外,还包含了很多格式转换函数。例如 FORMAT(x,n)函
数用来格式化数字 x,INET_ATON()函数可以将 IP 转换为数字。下面介绍一些常用的格

式转换函数。

(1)FORMAT(x,n)函数可以将数字 x 进行格式化,将 x 保留到小数点后 n 位。这个过程需要进行四舍五入。

例如 FORMAT(2.356,2)返回的结果将会是 2.36;FORMAT(2.353,2)返回的结果将会是 2.35。又如:SELECT FORMAT(235.3456,3),FORMAT(235.3454,3)。(如图 13 - 59 所示)

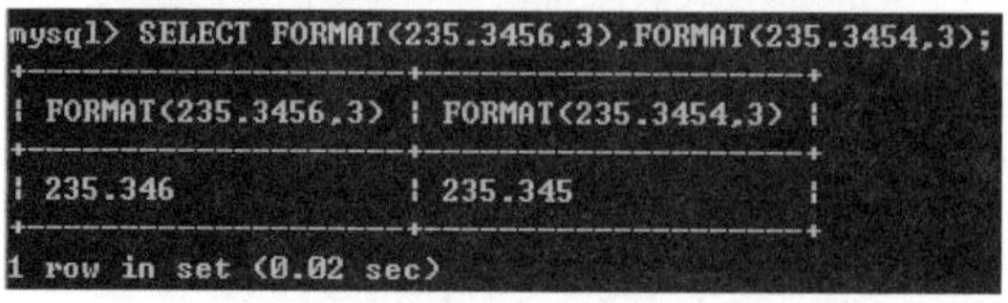

图 13 - 59 FORMAT()的使用示例

(2)ASCII(s)返回字符串 s 的第一个字符的 ASCII 码;BIN(x)返回 x 的二进制编码;HEX(x)返回 x 的十六进制编码;OCT(x)返回 x 的八进制编码;CONV($x,f1,f2$)将 x 从 $f1$ 进制数变成 $f2$ 进制数。(如图 13 - 60 所示)

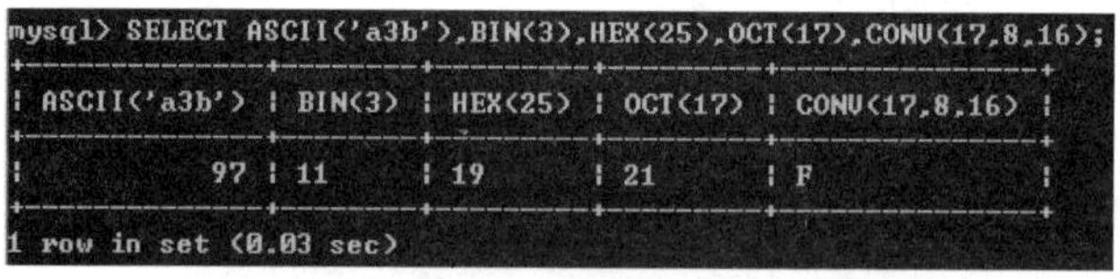

图 13 - 60 ASCII()、BIN()、HEX()、OCT()、CONV()的使用示例

(3)INET_ATON(IP)函数可以将 IP 地址转换为数字表示;INET_NTOA(n)函数可以将数字 n 转换成 IP 的形式。其中,INET_ATON(IP)函数中 IP 值需要加上引号。这两个函数互为反函数。(如图 13 - 61 所示)

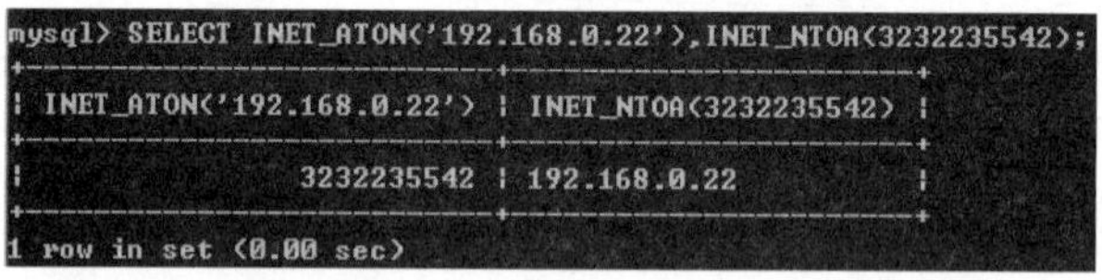

图 13 - 61 INET_ATON()、INET_NTOA()的使用示例

(4)CONVERT(s USING cs)函数将字符串 s 的字符集变成 cs。如:下面语句将字符串"ABC"的字符集变成 gbk。

SELECT CHARSET('ABC'),CHARSET(CONVERT('ABC' USING gbk));(如图 13 - 62 所示)

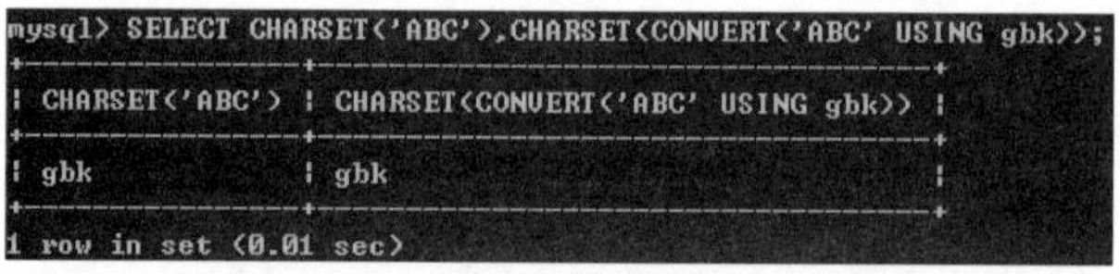

图 13 - 62 CONVERT()的使用示例

（5）GET_LOCK(name,time)函数定义一个名称为 nam、持续时间长度为 time 秒的锁。如果锁定成功,返回 1;如果尝试超时,返回 0;如果遇到错误,返回 NULL;RELEASE_LOCK(name)函数解除名称为 name 的锁。如果解锁成功,返回 1;如果尝试超时,返回 0;如果解锁失败,返回 NULL;IS_FREE_LOCK(name)函数判断是否使用名为 name 的锁。如果使用,返回 0;否则,返回 1。

（6）BENCHMARK(count,expr)函数将表达式 expr 重复执行 count 次,然后返回执行时间。该函数可以用来判断 MySQL 处理表达式的速度。

（7）CAST(x AS type)和 CONVERT(x,type)这两个函数将 x 变成 type 类型。这两个函数只对 BINARY、CHAR、DATE、DATETIME、TIME、SIGNED INTEGER、UNSIGNED INTEGER 这些类型起作用。但两种方法只是改变了输出值的数据类型,并没有改变表中字段的类型。

13.4　思考与练习

1. 试说明局部变量、用户会话变量、系统会话变量与全局变量的区别。

2. 在正则表达式中,匹配任意一个字符的符号是(　　　)。

A. .

B. □

C. ?

D. —

3. 在 select 语句的 where 子句中,使用正则表达式过滤数据时使用的关键字是(　　　)。

A. like

B. against

C. match

D. regexp

4. 以下能够匹配'1 ton'和'2 ton'及'3 ton'的正则表达式是(　　　)。

A. '123 ton'

B. '1,2,3 ton'

C. '[123] ton'

D. '1|2|3 ton'

5. 返回当前日期的函数是(　　　)。

A. curtime()

B. adddate()

C. curnow()

D. curdate()

6. 拼接字段的函数是(　　　)。

A. SUBSTRING()

B. TRIM()

C. SUM()

D. CONCAT()

7. 返回字符串长度的函数是(　　　)。

A. len()

B. length()

C. left()

D. long()

8. 在算术运算符、关系运算符、逻辑运算符,这三种符号中,它们的优先级排列正确的是(　　)。

A. 算术/逻辑/关系

B. 关系/逻辑/算术

C. 关系/算术/逻辑

D. 算术/关系/逻辑

第14章 MySQL 的存储函数、存储过程与流程控制语句

14.1 存储函数

14.1.1 存储函数的概念

在上一章中,已经学习过函数、存储函数及内部函数的概念,这里再简单地重复一下,所谓存储函数是指由用户根据求解问题的需要定义的函数。下面我们主要学习存储函数的创建、使用等操作。

14.1.2 存储函数的创建与使用

1. 存储函数的创建

创建存储函数时一般应先重新定义一个语句结束符,其使用语句是:

```
DELIMITER $ $
```

这一语句中的"$$"是重新定义的语句结束符,它也可以是其他的用户希望的字符。重定义后的 MySQL 语句均须以此符号作为结束符。它用在创建函数的命令之前目的就是避免 MySQL 把存储函数内部的";"解释成结束符号,在完成存储函数创建后一般应通过"DE-LIMITER ;"来告知存储函数创建结束,回到原本的用";"作为语句结束符的状态。

在"DELIMITER $$"之后的存储函数创建应使用"CREATE FUNCTION"命令按如下格式来创建:

CREATE FUNCTION 函数名([参数列表]) RETURNS 返回值类型 [可选特性参数]

```
BEGIN
```

函数体语句序列

```
END $ $
```

在上面格式中,有关参数说明如下:

(1)"CREATE FUNCTION"为创建函数的命令动词,"函数名"为要创建的存储函数名,必须给出,且应与系统自有的或当前数据库中已创建的函数不重名;

(2)"参数列表"为存储函数的参数列表,它可以有多个,多个之间用逗号分隔,也可以没有,每个参数均要求按"参数名　参数数据类型"格式给出,其中,参数名是存储函数参数(其实质为函数中的局部变量)的名称;"参数数据类型"可以是 MySQL 数据库中的任意类型。

(3)RETURNS 后的"返回值类型"应给出函数返回值的数据类型,且应与函数体中 RETURN 语句返回值的数据类型相同或相近;

(4)"可选特性参数"是一些可选的用来表示存储函数的特性(可以没有)的参数,常见的有如下。

COMMENT 'string':注释信息,可以用来描述存储函数的功能。

LANGUAGE SQL:说明函数体中语句序列由 SQL 语句组成,当前系统支持的语言为 SQL,SQL 是 LANGUAGE 特性的唯一值;

[NOT] DETERMINISTIC:指明存储函数执行的结果是否确定,DETERMINISTIC 表示结果是确定的。每次执行存储函数时,相同的输入会得到相同的输出;而 NOT DETER-MINISTIC 表示结果是不确定的,相同的输入可能得到不同的输出。如果没有指定任意一个值,默认为 NOT DETERMINISTIC。

SQL SECURITY { DEFINER | INVOKER }:指明谁有权限来执行、调用该函数,DEFINER 表示只有定义存储过程的用户才能执行、调用;INVOKER 表示拥有权限的调用者都可以执行。默认情况下,系统指定为 DEFINER。

{CONTAINS SQL | NO SQL | READS SQL DATA | MODIFIES SQL DATA}:指明存储函数使用 SQL 语句限制方式。

CONTAINS SQL 表明存储函数包含 SQL 语句,但是不包含读写数据的语句。

NO SQL 表明存储函数不包含 SQL 语句。

READS SQL DATA 说明存储函数包含读数据的语句。

MODIFIES SQL DATA 表明存储函数包含写数据的语句。

默认情况下,系统会指定为 CONTAINS SQL。

(5)"BEGIN…END"部分是函数的函数体,"BEGIN""END"分别表示多条 SQL 语句的开始和结束,在它们之间的每条语句后应用";"表示结束。这里的";"只是函数体中多条语句的分隔,并不是创建存储函数命令的结束。在"end"后应使用"＄＄"作为创建存储函数命令的结束符。

下面的例子定义了一个存储函数,以实现在雇员表(表名为:t_employee)中根据雇员编号来查询雇员工资的功能:

```
DELIMITER ＄＄
CREATE FUNCTION fun_employee_sal(emplono int(10))RETURNS decimal(7,2)　COMMENT'查询某个雇员工资'
BEGIN
RETURN(select sal from t_employee where t_employee. empno = emplono);
END ＄＄
DELIMITER ＄＄
```

在上面的例子中,"BEGIN…END"中只有一个语句"RETURN(select sal from t_

employee where t_employee. empno=emplono);"，在这种情况下，其实是可以省掉两边的定界符"BEGIN…END"，并且不用重新定义语句结束符的。也即该存储函数的定义也可以使用如下简单格式：

```
CREATE FUNCTION fun_employee_sal(emplono int(10))RETURNS decimal(7,2)  COMMENT'查询某个雇员工资'
RETURN(select sal from t_employee where t_employee. empno = emplono);
```

对于上面创建好的存储函数，我们可以通过 select 查询语句来调用它，获取到某个指定雇员编号的雇员的工资。

如：SELECT fun_employee_sal(1201010101);

图 14－1 的例子是先定义一个存储函数：将考生号作为参数，在 xsb＄表中查找到该考生的姓名并通过函数返回，之后通过 select 调用该函数时将查询结果显示出来；在这个存储函数中，较全面地使用了变量定义、变量的赋值（数据运算）及变量的输出（返回给函数值）等操作。

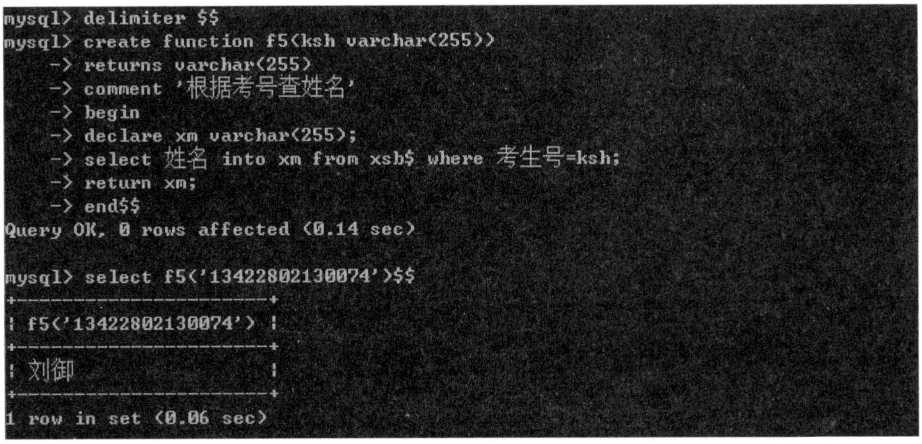

```
mysql> delimiter $$
mysql> create function f5(ksh varchar(255))
    -> returns varchar(255)
    -> comment '根据考号查姓名'
    -> begin
    -> declare xm varchar(255);
    -> select 姓名 into xm from xsb$ where 考生号=ksh;
    -> return xm;
    -> end$$
Query OK, 0 rows affected (0.14 sec)

mysql> select f5('13422802130074')$$
+-----------------------+
| f5('13422802130074') |
+-----------------------+
| 刘御                  |
+-----------------------+
1 row in set (0.06 sec)
```

图 14－1　创建一个存储函数并且调用

14.1.3　存储函数的查看

可使用以下几种方式来进行存储函数的查看：

1. SHOW FUNCTION STATUS

SHOW FUNCTION STATUS 语句可查看当前数据库中所有存储函数的状态，其后可带"like 模式"来进行模糊查询。其格式：

```
SHOW FUNCTION STATUS [LIKE 'pattern']
```

2. SHOW CREATE FUNCTION

SHOW CREATE FUNCTION 语句可查看指定存储函数的定义（创建）信息，其语句格式如下：

```
SHOW CREATE FUNCTION 函数名;
```

3. 从 information_schema. routines 表中查看存储函数的信息

其语句格式如下：

```
先打开 information_schema:USE information_schema;
再在 routines 表中查询:SELECT * FROM routines;
或直接:SELECT * FROM information_schema. routines;
```

4. 在 mysql. proc 中查询

其语句格式如下：

```
SELECT name FROM mysql. proc WHERE db = '指定数据库名' and type = 'function';
```

该语句可查询指定数据库中所有函数的函数名。

14.1.4 存储函数的修改

修改存储函数的语句格式如下：

ALTER FUNCTION 函数名 characteristic;

注意,此修改命令只能修改"characteristic"指定的有关参数选项,而不能修改函数体;若要修改函数体应先删除原函数再重新创建。

上面格式中,characteristic 可取值及它们的意义跟创建时的一样,此处不赘述。

14.1.5 存储函数的删除

删除存储函数,可以使用 DROP 语句。其语句格式：

```
DROP FUNCTION [IF EXISTS] 函数名;
```

该语句删除其后"函数名"所指函数。可选参数"IF EXISTS"可避免在"函数名"所指函数不存在时删除出错。

14.1.6 存储函数的安全

为保证存储函数的安全,除创建者外的其他用户都需要授权才可以调用存储函数,对用户授予过程的 execute 权限的命令是：

```
GRANT EXECUTE ON FUNCTION 过程名 TO 用户名;
```

14.2 存储过程

14.2.1 存储过程的概念

存储过程也是 MySQL 中的一种数据库对象,是事先定义好、以一个指定的名字存储在 MySQL 服务器中的一组 MySQL 语句的有序集合(序列),它可被其他的 MySQL 程序调用,以减少代码的重复编写。

它和存储函数的区别是：

（1）存储函数可以通过 return 语句返回单个值或者表对象，而存储过程不能通过 return 返回运算处理结果，只能通过 out 参数返回一个或多个值。

（2）存储函数的参数均为输入参数、不需特别指明"IN|OUT|INOUT"，而存储过程的参数分为三类"IN|OUT|INOUT"，需在定义时进行说明。

（3）存储函数可以嵌入在 sql 语句中使用，可以在 select 中调用，而存储过程不行，它需要用 CALL 来调用。

14.2.2　存储过程的创建与使用

跟存储函数的创建一样，创建存储过程时一般也应先重新定义一个语句结束符，其使用语句是：

```
DELIMITER $ $
```

之后的存储过程创建应使用"CREATE PROCEDURE"命令按如下格式来创建：

CREATE　PROCEDURE　存储过程名（［参数列表］）　［可选特性参数］

```
BEGIN
```

过程体语句序列

```
END $ $
```

在上面语句格式中，有关参数说明如下：

（1）"CREATEPROCEDURE"为创建过程的命令动词，其后的"存储过程名"为要创建的存储过程的名称，必须给出，且应与系统自有的或当前数据库中已创建的过程不重名。

（2）"参数列表"为存储过程的参数列表，它可以有多个，多个之间用逗号分隔，也可以没有，每个参数均要求按"［IN|OUT|INOUT］　参数名　参数数据类型"格式给出，其中，可选参数"IN|OUT|INOUT"分别表示输入参数、输出参数和输入/输出参数，参数名是存储过程中参数（其实质也为局部变量）的名称；"参数数据类型"可以是 MySQL 数据库中的任意类型。

（3）"可选特性参数"是一些可选的用来表示存储过程的特性（可以没有）的参数，常见的有如下。

COMMENT 'string'：注释信息，可以用来描述存储过程的功能。

LANGUAGE SQL：说明过程体中语句序列由 SQL 语句组成，当前系统支持的语言为 SQL，SQL 是 LANGUAGE 特性的唯一值。

［NOT］DETERMINISTIC：指明存储过程执行的结果是否确定，DETERMINISTIC 表示结果是确定的。每次执行存储过程时，相同的输入会得到相同的输出；而 NOT DETER-MINISTIC 表示结果是不确定的，相同的输入可能得到不同的输入。如果没有指定任意一个值，默认为 NOT DETERMINISTIC。

SQL SECURITY { DEFINER | INVOKER }：指明谁有权限来执行、调用该过程，DEFINER 表示只有定义存储过程的用户才能执行、调用；INVOKER 表示拥有权限的调用

者都可以执行。默认情况下,系统指定为 DEFINER。

{CONTAINS SQL | NO SQL | READS SQL DATA | MODIFIES SQL DATA}:指明存储过程使用 SQL 语句限制方式。

CONTAINS SQL 表明存储过程包含 SQL 语句,但是不包含读写数据的语句。

NO SQL 表明存储过程不包含 SQL 语句。

READS SQL DATA 说明存储过程包含读数据的语句。

MODIFIES SQL DATA 表明存储过程包含写数据的语句。

默认情况下,系统会指定为 CONTAINS SQL。

(4)"BEGIN……END"部分是存储过程的过程体,"BEGIN""END"分别表示多条 SQL 语句的开始和结束,在它们之间的每条语句后应用";"表示结束。这里的";"只是过程体中多条语句的分隔,并不是创建存储过程命令的结束。在"end"后应使用"＄＄"作为创建存储过程命令的结束符。如果存储过程体中只有一条 sql 语句,可以省略开始和结束处的"begin-end"标志,这时通常也不使用其前面的"Delimiter ＄＄"语句。

(5)在完成存储过程创建后一般应通过"DELIMITER ;"回到原本的用";"作为语句结束符的状态。

如以下存储过程可得到成绩表 studscore 中的最高分:

```
DELIMITER ＄＄
CREATE PROCEDURE getMaxscore()
BEGIN
SELECT max(score)最高分 FROM studScore;
END＄＄
```

又如以下存储过程可根据输入的学号在 studScore 中查到对应的学生信息:

```
DELIMITER ＄＄
CREATE PROCEDURE getStudentByno(IN sno varchar(10))
BEGIN
SELECT * FROM studStudent WHERE studentno = sno;
END＄＄
```

上面两个存储过程的过程体中都只有一个语句,可省掉"Delimiter ＄＄""BEGIN"和"END＄＄"。

对已创建的存储过程的调用一般是使用:"call 存储过程名(参数列表);"语句,其中参数应是具有确定值的实际参数。如对上面第一个示例中的存储过程的调用是使用:"call getMaxscore();",对上面第二个示例中的存储过程的调用是使用:"call getStudentByno("1601010101");"。

下面看一个带输出参数的存储过程:

```
DELIMITER ＄＄
CREATE PROCEDURE getStudentByno(IN sno varchar(10),OUT name varchar(8))
BEGIN
select studentname into name from studStudent where studentno = sno;
```

```
END $ $
```

在这个存储过程中,根据输入参数 sno 在 studStudent 表中查询 studentno 字段值等于 sno 的学生姓名并将其存入输出参数 name 中,它在执行时应给出两个参数:一个输入参数 sno 须给出具体值,另一个是输出参数,用于在存储过程中保存需要通过变量带出的查询结果数据,应注意在该输出参数前面应使用"@"符号表示该变量是作为会话变量使用的。

如:call getStudentByno("1601010101",@name);

该调用语句执行后屏幕并没有输出显示,若要在执行后把查到的学生姓名显示出来,需要进一步使用 SELECT 语句,即 SELECT @name;

14.2.3　存储过程的查看

可使用以下几种方式来进行存储过程的查看:

1. SHOW PROCEDURE STATUS

SHOW PROCEDURE STATUS 语句可查看当前数据库中所有存储过程的状态,其后可带 where 条件指明是查哪个库上创建的过程。也可带"like 模式"来进行模糊查询。其语句格式:

```
SHOW PROCEDURE STATUS[WHERE db = '数据库名'] [LIKE 'pattern'];
```

2. SHOW CREATE PROCEDURE

SHOW CREATE PROCEDURE 语句可查看指定存储过程的定义(创建)信息,其语句格式:

```
SHOW CREATE PROCEDURE 存储过程名;
```

3. 从 information_schema. routines 表中查看存储过程的信息

其语句格式:

```
先打开 information_schema:USE information_schema;
再在 routines 表中查询:SELECT * FROM routines;
或直接:SELECT * FROM information_schema. routines;
```

4. 在 mysql. proc 中查询

其语句格式:

```
SELECT name FROM mysql. proc where db = '指定数据库名' and type = ' PROCEDURE ';
```

该语句可查询指定数据库中所有存储过程的过程名。

14.2.4　存储过程的修改

修改存储过程的语句格式:

```
ALTER PROCEDURE 函数名 characteristic;
```

注意,此修改命令只能修改"characteristic"指定的有关参数选项,而不能修改过程体;若要修改过程体应先删除原过程再重新创建。

上面格式中,characteristic 可取值及它们的意义跟创建时的一样,此处不赘述。

14.2.5　存储过程的删除

删除存储过程,可以使用 DROP 语句。其语句格式:

```
DROP PROCEDURE [IF EXISTS] 过程名;
```

该语句删除其后"过程名"所指过程。可选参数"IF EXISTS"可避免在"过程名"所指过程不存在时删除出错。

14.2.6　存储过程的安全

为保证存储过程的安全,除创建者外的其他用户都需要授权才可以调用存储过程,对用户授予过程的 execute 权限的命令是:

```
GRANT EXECUTE ON PROCEDURE 过程名 TO 用户名;
```

14.3　流程控制语句

MySQL 中也提供了一些流程控制语句,来实现存储过程或存储函数等程序中的执行流向的控制。它包括用于分支结构控制的 IF、CASE 语句和用于循环结构控制的 LOOP、WHILE、REPEAT 等语句,另外还有两个用于循环中断的控制语句 ITERATE、LEAVE。

14.3.1　IF 语句

IF 语句使用格式:

```
IF 条件 1 THEN 语句序列 1
[ELSE IF 条件 2 THEN 语句序列 2]……
[ELSE 语句序列 n]
END IF
```

该语句中"条件 1、条件 2……"为各个返回逻辑值的条件表达式,语句序列 1、语句序列 2……是在"条件 1、条件 2……"条件成立时对应应执行的语句序列。执行时,依次检测"条件 1、条件 2……"等条件,在某个条件成立时,即执行其后对应的语句序列,如果都不成立,执行最后一个 ELSE 后的语句序列。

下面是 IF 语句使用的一个示例,在该例中,存储函数 getGrad 中使用了 IF 语句来实现对学生成绩在不同范围的判断并根据判断结果分别给出不同的等级字符的评定:

```
DELIMITER $ $
CREATE FUNCTION getGrad( score int)
RETURNS varchar(50)
BEGIN
declare grad varchar(50);
```

```
if score>90 then set grad = '成绩优秀';
else if score>80 then set grad = '成绩良好';
else set grad = '还需努力';
end if;
return grad;
END $ $
```

14.3.2 CASE 语句

CASE 语句使用格式：

```
CASE 表达式
WHEN 值 1 THEN 语句序列 1
[WHEN 值 2 THEN 语句序列 2]
……
[ELSE 语句序列 n]
END CASE
```

该语句中 CASE 后的"表达式"应为可取得各个 WHEN 后的"值 1、值 2……"当中的一个的表达式，"语句序列 1、语句序列 2……"是在"表达式"取得"值 1、值 2……"当中的某一个时对应应执行的语句序列。执行时，首先判断 CASE 后的"表达式"等于"值 1、值 2……"当中的哪一个，再对应地去执行其后的语句序列。当"表达式"不等于所有 WHEN 后的值时，将会去执行 ELSE 后的语句序列 n。

下面是 CASE 语句使用的一个示例，在该例中，存储函数 getGrad2 中使用了 CASE 语句来实现对学生成绩在不同范围的判断并根据判断结果分别给出不同的等级字符的评定：

```
DELIMITER $ $
CREATE FUNCTION getGrad2(score int)
RETURNS varchar(50)
BEGIN
declare grad varchar(50);
declare mark int;
set mark = floor(score/10);
case mark
when10 then set grad = '优秀';
when 9 then set grad = '优秀';
when 8 then set grad = '良好';
when 7 then set grad = '一般';
when 6 then set grad = '及格';
else set grad = '不及格';
end case;
return grad;
END $ $
```

14.3.3 LOOP 语句

LOOP 语句可以使某些特定的语句重复执行,实现一个简单的无条件的循环;在 LOOP 语句中没有停止循环的语句,必须借助 IF…LEAVE 语句等才能停止循环。LOOP 语句的语法基本形式:

```
[label:] LOOP
循环体语句序列
IF…LEAVE [label]
循环体语句序列
END LOOP [label]
```

在上面语句格式中,有关参数说明如下。

(1)label 参数是作为循环语句开始标记的语句标号,循环入口处的 label 后面需要一个":",而 LEAVE 和 END LOOP 后则不需要。

(2)LOOP 和 END LOOP 之间是循环体部分,在其语句序列中一般有"IF…LEAVE"配合着来实现循环跳转的,以让循环能够在满足某一条件的时候结束循环不、避免无限循环下去。"IF…LEAVE"就是如果 IF 后所给的某一条件成立,就跳出(或离开)循环。

下面是 LOOP 语句使用的一个示例,在该例创建的函数中,使用"LOOP 和 END LOOP"循环结构控制语句实现了求 1~100 的累加和并将其作为函数值返回:

```
DELIMITER $ $
CREATE FUNCTION  addinsum()
RETURNS   int(5)
BEGIN
declare s,count int;
SET count = 0;
SET s = 0;
add_num:LOOP
SET count = count + 1;
SETs = s + count;
IF count = 100 THEN
LEAVE add_num;
END LOOP add_num;
Return s;
END $ $
```

14.3.4 WHILE 语句

MySQL 中的 WHILE 语句是带有条件控制的循环语句,它控制程序在条件成立时进入循环并执行循环体,否则退出。其语句格式:

```
WHILE 循环条件 DO
```

```
循环体语句序列
END WHILE
```

该语句中的"循环条件"是循环进入的条件,它应保证循环体至少能够进入一次;"循环体语句序列"是在循环条件成立时应进入执行的语句序列,其中应包含有修改循环控制变量的语句;"END WHILE"是循环结束的标志。该语句执行过程是:当"循环条件"成立时,执行其后的"循环体语句序列",执行完后将以循环体中新修改的循环控制变量的值代入到循环条件表达式中去看它是否成立,若仍然成立将再次进入循环,否则退出循环。

下面是 WHILE 语句使用的一个示例,在该例创建的函数中,使用"WHILE…END WHILE"循环结构控制语句实现了求 1~100 的累加和并将其作为函数值返回:

```
DELIMITER $ $
CREATE FUNCTION  addinsum2()
RETURNS  int(5)
BEGIN
DECLARE s,count int;
SET count = 0;
SET s = 0;
WHILE count<100 DO
SET count = count + 1;
SET s = s + count;
END WHILE;
RETURN s;
END $ $
```

14.3.5　REPEAT 语句

REPEAT 语句也是带有条件控制的循环语句,不过,它跟 WHILE 循环刚好相反,它是在无条件进入循环体后执行到某指定条件成立时才退出循环。其语句格式:

```
[label:] REPEAT
循环体语句序列
UNTIL 循环结束条件
END REPEAT [label];
```

在上面格式中,label 参数同之前的介绍,这里也可以省略。在此种循环中,循环体语句序列是直接进入执行的,在执行完后再检查 UNTIL 后的"循环结束条件",若成立将退出循环,否则将继续执行循环体语句序列。

下面是 REPEAT 语句使用的一个示例,在该例创建的函数中,使用"REPEAT…END REPEAT"循环结构控制语句实现了求 1~100 的累加和并将其作为函数值返回:

```
DELIMITER $ $
CREATE FUNCTION  addinsum3()
RETURNS  int(5)
```

```
BEGIN
DECLARE s,count int;
SET count = 0;
SET s = 0;
REPEAT
SET count = count + 1;
SET s = s + count;
UNTIL count = 100
END REPEAT;
RETURN s;
END $ $
```

14.3.6　iterate 语句和 leave 语句

在 MySQL 的循环结构中,可以使用 iterate 语句来控制程序在某种情况发生(即 IF 后的条件成立)时跳出本次循环,回到循环的入口,重新开始下一次循环;而使用 leave 语句可以控制程序在某个情况发生(IF 后的条件成立)时,立即无条件的退出循环。

下面是包含 iterate 语句和 leave 语句的一个循环结构程序,其功能是求 100 以内的偶数和:

```
DELIMITER $ $
CREATE  FUNCTION  addinsum4()
RETURNS  int(5)
BEGIN
DECLARE s,i int;
SET s = 0,i = 0;
add_num:LOOP
SET i = i + 1;
IF i % 2! = 0 THEN iterate add_num ;
SET s = s + i;
IF i> = 100 THEN leave add_num ;
END LOOP add_num;
RETURN s;
END $ $
```

14.4　定义条件、处理程序与光标

14.4.1　定义条件和处理程序

定义条件和处理程序是事先定义存储过程(或其他程序中)执行过程中可能遇到的问题

及解决这些问题的办法,其中定义条件就是定义存储过程中可能出现的问题,定义处理程序就是定义在某一条件下(或某一问题发生时)的解决办法。在存储过程中定义条件和处理程序后,可以增强存储过程或程序面对突发状况时处理问题的能力,避免程序因一些突发状况而异常停止。

MySQL 中是通过 DECLARE 关键字来定义条件和处理程序。

1. 定义条件

定义条件的语句格式:

```
DECLARE condition_name CONDITION FOR condition_value
```

在上面格式中,condition_name 参数表示所定义条件的名称;condition_value 参数表示条件(或错误)的类型,它可以用以下几种参数来表示。

(1)sqlstate_value 参数:该参数给出的格式为"SQLSTATE VALUE",其中 VALUE 为当前 SQLSTATE 的值;

(2)mysql_error_code 参数:该参数直接使用 MySQL 的错误号作为参数值。

如:在错误"ERROR 1146(42S02)"中,sqlstate_value 值是 42S02,mysql_error_code 值是 1146。若将它定义为一个条件(按照该错误的类型,定义该条件为 can_not_find),可以用以下两种不同的方法:

方法一:使用 sqlstate_value

```
DECLARE can_not_find CONDITION FOR SQLSTATE  '42S02';
```

方法二:使用 mysql_error_code

```
DECLARE can_not_find CONDITION FOR 1146 ;
```

2. 定义处理程序

定义处理程序的语句格式:

```
DECLARE handler_type HANDLER FOR condition_value[,…] sp_statement
```

在上面格式中,有关参数说明如下:

(1)handler_type 参数指明错误的处理方式,该参数有 3 个取值。这 3 个取值分别是 CONTINUE、EXIT 和 UNDO:CONTINUE 表示遇到错误不进行处理,继续向下执行;EXIT 表示遇到错误后马上退出;UNDO 表示遇到错误后撤回之前的操作,MySQL 中暂时还不支持这种处理方式。

(2)condition_value 参数指明错误类型,它可以用 6 种形式给出:

其中,sqlstate_value 或 mysql_error_code 与条件定义中的是同一个意思;
condition_name 是 DECLARE 定义的条件名称;
SQLWARNING 表示所有以 01 开头的 sqlstate_value 值;
NOT FOUND 表示所有以 02 开头的 sqlstate_value 值;
SQLEXCEPTION 表示所有没有被 SQLWARNING 或 NOT FOUND 捕获的 sqlstate_value 值。

(3)sp_statement 表示一些存储过程或函数的执行语句。

下面给出定义处理程序的几种方式:

方法一:捕获 sqlstate_value

DECLARE CONTINUE HANDLER FOR SQLSTATE '42S02' SET @info = 'CAN NOT FIND';

捕获 sqlstate_value 值。如果遇到 sqlstate_value 值为 42S02,执行 CONTINUE 操作,并且输出" CAN NOT FIND"信息。

方法二:捕获 mysql_error_code

DECLARE CONTINUE HANDLER FOR 1146 SET @info = 'CAN NOT FIND';

捕获 mysql_error_code 值。如果遇到 mysql_error_code 值为 1146,执行 CONTINUE 操作,并且输出"CAN NOT FIND"信息。

方法三:捕获 condition_name

先定义一个条件:DECLARE can_not_find CONDITION FOR 1146 ;

捕获所定义的条件:DECLARE CONTINUE HANDLER FOR can_not_find SET @info = 'CAN NOT FIND';

先定义 can_not_find 条件,遇到 1146 错误就执行 CONTINUE 操作,并输出"CAN NOT FIND"信息。

方法四:使用 SQLWARNING

DECLARE EXIT HANDLER FOR SQLWARNING SET @info = 'ERROR';

使用 SQLWARNING 捕获所有以 01 开头的 sqlstate_value 值,然后执行 EXIT 操作,并且输出" ERROR "信息。

方法五:使用 NOT FOUND

DECLARE EXIT HANDLER FOR NOT FOUND SET @info = 'CAN NOT FIND';

使用 NOT FOUND。NOT FOUND 捕获所有以 02 开头的 sqlstate_value 值,然后执行 EXIT 操作,并且输出" CAN NOT FIND"信息。

方法六:使用 SQLEXCEPTION

DECLARE EXIT HANDLER FOR SQLEXCEPTION SET @info = 'ERROR';

使用 SQLEXCEPTION 可捕获所有没有被 SQLWARNING 或 NOT FOUND 捕获的 sqlstate_value 值,然后执行 EXIT 操作,并且输出" ERROR "信息。

14.4.2 定义光标与光标的相关操作

在存储过程和函数中,可以对查询语句查询出的多条记录使用光标来进行逐条读取。为此,需要先定义(声明)光标,再进行光标的相关操作:包括打开光标、使用光标和关闭光标。

(1)声明光标

MySQL 中使用 DECLARE 关键字来声明光标。光标声明必须在处理程序之前,变量和条件之后。其语句一般格式:

DECLARE cursor_name CURSOR FOR select_statement ;

其中,cursor_name 参数表示光标的名称;select_statement 参数表示一个 SELECT 语句。

如下例中即声明了一个名为 cur_employee 的光标(该光标的名称 cur_employee,其 SELECT 语句是从 employee 表中查询出 name 和 age 字段的值):

DECLARE cur_employee CURSOR FOR SELECT name,age FROM employee;

(2)打开光标

MySQL 中使用 OPEN 关键字来打开光标,其语句一般格式为:

```
OPEN cursor_name;
```

其中,cursor_name 参数表示光标的名称。如下例中即可打开一个名为 cur_employee 的光标:

```
OPEN cur_employee ;
```

(3)使用光标

MySQL 中使用 FETCH 关键字来使用光标,其语句一般格式:

```
FETCH   cursor_name INTO var_name[,var_name…];
```

其中,cursor_name 参数表示光标的名称;var_name 参数表示将光标中的 SELECT 语句查询出来的信息存入该参数中。var_name 必须在声明光标之前就定义好。

下面的例子使用一个名为 cur_employee 的光标,将查询出来的数据存入 emp_name 和 emp_age 这两个变量中,代码如下:

```
FETCH cur_employee INTO emp_name,emp_age;
```

要注意,在此例中的 emp_name 和 emp_age 必须在前面已经定义。

(4)关闭光标

MySQL 中使用 CLOSE 关键字来关闭光标,其语句一般格式如下:

```
CLOSE cursor_name ;
```

其中,cursor_name 参数表示光标的名称。

如下面语句关闭一个名为 cur_employee 的光标:CLOSE cur_employee 。

通常,使用光标来逐条读取记录常和循环结构配合使用。如图 14-2 所示的程序在定义光标并初始指向查询结果集中的第一条记录的时候将其查询结果存入 oneAddr 中,并在之后的循环中把 oneAddr 连接到一个 allAddr 之中,然后修改记录指针后再次进入循环,直到从光标中读取出来的 oneAddr 是空值。

```sql
01.   drop procedure if exists useCursor ;
02.   delimiter //
03.   CREATE PROCEDURE useCursor()
04.     BEGIN
05.       DECLARE oneAddr varchar(8) default '';
06.       DECLARE allAddr varchar(8) default '';
07.       DECLARE curl CURSOR FOR SELECT addr FROM test.person;
08.       DECLARE CONTINUE HANDLER FOR SQLSTATE '02000' SET oneAddr = null;
09.       OPEN curl;
10.       FETCH curl INTO oneAddr;
11.       WHILE(oneAddr is not null) DO
12.         set oneAddr = CONCAT(oneAddr, ';');
13.         set allAddr = CONCAT(allAddr, oneAddr);
14.         FETCH curl into oneAddr;
15.       END WHILE;
16.       CLOSE curl;
17.       SELECT allAddr;
18.     END;//
19.   call useCursor();
```

图 14-2　光标的定义及使用

14.5　思考与练习

1. 什么是存储函数,其创建语句格式是怎样的?

2. 什么是存储过程,其创建语句格式是怎样的?

3. 试说明存储函数和存储过程的异同点。

4. MySQL 的分支结构控制语句有:(　　)和(　　),循环结构控制语句有:(　　)(　　)和(　　)。

5. 在循环结构中,iterate 语句可以控制程序在某种情况发生(即 IF 后的条件成立)时跳出本次循环,回到循环(　　),重新开始下一次循环;而 leave 语句可以控制程序在某个情况发生(IF 后的条件成立)时,立即无条件的(　　)循环。

6. 判断正误:定义条件和处理程序是指定义存储过程(或其他程序)执行过程中可能遇到的问题及解决这些问题的办法。

7. 定义条件时 condition_value 参数可用以下两种参数来表示:(　　)参数和(　　)参数。

8. 在存储过程和函数中,可以使用(　　)来对查询语句查出的多条记录进行逐条读取。

第 15 章　MySQL 的触发器

15.1　触发器的概念

触发器（TRIGGER）是 MySQL5.0 之后的版本普遍支持的数据库对象之一，该对象与前面学习过的存储函数、存储过程类似，都需要先声明才能够使用（被触发执行），但是触发器的执行不是由程序调用，也不是由用户手工启动，而是由事件来触发、激活的，它在被触发、激活后可执行某些事先定义的操作。可以启动触发器的事件有：INSERT、UPDATE 和 DELETE 等一些可以改变数据表中数据的一些操作，触发器的引入能够加强数据表中数据的完整性约束、创建一些所需的业务规则等，以避免表中数据遭到破坏或实现所需的关联业务。

例如，当学生表中增加了一个学生的信息时，学生的总数就必须同时改变。可以在这里创建一个触发器，每次增加一个学生的记录，就执行一次计算学生总数的操作。这样就可以保证每次增加学生的记录后，学生总数是与记录数是一致的。

15.2　触发器的创建与使用

触发器触发的执行语句可能只有一个，也可能有多个。

15.2.1　只有一个执行语句的触发器的创建与使用

创建只有一个执行语句的触发器的语句格式：

CREATE　TRIGGER　触发器名　BEFORE|AFTER　触发事件　ON　表名　FOR　EACH　ROW　执行语句；

上面格式中，"CREATE TRIGGER"表示要创建一个触发器，其后的"触发器名"是要创建的触发器的名称；"BEFORE|AFTER 触发事件"表示所创建的触发器是在哪一个事件（通常为 INSERT、UPDATE 和 DELETE 等操作）发生之前或之后才触发的；"ON 表名 FOR EACH ROW"用以指明触发触发器的事件是发生在哪一个表上的每一行；"执行语句"是在触发器触发后应该执行的语句。

下面看一个例子，在该例子中，涉及两个数据表：部门表 t_dept 和日志表 t_diary，其字段结构如图 15-1 所示。

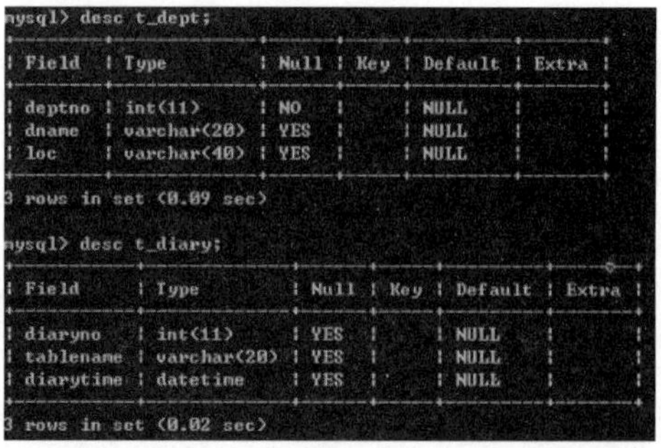

图 15-1　部门表 t_dept 和日志表 t_diary 的字段结构

现要求对 t_dept 表的每一次插入数据的操作都在 t_diary 表中增加一条日志数据,记录下当前的日志序号、操作数据表的名称及操作时间。为此,我们需要创建一个触发器,图 15-2 是创建这个触发器的命令截图。

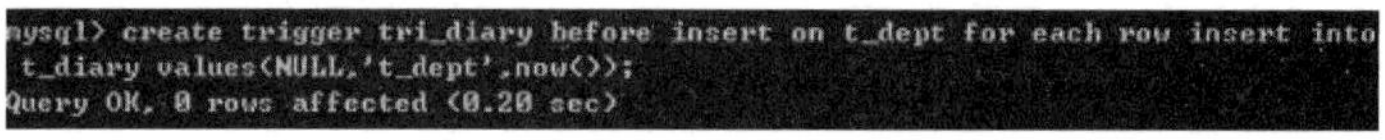

图 15-2　创建一个触发器 t_diary

在创建这个触发器后,每次执行对表 t_dept 的插入操作都会触发往表 t_diary 中插入数据的事件(这里的事件只包含一条语句:将当前操作数据表的名称及操作时间插入到表 t_diary 中)。

如在执行往表 t_dept 中插入一个数据的操作时它会在插入之前先往日志表里插入一条数据记录(如图 15-3 所示)。

图 15-3　往 t_dept 中插入一条记录

我们可通过如下的 select 命令来查看插入到 t_diary 中的数据记录(如图 15-4 所示)。

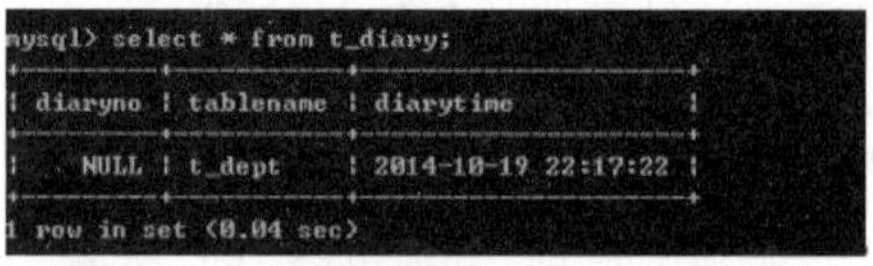

图 15-4　查看 t_diary 中增加的日志记录

15.2.2　有多个执行语句的触发器的创建与使用

创建有多个执行语句的触发器需要先重新定义一个语句结束符:

DELIMITER $ $

该命令将 $ $ 重新定义为语句的结束符,之后的创建触发器命令格式:

CREATE TRIGGER 触发器名 BEFORE|AFTER 触发事件 ON 表名 FOR EACH ROW

```
BEGIN
执行语句序列
END$ $
```

在这一语句格式中,多条执行语句组成的语句序列要用"BEGIN…END"定界起来,并且各条语句间应以";"号分隔,而 END 之后表示整个命令的结束则应使用重新定义的"$ $"。

下面仍以针对表 t_dept 中插入数据事件创建的触发器为例,来看一下包含多条语句的触发器如何创建:

先还是看一下所涉及的两个数据表:部门表 t_dept 和日志表 t_diary 的字段结构。(如图 15 - 5 所示)

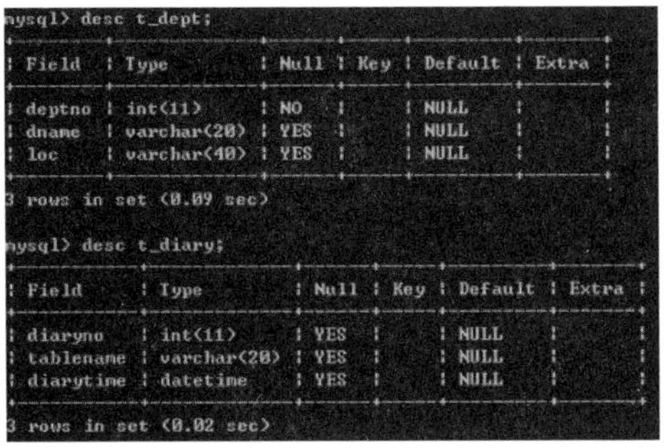

图 15 - 5　查看 t_dept 和 t_diary 的字段结构

下面是创建触发器 tri_diary2 的命令结果如图 15 - 6。

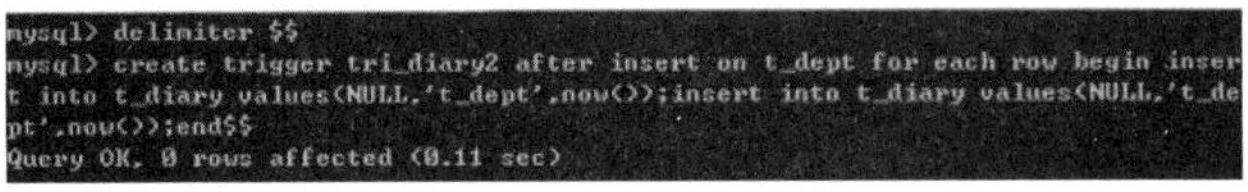

图 15 - 6　创建一个触发器 tri_diary2

再下面是往表 t_dept 中插入一个数据的操作及在其执行后对表 t_diary 中日志记录的查看情况。(如图 15 - 7 所示)

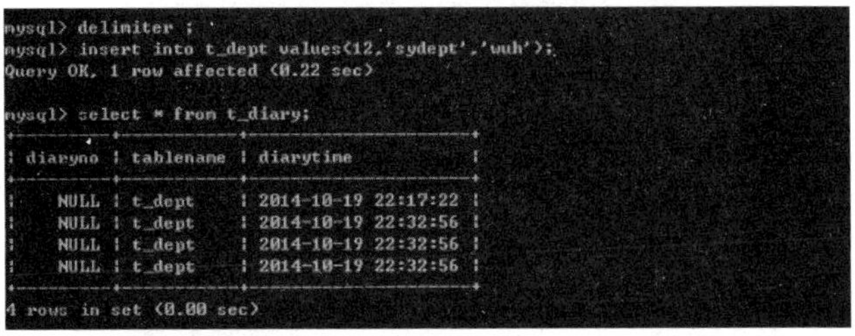

图 15 - 7　往表 t_dept 插入一条数据后查看日志文件

15.2.3　多个触发器时的执行顺序

在 MySQL 中,触发器执行的顺序是 BEFORE 触发器、表操作(INSERT、UPDATE 和 DELETE)、AFTER 触发器。

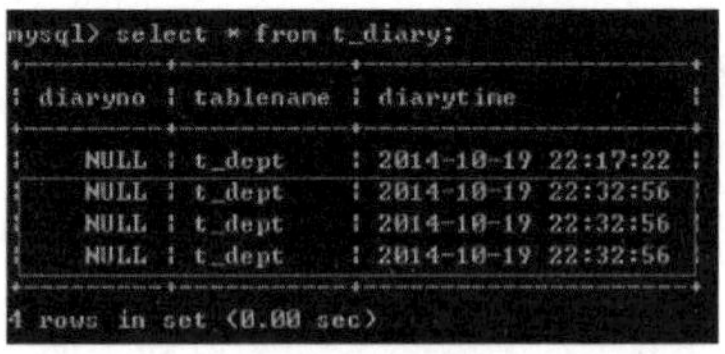

如在前面已先后针对表 t_dept 中插入一个数
据的操作创建的两个触发器 tri_diary 和 tri_diary2
来说,tri_diary 指定在插入操作之前触发其后的执
行语句("insert into t_ diary values(NULL,'t_
dept',now())"),tri_diary2 指定在插入操作之后触
发其后的执行语句序列("insert into t_diary values

图 15-8　多触发器执行顺序分析

(NULL,'t_dept',now());insert into t_diary values(NULL,'t_dept',now())"),因此在
一次插入数据到 t_dept 中,插入前执行 BEFORE 触发器:tri_diary,然后再执行实际往 t_
dept 中插入数据的操作,最后再执行 AFTER 触发器:tri_diary2,这样在一次往 t_dept 中插
入数据的操作中,会先后往 t_diary 中插入三条记录。见截图中矩形框中的三条记录,如图
15-8 所示。

15.3　触发器的查看

查看触发器是指查看数据库中已存在的触发器的定义、状态和语法等信息。查看触发器
的方法包括 SHOW TRIGGERS 语句和查询 information_schema 数据库下的 triggers 表等。

1. 使用 SHOW TRIGGERS 语句查看触发器

在 MySQL 中,SHOW TRIGGERS 语句可用来查看触发器的基本信息。其语句格式如下:

格式一:SHOW　TRIGGERS;
格式二:SHOW　TRIGGERS\g
格式三:SHOW　TRIGGERS\G

跟前面学过的"SHOW TABLES"一样,前两格式对查询结果显示方式一样,均采用横
式显示;后一格式对查询结果采用纵式显示。

如图 15-9 中的"SHOW TRIGGERS\G"命令以纵式显示了当前数据库中创建的触发
器的信息。

图 15-9　"show triggers"查看触发器

2. 在 MySQL 中,所有触发器的定义都存在 information_schema 数据库下的 triggers 表中

通过查询 triggers 表,也可以查看到数据库中所有触发器的详细信息。其语句格式:

格式一:SELECT ＊ FROM information_schema. triggers;

格式二:SELECT ＊ FROM information_schema. triggers\g

格式三:SELECT ＊ FROM information_schema. triggers\G

这三个格式区别仅在于后面结束符的不同,它们表示对查询结果的显示采用不同的方式:前两种格式对查询结果显示方式一样,均采用横式显示;后一格式对查询结果采用纵式显示。

图 15-10 示例中使用的是第三种格式。

```
mysql> SELECT  *  FROM  information_schema. triggers \G
*************************** 1. row ***************************
           TRIGGER_CATALOG: def
            TRIGGER_SCHEMA: company
              TRIGGER_NAME: tri_diary
        EVENT_MANIPULATION: INSERT
      EVENT_OBJECT_CATALOG: def
       EVENT_OBJECT_SCHEMA: company
        EVENT_OBJECT_TABLE: t_dept
              ACTION_ORDER: 0
          ACTION_CONDITION: NULL
          ACTION_STATEMENT: insert into t_diary values(NULL,'t_dept',now())
        ACTION_ORIENTATION: ROW
             ACTION_TIMING: BEFORE
 ACTION_REFERENCE_OLD_TABLE: NULL
 ACTION_REFERENCE_NEW_TABLE: NULL
   ACTION_REFERENCE_OLD_ROW: OLD
   ACTION_REFERENCE_NEW_ROW: NEW
                   CREATED: NULL
                  SQL_MODE: NO_ENGINE_SUBSTITUTION
                   DEFINER: root@localhost
      CHARACTER_SET_CLIENT: gbk
      COLLATION_CONNECTION: gbk_chinese_ci
        DATABASE_COLLATION: latin1_swedish_ci
*************************** 2. row ***************************
           TRIGGER_CATALOG: def
            TRIGGER_SCHEMA: company
              TRIGGER_NAME: tri_diary2
        EVENT_MANIPULATION: INSERT
      EVENT_OBJECT_CATALOG: def
       EVENT_OBJECT_SCHEMA: company
        EVENT_OBJECT_TABLE: t_dept
              ACTION_ORDER: 0
          ACTION_CONDITION: NULL
          ACTION_STATEMENT: begin insert into t_diary values(NULL,'t_dept',now()
);insert into t_diary values(NULL,'t_dept',now());end
        ACTION_ORIENTATION: ROW
             ACTION_TIMING: AFTER
 ACTION_REFERENCE_OLD_TABLE: NULL
 ACTION_REFERENCE_NEW_TABLE: NULL
   ACTION_REFERENCE_OLD_ROW: OLD
   ACTION_REFERENCE_NEW_ROW: NEW
                   CREATED: NULL
                  SQL_MODE: NO_ENGINE_SUBSTITUTION
                   DEFINER: root@localhost
```

图 15-10　使用"information_schema. triggers"查看触发器信息

15.4　触发器中 NEW 与 OLD 的使用

在 MySQL 中 NEW 和 OLD,用来表示触发触发器的表中,触发了触发器的那一行数据。具体地:

在 INSERT 型触发器中,NEW 用来表示将要(BEFORE)或已经(AFTER)插入的新数据;

在 UPDATE 型触发器中,OLD 用来表示将要或已经被修改的原数据,NEW 用来表示将要或已经修改为的新数据;

在 DELETE 型触发器中,OLD 用来表示将要或已经被删除的原数据。

它们的使用方法:NEW. columnName(columnName 为相应数据表某一列名)表示新插入(或新修改的)数据中的 columnName 字段。OLD. columnName(columnName 为相应数据表某一列名)表示已经修改或删除的数据中的 columnName 字段。

应注意的是,OLD 是只读的,而 NEW 则可以在触发器中使用 SET 赋值,而且这样的操作并不会再次触发触发器,造成循环调用。

下面是触发器中包含 new 的使用的一个示例。

假设系统中有两个表:

班级表 class(班级号 classID,班内学生数 stuCount)

学生表 student(学号 stuID,所属班级号 classID)

要创建触发器来使班级表中的班内学生数随着学生的添加自动更新,代码为:

```
DELIMITER $
CREATE TRIGGER tri_stuInsert AFTER insert
on student for each row
BEGIN
DECLARE c int;
SET c = (SELECT stuCount FROM class WHERE classID = new. classID);
UPDATE class SET stuCount = c + 1 WHERE classID = new. classID;
END $
DELIMITER ;
```

15.5　触发器的删除

删除触发器指删除数据库中已经存在的触发器。MySQL 中使用 DROP TRIGGER 语句来删除触发器。其语句格式:

```
DROP TRIGGER 触发器名;
```

如对前面已创建的 tri_diary、tri_diary2 触发器,当执行"DROP TRIGGER tri_diary;"

后,再查看当前数据库触发器的状态信息时会发现只有一个 tri_diary2 触发器了。有关命令结果如图 15-11 所示。

图 15-11　删除触发器

15.6　思考与练习

1. 什么是触发器,引入触发器的意义何在?

2. 可以启动触发器的事件有:(　　)(　　)和(　　)等一些可以改变数据表中数据的一些操作。

3. 在 MySQL 中,触发器执行的顺序是(　　)(　　)和(　　)。

4. MySQL 的分支结构控制语句有(　　)和(　　),循环结构控制语句有(　　)(　　)和(　　)。

5. 在 UPDATE 型触发器中,(　　)用来表示将要或已经被修改的原数据,(　　)用来表示将要或已经修改为的新数据。

第16章 MySQL 的事务与事务操作

16.1 事务的概念与特性

16.1.1 事务的概念及其作用

所谓事务,是指针对数据库(或数据表)的一组操作(或一个操作序列),它通常由多条 SQL 语句组成(也可仅包含一条 SQL 语句),在一个事务中的多条 SQL 操作(语句)具有同步的特点,即事务中的多条 SQL 操作(语句)要么都执行,要么都不执行。

在数据库中引入事务概念(及其相关操作)可以避免各种异常和错误导致的数据信息异常、保证数据的一致性和完整性,表现在:

(1)可以为数据库操作提供一个从失败中恢复到正常状态的方法,同时提供了数据库即使在异常状态下仍能保持一致性的方法。

(2)可以保证当多个应用程序并发访问数据库时,它们之间能够有效地隔离,以防止彼此的操作互相干扰。

16.1.2 事务的四个特性(ACID 特性)

事务具有以下四个特性:

(1)原子性(Atomicity):是指一个事务必须被视为一个不可分割的最小工作单元,只有事务中所有的数据库操作都执行成功,才算整个事务执行成功;当事务没有成功时,其中包含的各个操作应该全部失败。也即事务中的语句要么都执行,要么都不执行,事务是最小的执行单元。

(2)一致性(Consistency):是指事务中的操作总是将数据库从一个一致性状态转变为另一个一致性状态,不允许出现数据不一致的状态;事务中所有的操作全部提交成功时,数据库中将只包含全部成功后的处于新的一致性状态的数据;若由于某些异常或操作错误导致只有部分数据更新成功,将回退到最初的一致性状态。

(3)隔离性(Isolation):是指事务互相隔离、互不干扰:事务内部操作的数据对其他事务是隔离的,在一个事务执行完之前不会被其他事务影响和操作。隔离性还经常被称为并发控制、可串行化、锁等。

(4)持久性(Durability):事务提交后数据应该被永久地保存下来,即便是在出现宕机等故障后也是可以将数据恢复过来的。

应该注意:这里事务的持久性只是从事务本身的角度来保证永久性,不能做到100%的持久,比如一些外部原因导致数据库发生故障,如硬盘损坏,那么所有提交的数据可能都会丢失。

16.1.3　事务的隔离级别

1. 事务的并发操作中可能会出现以下几种不确定情况

所谓事务的并发操作,指的是两个或多个事务对一个数据库(表)中的同一数据同时进行操作。由于事务的并发操作可能会带来以下几种不确定情况.

(1)更新丢失:两个事务都同时更新一行数据,但是第二个事务却中途失败退出,导致对数据的两个修改都失效了。

(2)脏读:一个事务开始读取了某行数据,但是另外一个事务已经更新了此数据但没有能够及时提交。

(3)不可重复读(Non - repeatable Reads):一个事务对同一行数据重复读取两次,但是却得到了不同的结果。它通常是因为事务 T1 读取某一数据后,事务 T2 对其做了修改,当事务 T1 再次读该数据时就得到与前一次不同的值。

(4)幻读(Phantom Reads):是指事务在操作过程中进行两次查询,第二次查询的结果包含了第一次查询中未出现的数据或者缺少了第一次查询中出现的数据(这里并不要求两次查询的 SQL 语句相同)。这通常是因为在两次查询过程中有另外一个事务插入数据或删除数据造成的。

这些不确定情况通常是因为没有执行所需级别的锁操作(或称隔离),因此并发事务没有被很好地隔离开来。

2. 事务的隔离级别

事务的隔离级别有 4 种,由低到高分别为 Read uncommitted(读未提交)、Read committed(读提交)、Repeatable read(可重复读)、Serializable(可串行化)。

Read uncommitted(读未提交):就是一个事务可以读取另一个未提交事务涉及的数据。这种隔离级别允许脏读,但不允许更新丢失。如果一个事务已经开始写数据,则另外一个事务则不允许同时进行写操作,但允许其他事务读此行数据。该隔离级别可以通过"排他写锁"实现。

下面是"Read uncommitted(读未提交)"的一个事例:老板要给程序员发工资,程序员的工资是 3.6 万元/月。但是发工资时老板不小心按错了数字,按成 3.9 万元/月,该钱已经打到程序员的户中,但是事务还没有提交。就在这时,程序员去查看自己这个月的工资,发现比往常多了 3 千元,以为涨工资了非常高兴。但是老板及时发现了不对,马上回滚差点就提交了的事务,将数字改成 3.6 万元再提交。

事例分析:此事例中实际程序员这个月的工资还是 3.6 万元,但是程序员查询时看到的是 3.9 万元,这是因为他看到的是老板还没提交事务时的数据,这就是"脏读",这种"脏读"可通过"Read committed(读提交)"来解决。

Read committed(读提交):就是一个事务要等另一个事务提交后才能读取数据。这种隔离级别允许不可重复读取,但不允许脏读。这可以通过"瞬间共享读锁"和"排他写锁"实现。读取数据的事务允许其他事务继续访问该行数据,但是未提交的写事务将会禁止其他事务访问该行。

下面是"Read committed(读提交)"的一个事例:程序员拿着信用卡去享受生活(卡里当

时有 3.6 万元)，当他买单时(程序员事务开启)，收费系统先检测到他的卡里有 3.6 万元,就在这时,程序员的妻子开启的另一事务把钱全部转出去了,当收费系统准备扣款时,再检测卡里的金额,发现已经没钱了(第二次检测金额当然要等待妻子转出金额事务提交完)。

事例分析:此事例较清楚地显示了"读提交"的特点,若有事务对数据进行更新(UPDATE)操作时,读操作事务要等待这个更新操作事务提交后才能读取数据,这可以解决"脏读"问题。但在这个事例中,又出现了一个事务范围内两个相同的查询却返回了不同数据,这就是"不可重复读"。要解决"不可重复读",需要更高级别的隔离级别"Repeatable read(可重复读)"。

Repeatable read(可重复读):这种隔离级别禁止不可重复读取和脏读取,但是有时可能出现幻影数据。这可以通过"共享读锁"和"排他写锁"实现。读取数据的事务将会禁止写事务(但允许读事务),写事务则禁止任何其他事务。

下面是"Repeatableread(可重复读)"的一个事例:程序员拿着信用卡去享受生活(卡里当时有 3.6 万元),当他买单时(开启第一个事务,不允许其他事务的 UPDATE 修改操作),收费系统先检测到他的卡里有 3.6 万元,这个时候他的妻子开启的另一事务试图转出金额就不能够执行了,收费系统可以顺利地完成扣款。

事例分析:从此事例可以看出,可重复读可以解决不可重复读问题。但我们应该明白的一点就是,不可重复读对应的是修改,即 UPDATE 操作。对于实际中可能还会有的幻读问题,还需要有更高的隔离级别,这是因为幻读问题对应的通常是插入 INSERT 操作,而不是 UPDATE 操作。

Serializable(可串行化):这种隔离级别提供严格的事务隔离。它要求事务序列化执行,事务只能一个接着一个地执行,但不能并发执行。如果仅仅通过"行级锁"是无法实现事务序列化的,必须通过其他机制保证新插入的数据不会被刚执行查询操作的事务访问到。

下面是"Serializable(可串行化)"的一个事例:程序员某一天去消费,花了 2 千元,然后他的妻子去查看他今天的消费记录(妻子事务开启),看到确实是花了 2 千元,就在这个时候,程序员又花了 1 万元买了一部电脑,即新增 INSERT 了一条消费记录,并提交。当妻子在打印程序员的消费记录清单时(妻子事务提交),发现花了 1.2 万元,似乎出现了幻觉,这就是幻读。那怎么解决这种"幻读"问题呢? 采用"Serializable(可串行化)"的隔离措施就可以解决这种"幻读"问题。

事例分析:此例中使用的"Serializable(可串行化)"是最高的事务隔离级别,在该级别下,事务串行化顺序执行,可以避免脏读、不可重复读与幻读。但是这种事务隔离级别效率低下,比较耗数据库性能,一般不使用。

MySQL 默认的隔离级别是 Repeatable read。

16.2 事务的相关操作

与事务相关的操作主要包括顺序进行的以下操作:START TRANSACTION(开始事务)、执行事务中的 SQL 语句序列、COMMIT(提交事务)或 ROLLBACK(回滚事务)等。另在事务操作中还可根据需要使用保留点或更改默认的事务提交方式。下面先介绍这些操作命令,再看一些具体的实例。

16.2.1 事务操作的相关命令

1. 事务的开始

语句格式:

`START TRANSACTION;`

语句功能说明:该语句用来开启一个事务,在其后应是事务中需要执行的 SQL 语句序列。

2. 事务的提交

语句格式:

`COMMIT;`

语句功能说明:该语句用来将事务中需要执行的 SQL 语句序列提交执行。

3. 事务的回滚

语句格式:

`ROLLBACK;`

语句功能说明:该语句用来撤销事务中各条 SQL 语句序列的执行,将数据库回滚到事务开始之前的状态。

4. 保存点的设置与使用

在 MySQL 事务处理过程中允许定义保存点(SAVEPOINT),然后回滚到指定的保存点前的状态。利用保存点可以实现只提交事务中部分操作的功能,即只提交保存点之前的操作而放弃保存点之后的相关操作。如下面一个事务针对当前库中表 user 进行插入数据的操作:

(1)mysql 事务开始;

(2)向表 user 中连续插入 2 条数据;

(3)指定保存点,保存点名为 rollpoint;

(4)向表 user 中插入第 3 条数据;

(5)回滚到保存点 rollpoint;

(6)提交。

执行此事务后再查看表 user 中的数据,可看到保存点 rollpoint 以后插入的记录没有显示出来,说明其没有插入进去,也即事务成功回滚到了定义保存点 rollpoint 前的状态。

设置保存点的语句及其格式是:

`SAVEPOINT 保存点名称;`

上面命令格式中,"保存点名称"是应该回滚到的程序(存储过程等)中的位置的占位符,当在程序中设置了"保存点名称"后,程序需要回滚时,即会按要求回滚到程序(存储过程等)中"保存点名称"所指的位置。

回滚到某个保存点的语句格式是:

ROLLBACK TO 保存点名称;

保存点在事务处理完成(执行一条 ROLLBACK 或 COMMIT)后会自动释放。MySQL 5 以后,还可以用 RELEASE SAVEPOINT 明确地释放某一个保存点。其语句格式是:

RELEASE SAVEPOINT 保存点名称;

5. 更改默认的提交方式

默认的 MySQL 语句是自动提交所有更改。换句话说,任何时候你执行一条 MySQL 语句,该语句实际上都是针对表执行的,而且所做的更改立即生效。为指示 MySQL 不自动提交更改,需要使用以下语句:

SET AUTOCOMMIT = 0;

当设置不自动提交时,所有的语句都需要通过事务提交的方式进行提交。

16.2.2 事务操作的示例

下面是"张三"给"李四"转账 1000 元的事务在顺利提交、全部回滚及有保留点设置情况下的回滚对应的程序示例:

(1)放弃事务,转账失败:

```
START TRANSACTION;
UPDATE account SET balance = balance - 1000 WHEREname = "张三";
UPDATE account SET balance = balance + 1000 WHEREname = "李四";
ROLLBACK;
```

(2)提交事务,转账成功:

```
START TRANSACTION;
UPDATE account SET balance = balance - 1000 WHEREname = "张三";
UPDATE account SET balance = balance + 1000 WHEREname = "李四";
COMMIT;
```

(3)设置回滚点下的回滚:

```
START TRANSACTION;
UPDATE account SET balance = balance - 1000 WHERE name = "张三";
SAVEPOINT rol_01;
UPDATE account SET balance = balance + 1000 WHERE name = "李四";
ROLLBACK TO SAVEPOINT rol_01;
COMMIT;
```

值得注意的是:此处设置回滚点下的事务回滚强行将两条应该同时被执行的命令分开来,造成一个被执行、一个没被执行,是不能完成"张三"向"李四"转账任务的。

16.3 思考与练习

1. 什么是事务,引入事务的意义何在?

2. 事务的四个特性是指？

3. 事务的并发操作中可能会出现以下几种不确定情况：（　　）（　　）（　　）和（　　）。

4. 事务的隔离级别有 4 种,由低到高分别为（　　）（　　）（　　）和（　　）。

5. 与事务相关的操作主要包括顺序进行的以下操作：（　　）（　　）和（　　）等。

6. 在 MySQL 事务处理过程中允许定义（　　）,然后回滚到该保存点前的状态。

第17章 MySQL 的用户与权限管理

17.1 用户与权限管理的作用

MySQL 中的用户包括普通用户和 root 用户。这两种用户的权限是不同的。root 用户是超级管理员,拥有所有的权限。root 用户的权限包括创建用户、删除用户、修改普通用户的密码等管理权限。而普通用户只拥有创建该用户时赋予它的权限。用户与权限管理是 MySQL 的安全性机制中一个重要内容,可以保证对数据库的相关操作都是在授权用户的权限范围内进行的,避免未授权用户随意对数据库的操作带来的对数据的损害和破坏。

17.2 用户权限表

安装 MySQL 时会自动安装一个名为 MySQL 的数据库。MySQL 数据库下面存储的都是权限表。MySQL 正是通过用户权限表来对用户与权限进行管理的。在用户登录后,MySQL 数据库系统会根据这些权限表的内容为每个用户赋予相应的权限。

权限表中最重要的是 user 表、db 表和 host 表,除此之外,还有 tables_priv 表、columns_priv 表、proc_priv 表等,下面逐一进行介绍:

1. User 表

User 表有 39 个字段,这些字段大致可以分为四类,分别是用户类、权限类、安全类和资源控制类。

(1)用户类:包括主机名(host)、用户名(user)及密码(password)四个字段,它们一起实现用户的登录控制,用户也可以根据需要创建新用户、修改用户密码。

(2)权限类:一序列以"_priv"结尾的字段,它们决定了用户是(Y)否(N)具有某种权限(默认值为 N)。这些权限分为两类:高级管理权限和普通权限,前者用于对数据库进行管理,后者用于操作数据库。

(3)安全类:包含四个字段,其中包含 SSL 字符串的用来实现加密,X509 字符串的用来标识用户。

(4)资源控制类:包含四个字段,用来实现各种不同的资源控制。

我们可以使用 DESC 语句查看 user 表的基本结构,后面介绍的各表也可用 DESC 查询。

2. Db 表和 host 表

Db 表和 host 表也是 MySQL 数据库中非常重要的权限表，它们都存储了某个用户对相关数据库的权限，结构上也大致一致。Db 表和 host 表的字段都可以分为两类，分别是用户列和权限列：

（1）用户列

db 表中包括 host、user、db 三个字段，该表比较常用；而 host 表中只包含 host、db 两个字段。

（2）权限列

Db 表和 host 表中权限字段几乎一致，只不过 Db 中比 host 中多了两个字段：create_routine_priv 和 alter_routine_priv 。

3. Tables_priv 表

Tables_priv 表可以对单个表进行权限设置。

Tables_priv 表包含八个字段，分别是：host、db、user、table_name、table_priv、Column_priv、Timestamp 和 Grantor。

其中前四个字段分别表示主机名、数据库名、用户名和表名；table_priv 表示对表进行操作的权限，这些权限包括 select、insert、update、delete、create、drop、grant、references、index 和 alter；column_priv 表示对表中的数据列进行操作的权限：这些权限包括 select、insert、update 和 references；timestamp 表示修改权限的时间；grantor 表示权限是谁设置的。

4. Columns_priv 表

Columns_priv 表可以对单个数据列进行权限设置。

Columns_priv 中包含七个字段，分别是：host、db、user、table_name、column_name、timestamp、column_priv。

5. Procs_priv 表

Procs_priv 表可以为存储过程和存储函数进行权限设置，它包含八个字段，分别是 host、db、user、routine_name、routine_type、proc_priv、timestamp 和 grantor。

其中前三个字段分别表示主机名、数据库名和用户名。Routine_name 字段表示存储过程或函数的名称；routine_type 字段表示类型。该字段有两个取值，分别是 FUNCTION 和 PROCEDURE；FUNCTION 表示这是一个存储函数，PROCEDURE 表示这是一个存储过程；proc_priv 字段表示拥有的权限，权限分为 3 类，分别是：execute、alter Routine 和 grant。timestamp 字段存储更新的时间；grantor 字段存储权限是谁设置的。

17.3 用户的创建

原则上，在 MySQL 数据库的日常管理与操作中不能直接使用 root 帐号，而应使用由它新建起的一序列普通帐号。

使用 root 用户帐号创建普通用户帐号的方法有三种：

1. 用 CREATE USER 语句来新建普通用户

其语句格式：

```
CREATE USER username [IDENTIFIED BY [PASSWORD] 'password'][,username [IDENTIFIED BY [PASSWORD]'
```

password"]]……

在上面格式中,有关参数说明:

(1)Username 应由用户名和主机名两部分构成,如'dong'@'localhost';

(2)Password 为用户密码,在用户名后紧跟着 IDENTIFIED BY 给出,且应使用单引号作为定界符;

(3)在一个 CREATE USER 语句中可创建多个用户帐号。

如下面的命令在本地主机上创建了一个名为"dong"、密码为"123456"的用户。(如图 17-1 所示)

图 17-1 "create user"命令创建一个新用户

2. 用 INSERT 语句来新建普通用户

其语句格式如下:

INSERT INTO mysql.user(Host,user,Password[,ssl_cipher,x509_issuer,x509_subject])
VALUES('Hostname','username',password('password')[,'','','']);

在上面格式中,有关参数说明如下:

(1)mysql.user 是系统库 mysql 中的 user 表;

(2)Host,user,Password,ssl_cipher,x509_issuer,x509_subject 为 USER 表的字段,其中 Host,user, Password 为主机、用户、密码,是需要我们创建的用户相关信息,而 ssl_cipher,x509_issuer,x509_subject 因为不会自动赋默认值,一般来说也应在此插入;

(3)'Hostname','username',password('password')分别为主机、用户、密码字段的值,其后的'','','' 是给 x509_issuer,x509_subject 字段的赋值。

如图 17-2 所示。

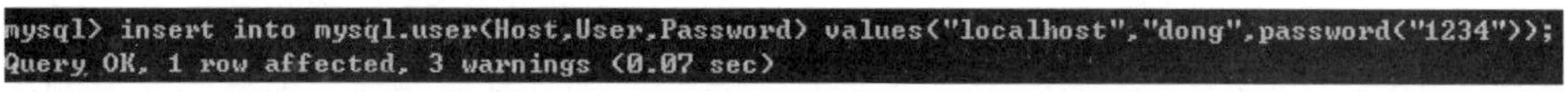

图 17-2 "insert into mysql.user"创建一个新用户

3. 用 GRANT 语句来新建普通用户

其语句格式如下:

GRANT priv_type ON databasename.tablename TOusername [IDENTIFIED BY [PASSWORD]'password"][, username [IDENTIFIED BY [PASSWORD]'password"]]……

在上面格式中,有关参数说明如下:

(1)priv_type 是授权给用户对 ON 后指定的 databasename.tablename 表进行操作的权限,如 select、delete、create 等;

(2)databasename.tablename 是用户对其拥有某种权限(由 priv_type 指定)的表;

(3)username 应由用户名和主机名两部分构成,如'dong'@'localhost';

(4)'password'为用户密码,应在用户名后紧跟着 IDENTIFIED BY 给出;

(5)该语句一次可创建多个用户帐号,在用于创建用户时,需给出每一个用户的密码。

图 17-3 是使用 grant 语句新建一个普通用户的案例：

图 17-3 "grant"命令创建一个新用户

17.4 用户(权限)的刷新

新创建用户后,应刷新系统权限表,其使用的语句是：

```
flush privileges;
```

如对于前面刚创建的一个名为："dong",密码为："123456"的用户可以使用"flush privileges;"来刷新权限表,之后可以在退出 root 用户后再以新创建的用户名登录,并允许以创建它的时候赋予它的对某数据库的某种权限去操作数据库(表)。

下面是退出 root 用户后再以新创建的用户名登录的步骤：

(1)先退出 mysql：在 mysql 命令行上输入"exit;"回车；

mysql>exit；

(2)再以新创建用户登录：在 DOS 命令行输入：mysql - u dong - p

接着按提示输入：1234

即进入 mysql 提示符状态,登录成功：mysql>

下面是在 root 用户环境下创建一普通用户并对系统权限表进行刷新后,退出 root 用户后再以新创建的用户名登录的操作如图 17-4 所示。

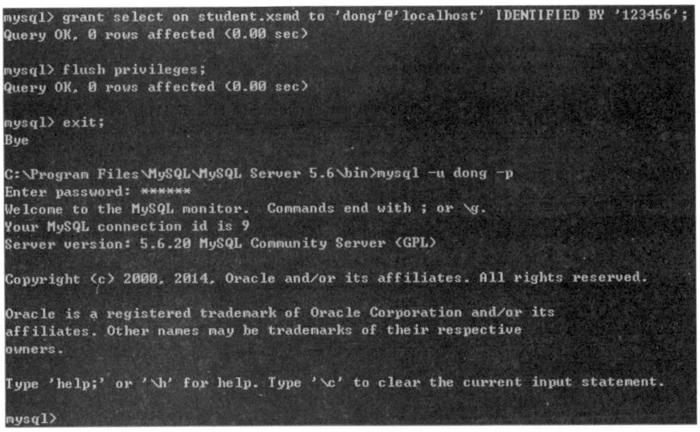

图 17-4 刷新用户权限表"flush privileges"的使用

17.5 用户权限管理

MySQL 数据库中有很多种类的权限,这些权限都存储在 MySQL 数据库下的权限表中,其中,user 表中的权限种类最多。权限管理就是要合理地分配用户对数据库的操作权限,它包括授权、查看权限、收回权限等。

1. 授权

授权就是为某个用户赋予(对指定数据库或表的)某些操作权限。

例如,可以为新建的用户赋予查询所有数据库和表的权限,合理的授权能够保证数据库的安全。不合理的授权会使数据库存在安全隐患。

在 MySQL 中,必须拥有 GRANT 权限的用户才可以执行对用户授权操作(即执行 GRANT 语句)。GRANT 语句的基本语法:

```
GRANT priv_type [(column_list)] ON database. table TO user [ IDENTIFIED BY [PASSWORD] 'password'
] [,user [ IDENTIFIED BY [PASSWORD] 'password'] ]……
    [WITH with_option [with_option]……]
```

在上面格式中,有几个参数是前面的 GRANT 语句格式中没有介绍的:

一是 column_list,跟在 priv_type 参数之后,用以指明权限作用于的字段省略时表示作用于全部字段;

二是 WITH with_option [with_option] 参数,其后的 with_option 可取以下五个中的一个:

① GRANT OPTION,被授权用户可以将权限授予别人;

② MAX_QUERIES_PER_HOUR count,设置每小时可以执行(count)次查询;

③ MAX_UPDATES_PER_HOUR,设置每小时可以执行(count)次更新;

④ MAX_CONNECTIONS_PER_HOUR,设置每小时可以执行(count)次连接;

⑤ MAX_USER_CONNECTIONS,设置单个用户可以同时具有(count)次连接。

如下面的命令在本地主机上创建了一个名为 donggg、密码为 123456 的用户,它对所有库表具有创建、删除、更新、查看等权限并可以创建其他的用户(如图 17 - 5 所示)。

```
mysql> grant create,drop,update,select on *.* to 'donggg'@'localhost' identified by '123456' with grant option;
Query OK, 0 rows affected (0.00 sec)

mysql> flush privileges;
Query OK, 0 rows affected (0.00 sec)
```

图 17 - 5   使用"grant"命令创建用户并为用户授权

2. 用户权限的查看

在 MySQL 中,可以使用 SELECT 语句来查询 user 表中各个用户的权限,也可以直接使用 SHOW GRANTS 语句来查看权限。

(1)SELECT 语句查看语句格式:

```
SELECT * FROM mysql. user [where user = "username"];
```

该命令可查看当前所有用户拥有权限的情况(不带 where 子句时),或指定用户拥有权限的情况(带 where 子句时)。

如我们可以使用 select 命令在 mysql 库的 user 表中去查看用户"donggg"所具有的权限的情况,如图 17 - 6 所示。

(2)GRANTS 语句查看语句格式:

```
SHOW GRANTS FOR user
```

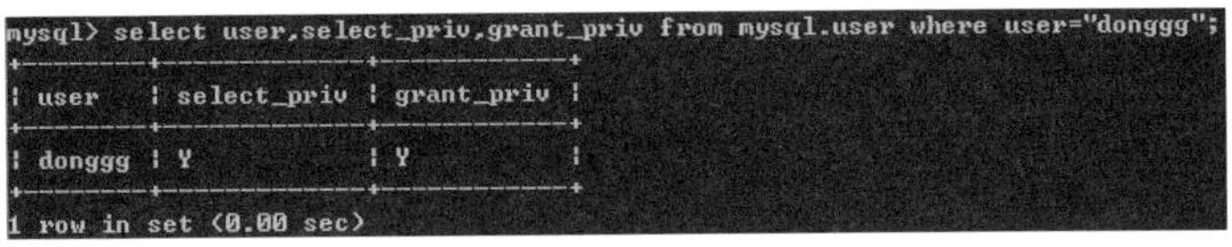

图 17 - 6 使用"select"查看用户权限

应注意,这里 user 应为'username'@'localhost'格式给出。在图 17 - 7 中语句可查看本地主机上 dong 的权限情况。

图 17 - 7 使用"show grants"查看用户权限

3. 用户权限的撤消

用户权限的撤消就是取消某个用户的某些权限。MySQL 中使用 REVOKE 关键字来撤消用户权限。收回指定权限的 REVOKE 语句的基本语法:

```
REVOKE priv_type [(column_list)]……ON database. table FROM user [,user]……
```

该语句可撤消某用户对指定的数据库表的指定的权限。如下面语句撤消用户 dong 对所有库的创建、删除与更新权限(如图 17 - 8 所示)。

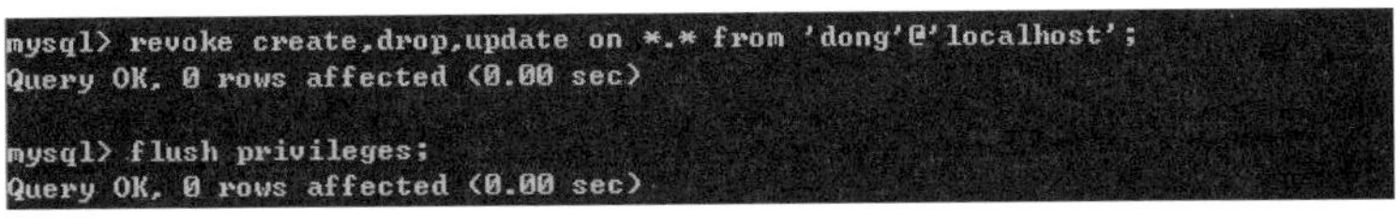

图 17 - 8 使用"revoke"撤消用户权限

注意:对用户权限进行了授权或撤消后,应通过"flush privileges;"刷新后该用户权限才能生效。

17.6 用户的删除

在 MySQL 数据库中,可以使用 DROP USER 语句来删除普通用户,也可以直接在mysql. user 表中删除用户。

1. 用 DROP USER 语句来删除普通用户

语句格式:DROP USER username1[,username2……]

示例:DROP USER'dong'@'localhost'

2. 用 DELETE 语句来删除普通用户

语句格式:DELETE FROM MYSQL. USER WHERE USER = 'username'AND HOST = 'localhost';

示例:DELETE FROM MYSQL. USER WHERE USER = 'dong'AND HOST = 'localhost';

17.7 用户密码的修改

1. Root 用户密码的修改

Root 用户拥有很高的权限,因此必须保证 root 用户的密码的安全。Root 用户可以通过多种方式来修改自己的密码。

(1)使用 mysqladmin 命令来修改 root 用户的密码

格式:mysqladmin - u root - p password"根用户密码字符串"

示例:mysqladmin - u root - p password'123456'

图 17 - 9 是该示例命令运行的截图。

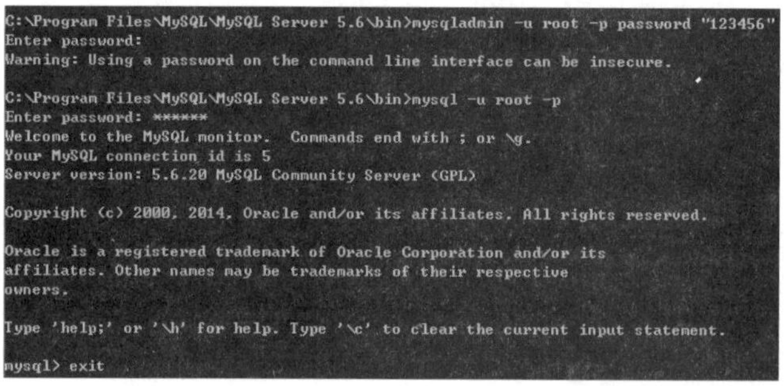

图 17 - 9 使用"mysqladmin"修改根用户密码

(2)修改 mysql 数据库下的 user 表

格式:update mysql. user set password = password("new_password")where user = "root"and host = "localhost";

示例:update mysql. user set password = password("123456789")where user = "root"and host = "localhost";

注意之后要 FLUSH PRIVILEGES 修改才能生效,图 17 - 10 是该示例命令运行的截图:

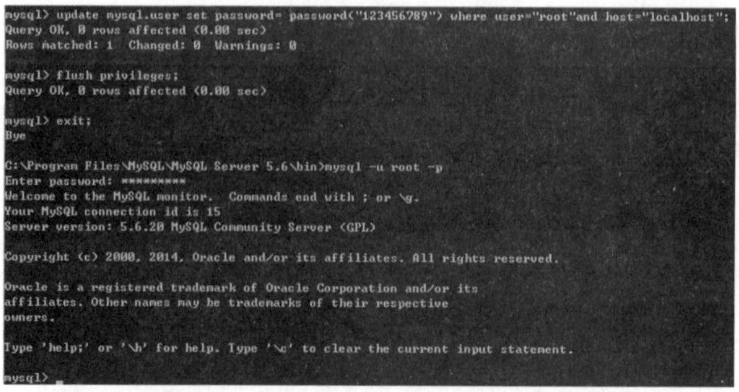

图 17 - 10 使用"update"修改根用户的密码

（3）使用 SET 语句来修改 root 用户的密码

格式：set password = password("new_password")

示例：set password = password("123456")

注意之后也要 FLUSH PRIVILEGES 修改才能生效。图 17－11 是该示例命令运行的截图：

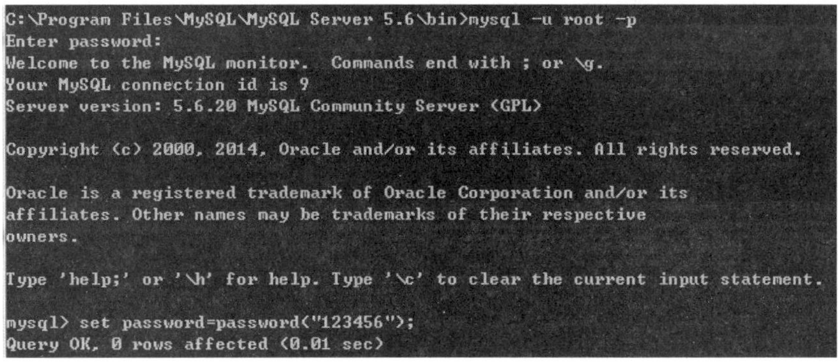

图 17－11　使用"set"修改根用户密码

2. Root 用户修改普通用户密码

也有三种方法：

（1）使用 GRANT 命令

GRANT priv_type ON databasename. tablename TO username IDENTIFIED BY [PASSWORD] 'password'

该命令可对已有的用户更改密码。（如图 17－12 所示）

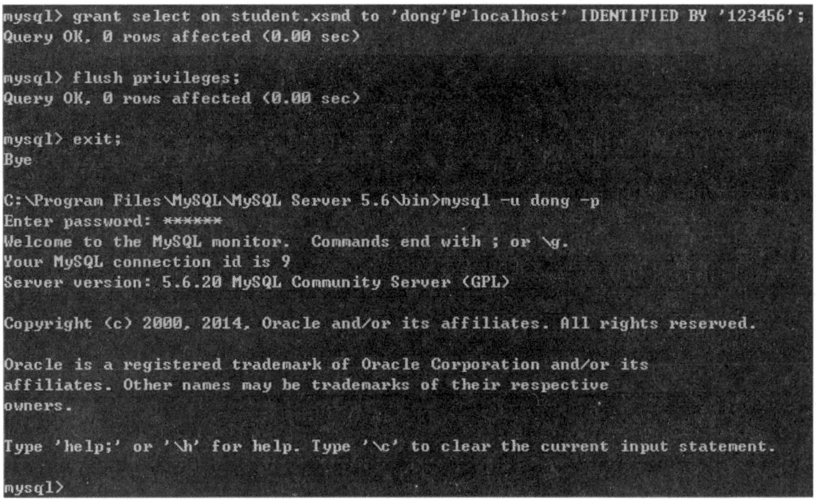

图 17－12　使用"grant"修改普通用户密码

（2）使用 SET 命令

SET PASSWORD FOR'username'@'localhost' = password("new_password")

图 17 - 13 是该命令运行的一个示例截图:

图 17 - 13 使用"set"修改普通用户密码

(3)通过更新 USER 表

update mysql. user set password = password("new_password")where user = "username"and host = "lo-calhost";

图 17 - 14 是该命令运行的一个示例截图:

图 17 - 14 使用"update"修改普通用户密码

3. 普通用户修改密码

普通用户也可以修改自己的密码,这样普通用户就不需要每次需要修改密码时都通知管理员。普通用户登录到 MySQL 服务器后,普通用户是通过 SET 语句来设置自己的密码。SET 语句的基本形式为:

```
SET PASSWORD = PASSWORD('new_password');
```

17.8　root 用户密码丢失的解决办法

步骤如下：

(1)打开一个 CMD 窗口使用 - skip - grant - tables 选项启动 MySQL 服务

mysqld - nt—skip - grant - tables

(2)打开另一个 CMD 窗口以空密码登录 root 用户

mysql - u root - p

(3)设置新的密码

update mysql. user set password = PASSWORD("新密码")where user = 'root';

(4)刷新并加载权限表：flush privileges;

(5)EXIT 退出之后即可以新设置的密码再次登录。

17.9　思考与练习

1.MySQL 通过用户权限表来对用户与权限进行管理的，权限表中最重要的是(　　)(　　)和(　　)。

2.使用 root 用户帐号创建普通用户帐号的方法有哪三种？它们各自语句格式是怎样的？

3.使用"WITH GRANT OPTION"参数的(　　)命令可使被授权用户能够对其他用户授权。

4.判断正误：对用户权限进行了授权或撤消后，应通过"flush privileges;"刷新后该用户权限才能生效。

5.MySQL 中使用(　　)关键字来撤消用户权限。

6.修改 root 用户密码有哪几种方法，它们的语句格式各是怎样的？

7.修改普通用户密码有哪几种方法，它们的语句格式各是怎样的？

8.如何修改当前用户密码？

下 篇

MySQL 实训篇

上机实验一：MySQL 服务器的安装、配置及用户登录

实验名称		MySQL 的安装、配置及用户连接(登入)MySQL 服务器的方法
实验目的		1. 掌握 MySQL 软件的安装、配置方法； 2. 掌握 MySQL 服务的注册(或称加载)、启动及以根用户登入服务器的方法和它们的反向操作
上机要求		1. 提前熟悉本次上机内容,在正式上机课前对完成本次上机各个任务的步骤和命令进行"纸上谈兵、沙盘推演"(尽量先不要去看老师给出的指导文件或视频,确实不能独立完成时再去看)、在本任务书(实验报告)中实验步骤栏"纸上谈兵、沙盘推演"列下写下自己的思考； 2. 在"纸上谈兵、沙盘推演"的基础上,建议先期在自己电脑上试做一遍,尤其是其中标为课前完成的内容； 3. 无论是课前还是上机课上,在做的过程中,务请记录下自己发现的一些问题及采取的解决办法； 4. 上机后请大家完成一份上机实验报告并发给老师 QQ 邮箱或上传至课程学习交流群里,实验报告格式要求按此任务书(实验报告)格式,完成其中的上机步骤操作记录及最后的收获与心得部分
实验设备与软件	设备	PC 电脑或笔记本一台(Windows 7 操作系统或 Windows 10 操作系统)
	软件	MySQL5.6.20、SQLyog—11.2.4

实验内容		1.[课前完成]分别熟悉 MySQL SERVER(含带配置向导和不带配置向导的不同版本)和客户端 GUI 工具(含官方工具和第三方工具 SQLyog、Navicat)的安装。
		2. 掌握连接 MySQL 服务器的三种方法及 MS-DOS 状态下实现 MySQL 服务的加载、启动与根用户登入的有关命令或操作及它们的反向操作。
		   2.1 熟悉机房电脑上 MySQL SERVER 安装的路径及几个重要文件:mysql.exe(实现用户登录的文件)、mysqld.exe(用于加载卸载 MySQL 服务的文件)、my.ini(MySQL 的配置文件)所在位置；
		   2.2 查看机房电脑上 MySQL 服务的加载与启动情况；
		   2.3 熟悉机房电脑上 MySQL SERVER 自带的客户端连接工具、MS-DOS 命令行、SQLyog 软件的位置；
		   2.4 分别用 MySQL SERVER 自带的客户端连接工具、MS-DOS 命令行、SQLyog 软件去连接 MySQL 服务器；
		   2.5 在 MS-DOS 命令行使用合适命令依次完成 MySQL 服务的停止与卸载；
		   2.6 在 MS-DOS 命令行使用合适命令依次完成 MySQL 服务的再次加载与启动

（续表）

实验名称		MySQL 的安装、配置及用户连接（登入）MySQL 服务器的方法	
实验支持与指导	软件文档与素材	下载地址 URL	下载地址二维码
		链接：https://pan.baidu.com/s/1gqof5m8IidHTbACyYcJbNA 密码：xhu0	
	实验指导视频	视频 URL 地址	视频二维码地址
		https://www.bilibili.com/video/BV1Db41127ox/	
	互学分享视频	https://www.bilibili.com/video/BV1Mo4y1o7GN/	
实验步骤		纸上谈兵、沙盘推演（可单独附页）	实操记录（可单独附页）
收获与反思			

上机实验二:MySQL 数据库的创建等操作及存储引擎的设置与查看

实验名称	MySQL 数据库的创建等操作及存储引擎的设置与查看	
实验目的	1. 掌握 MySQL 数据库的创建等操作的命令格式及其具体使用; 2. 掌握 MySQL 中存储引擎的设置与查看方法,搞清楚存储引擎与表的关系	
上机要求	1. 提前熟悉本次上机内容,在正式上机课前对完成本次上机各个任务的步骤和命令进行"纸上谈兵、沙盘推演"(尽量先不要去看老师给出的指导文件或视频,确实不能独立完成时再去看)、在本任务书(实验报告)中实验步骤栏"纸上谈兵、沙盘推演"列下写下自己的思考; 2. 在"纸上谈兵、沙盘推演"的基础上,建议先期在自己电脑上试做一遍,尤其是其中标为课前完成的内容; 3. 无论是课前还是上机课上,在做的过程中,务请记录下自己发现的一些问题及采取的解决办法; 4. 上机后请大家完成一份上机实验报告并发给老师 QQ 邮箱或上传至课程学习交流群里,实验报告格式要求按此任务书(实验报告)格式,完成其中的上机步骤操作记录及最后的收获与心得部分	
实验设备与软件	设备	PC 电脑或笔记本一台(Windows 7 操作系统或 Windows 10 操作系统)
	软件	MySQL5.6.20、SQLyog—11.2.4

实验内容	1. 熟悉 MySQL 数据库的创建等操作:
	  1.1 查看当前有哪些库:
	  1.2 建一个新库:
	  1.3 重新查看当前有哪些库:
	  1.4 查看刚创建的新库的相关信息:
	  1.5 修改刚创建的新库使用的字符集:
	  1.6 打开刚创建的库:
	  1.7 删除刚创建的新库库:
	  1.8 再次查看当前有哪些库:
	2. 分别使用"SHOW ENGINES;"、"SHOW ENGINES\g"、"SHOW ENGINES\G"查看当前 MySQL 中支持的存储引擎,注意比较它们的不同;
	3. 使用"SHOW VARIABLES LIKE 'storage_engine%';"查看当前 MySQL 中默认的存储引擎,并注意对查询结果进行分析(包括无结果输出时的原因分析);
	4. 打开 MySQL 中 My.ini 文件,看看其中关于默认的存储引擎的设置情况,若无相关设置,在其中合适位置增加"default—storage—engine＝InnoDB"行,设置默认的存储引擎为 InnoDB 并保存对 My.ini 文件所做的修改。另请思考,若只是要临时修改存储引擎,应使用什么命令?
	5. 再次使用"SHOW VARIABLES LIKE '％storage_engine％';"查看当前 MySQL 中默认的存储引擎,并注意把此次查询结果同 3 中的结果进行比较,并分析为什么;
	[课外补充练习]6. 熟悉 SQLyog 下关于数据库的一些基本操作,包括:查看当前有哪些库;建一个新库;修改该库的字符集;再次查看当前有哪些库;打开该库;删除库等	

（续表）

实验名称		MySQL 数据库的创建等操作及存储引擎的设置与查看	
实验支持与指导	软件文档与素材	下载地址 URL	下载地址二维码
		链接：https://pan.baidu.com/s/1eu4vdQcBd4cSeuPQRYbb—g 密码：kafd	
	实验指导视频	视频 URL 地址	视频二维码地址
		https://www.bilibili.com/video/BV12t41137zP/	
	互学分享视频	https://www.bilibili.com/video/BV1Wf4y1k7cm/	
实验步骤		纸上谈兵、沙盘推演	实操记录(可单独附页)
收获与反思			

上机实验三：MySQL 数据表的创建与显示

实验名称		MySQL 数据表的创建与显示
实验目的		1. 掌握 MySQL 中表的创建（含约束表与无约束表的创建）； 2. 掌握 MySQL 中表的显示
上机要求		1. 提前熟悉本次上机内容，在正式上机课前对完成本次上机各个任务的步骤和命令进行"纸上谈兵、沙盘推演"（尽量先不要去看老师给出的指导文件或视频，确实不能独立完成时再去看）、在本任务书（实验报告）中实验步骤栏"纸上谈兵、沙盘推演"列下写下自己的思考； 2. 在"纸上谈兵、沙盘推演"的基础上，建议先期在自己电脑上试做一遍，尤其是其中标为课前完成的内容； 3. 无论是课前还是上机课上，在做的过程中，务请记录下自己发现的一些问题及采取的解决办法； 4. 上机后请大家完成一份上机实验报告并发给老师 QQ 邮箱或上传至课程学习交流群里，实验报告格式要求按此任务书（实验报告）格式，完成其中的上机步骤操作记录及最后的收获与心得部分
实验设备与软件	设备	PC 电脑或笔记本一台（Windows 7 操作系统或 Windows 10 操作系统）
	软件	MySQL5.6.20、SQLyog—11.2.4
实验内容		预备：在 MySQL 提示符状态下依次完成显示当前所有数据库、创建数据库 student、再次显示当前所有数据库、打开 student； 1. 在 student 库中创建无约束数据表 student，student 表中的字段为学号、姓名、语文成绩，数学成绩，外语成绩、总分，注意为各字段选择合适的数据类型； 2. 分别显示 student 库下所有表、表的说明； 3. 用两种方法显示已创建的 student 表的字段结构信息； 4. 使用 show create table 命令显示已创建的 student 表的创建信息； 5. 在 student 库中创建数据表 t_stu1 表的操作，t_stu1 表中的字段为学号、姓名、总分（注意为各字段选定合适的数据类型，下同），设置学号为非空约束，之后用两种方法显示该表的结构信息； 6. 在 student 库中创建数据表 t_stu2 表的操作，t_stu1 表中的字段为学号、姓名、总分，设置姓名默认值为"lili"，之后用两种方法显示该表的结构信息； 7. 在 student 库中创建数据表 t_stu3 表的操作，t_stu3 表中的字段为学号、姓名、总分，为学号设置唯一约束，之后用两种方法显示该表的结构信息

(续表)

实验名称		MySQL 数据表的创建与显示	
实验内容		8. 在 student 库中创建数据表 t_stu4 表的操作,t_stu4 表中的字段为学号、姓名、总分,为学号设置主键约束,之后用两种方法显示该表的结构信息; 9. 在 student 库中创建数据表 t_stu5 表的操作,t_stu5 表中的字段为学号、姓名、班级、总分,设置多字段主键为姓名、班级,之后用两种方法显示该表的结构信息; 10. 在 student 库中创建数据表 t_stu6 表的操作,t_stu6 表中的字段为学号、姓名、班级,设置学号字段为主键并且自动增加,之后用两种方法显示该表的结构信息; 11. 在 student 库中创建数据表 t_stu7 表的操作,t_stu7 表中的字段为编号、姓名、得分、学号,设置编号字段为主键、学号字段为外键(相对 t_stu6 表中之学号),之后用两种方法显示该表的结构信息 12. 再次显示 student 库中全部数据表的信息;	
实验支持与指导	软件文档与素材	**下载地址 URL** 链接: https://pan.baidu.com/s/1VUDUKSbM8AY —cMgVcm2tyQ 密码:llwc	**下载地址二维码**
	实验指导视频	**视频 URL 地址** https://www.bilibili.com/video/BV1d4411D7gb/	**视频二维码地址**
	互学分享视频	https://www.bilibili.com/video/BV1Hh411y75S/	
实验步骤		**纸上谈兵、沙盘推演**	**实操记录(可单独附页)**

（续表）

实验名称	MySQL 数据表的创建与显示	
	纸上谈兵、沙盘推演	实操记录（可单独附页）
实验步骤		
收获 与反思		

上机实验四：MySQL 数据表的修改、删除与表中记录的有关操作

实验名称		MySQL 数据表的修改、删除与表中记录的有关操作
实验目的		1. 掌握 MySQL 中表的修改、删除； 2. 掌握 MySQL 表中记录的有关操作(含插入、修改与删除)
上机要求		1. 提前熟悉本次上机内容，在正式上机课前对完成本次上机各个任务的步骤和命令进行"纸上谈兵、沙盘推演"(尽量先不要去看老师给出的指导文件或视频，确实不能独立完成时再去看)、在本任务书(实验报告)中实验步骤栏"纸上谈兵、沙盘推演"列下写下自己的思考； 　　2. 在"纸上谈兵、沙盘推演"的基础上，建议先期在自己电脑上试做一遍，尤其是其中标为课前完成的内容； 　　3. 无论是课前还是上机课上，在做的过程中，务请记录下自己发现的一些问题及采取的解决办法； 　　4. 上机后请大家完成一份上机实验报告并发给老师 QQ 邮箱或上传至课程学习交流群里，实验报告格式要求按此任务书(实验报告)格式，完成其中的上机步骤操作记录及最后的收获与心得部分
实验设备与软件	设备	PC 电脑或笔记本一台(Windows 7 操作系统或 Windows 10 操作系统)
	软件	MySQL5.6.20、SQLyog－11.2.4
实验内容		预备：在 MySQL 提示符状态下依次完成显示当前所有数据库、创建数据库 student、再次显示当前所有数据库、打开 student； 　　1. 在 student 库中创建数据表 t_stu 表的操作，t_stu1 表中的字段为学号、姓名、总分(注意为各字段选定合适的数据类型，下同)，设置学号为非空约束，之后用两种方法显示该表的结构信息； 　　2. 将 student 库中 t_stu 表更名为 t_stu1 表，之后用两种方法显示该表的结构信息； 　　3. 在 student 库中 t_stu1 表的最后面增加一个字段爱好，之后用两种方法显示该表的结构信息； 　　4. 在 student 库中 t_stu1 表的姓名字段后增加一个字段年龄，之后用两种方法显示该表的结构信息； 　　5. 将 student 库中 t_stu1 表中学号字段数据类型修改为字符型，之后用两种方法显示该表的结构信息； 　　6. 将 student 库中 t_stu1 表中总分字段修改为成绩字段(注意给出修改后字段的数据类型)，之后用两种方法显示该表的结构信息； 　　7. 将 student 库中 t_stu1 表中爱好字段调整至年龄字段后，之后用两种方法显示该表的结构信息 　　8. 删除 student 库 t_stu1 表中爱好字段，之后用两种方法显示该表的结构信息；

实验名称		MySQL 数据表的修改、删除与表中记录的有关操作
实验内容		9. 删除 student 库中 t_stu1 表并使用合适命令检查确认； 10. 在 student 库中创建数据表 t_stu2 表的操作，t_stu1 表中的字段为学号、姓名、总分，设置姓名默认值为"lili"，之后用两种方法显示该表的结构信息； 11. 在 student 库中创建数据表 t_stu3 表的操作，t_stu3 表中的字段为学号、姓名、总分，为学号设置唯一约束，之后用两种方法显示该表的结构信息； 12. 往 t_stu2 表中插入单条完整记录："1401"、"李青"、"420"，之后使用查询语句查看表中记录情况； 13. 往 t_stu2 表中插入单条不完整记录："1402"、"吴凡"，之后使用查询语句查看表中记录情况； 14. 往 t_stu2 表中插入多条完整记录，之后使用查询语句查看表中记录情况： 15. 往 t_stu3 表中插入多条不完整记录，之后使用查询语句查看表中记录情况： 16. 将 t_stu3 表中数据记录插入到 t_stu2 表中，之后使用查询语句查看 t_stu2 表中记录情况； 17. 更新 t_stu2 表中姓名为"古乐"的记录的总分为 450，之后使用查询语句查看表中记录情况； 18. 更新 t_stu3 表中所有记录的总分为 400，之后使用查询语句查看表中记录情况； 19. 删除 t_stu2 表中姓名为"古乐"的记录，之后使用查询语句查看表中记录情况； 20. 删除 t_stu3 表中所有记录，之后使用查询语句查看表中记录情况

14 表格：

学号	姓名	总分
1403	王平	358
1404	张忆	415

15 表格：

学号	姓名
1405	胡二
1406	古乐

实验支持与指导	软件文档与素材	下载地址 URL	下载地址二维码
		链接:https://pan.baidu.com/s/1fX-cP4aS4tndoSfJNBWeYg 密码:703t	
	实验指导视频	视频 URL 地址	视频二维码地址
		https://www.bilibili.com/video/BV1x4411S7GU/	
	互学分享视频	https://www.bilibili.com/video/BV1Rv411a7CS/	

（续表）

实验名称	MySQL 数据表的修改、删除与表中记录的有关操作	
实验步骤	纸上谈兵、沙盘推演	实操记录（可单独附页）
收获 与反思		

上机实验五:MySQL 的单表查询操作

实验名称		MySQL 的单表查询操作
实验目的		1. 掌握 MySQL 的单表查询操作,其中重点和难点是条件查询、统计查询; 2. 掌握查询语句中别名的使用
上机要求		1. 提前熟悉本次上机内容,在正式上机课前对完成本次上机各个任务的步骤和命令进行"纸上谈兵、沙盘推演"(尽量先不要去看老师给出的指导文件或视频,确实不能独立完成时再去看)、在本任务书(实验报告)中实验步骤栏"纸上谈兵、沙盘推演"列下写下自己的思考; 2. 在"纸上谈兵、沙盘推演"的基础上,建议先期在自己电脑上试做一遍,尤其是其中标为课前完成的内容; 3. 无论是课前还是上机课上,在做的过程中,务请记录下自己发现的一些问题及采取的解决办法; 4. 上机后请大家完成一份上机实验报告并发给老师 QQ 邮箱或上传至课程学习交流群里,实验报告格式要求按此任务书(实验报告)格式,完成其中的上机步骤操作记录及最后的收获与心得部分。
实验 设备 与 软件	设备	PC 电脑或笔记本一台(Windows 7 操作系统或 Windows 10 操作系统)
	软件	MySQL5.6.20、SQLyog—11.2.4
实验内容		预备:先启动 SQLyog 连入 MySQL,创建数据库 student 并往 student 库中导入 xszl. xls 中的 xszl 表,然后通过 DOS 命令进入 MySQL,在 MySQL 提示符状态下打开 student 库并依次完成以下操作: 1. 查询 xszl 表中全部记录(显示全部字段数据); 2. 查询 xszl 表中全部记录(显示考生号、姓名、录取专业字段数据); 3. 查询 xszl 表中民族不是汉族、性别为女生的数据记录(显示考生号、姓名、性别、民族、录取专业字段数据); 4. 查询 xszl 表中投档成绩大于 500 的数据记录(显示考生号、姓名、投档成绩字段数据); 5. 查询 xszl 表中投档成绩在 300 至 500 之间的数据记录(显示考生号、姓名、投档成绩字段数据);

（续表）

实验名称	MySQL 的单表查询操作	
实验内容	6. 查询 xszl 表，显示出前 10 条记录的考生号、姓名及两倍的投档成绩（别名为：doublescore）； 7. 查询 xszl 表，显示表中第 10 条记录开始的 20 条记录； 8. 查询 xszl 表并将全部记录按投档成绩降序排序（显示考生号、姓名、投档成绩字段数据）； 9. 统计查询 xszl 表中录取专业为"计算机科学与技术"的人数（显示录取专业（字段）、人数（别名）数据）； 10. 分组统计查询 xszl 表中录取专业为"计算机科学与技术"的男女生人数（显示录取专业（字段）、性别（字段）、人数（别名）数据）； 11. 分组统计查询 xszl 表中各个不同录取专业的男女生人数各是多少（显示录取专业（字段）、性别（字段）、人数（别名）数据）； 12. 分组统计查询 xszl 表中各个不同录取专业的投档成绩平均分、最高分、最低分各是多少（显示录取专业（字段）、投档成绩平均分（别名）、投档成绩最高分（别名）、投档成绩最低分（别名）数据）； 13.【课外大作业，可选】结合动态网页设计课程设计一个基于 ASP 的统计查询页面，要求能分组统计查询 xszl 表中各个不同录取专业的男女生人数各是多少（显示录取专业（字段）、性别（字段）、人数（别名）数据），其中的数据表 xszl，可使用我们常用的 ACCESS 库中的表	
实验支持与指导	**软件文档与素材**	
	下载地址 URL	下载地址二维码
	链接：https://pan.baidu.com/s/1y9v6YSEkXgdpOQHztukyww 密码：tzw5	
	实验指导视频	
	视频 URL 地址	视频二维码地址
	https://www.bilibili.com/video/BV1s4411S7v1/	
	互学分享视频	
	https://www.bilibili.com/video/BV1tK4y1H7To/	

（续表）

实验名称	MySQL 的单表查询操作	
	纸上谈兵、沙盘推演	实操记录（可单独附页）
实验步骤		
收获 与反思		

上机实验六：MySQL 中的多表连接查询

实验名称		MySQL 中的多表连接查询
实验目的		1. 掌握 MySQL 中的多表连接查询有关操作；
上机要求		1. 提前熟悉本次上机内容，在正式上机课前对完成本次上机各个任务的步骤和命令进行"纸上谈兵、沙盘推演"（尽量先不要去看老师给出的指导文件或视频，确实不能独立完成时再去看）、在本任务书（实验报告）中实验步骤栏"纸上谈兵、沙盘推演"列下写下自己的思考； 2. 在"纸上谈兵、沙盘推演"的基础上，建议先期在自己电脑上试做一遍，尤其是其中标为课前完成的内容； 3. 无论是课前还是上机课上，在做的过程中，务请记录下自己发现的一些问题及采取的解决办法； 4. 上机后请大家完成一份上机实验报告并发给老师 QQ 邮箱或上传至课程学习交流群里，实验报告格式要求按此任务书（实验报告）格式，完成其中的上机步骤操作记录及最后的收获与心得部分
实验设备与软件	设备	PC 电脑或笔记本一台（Windows 7 操作系统或 Windows 10 操作系统）
	软件	MySQL5.6.20、SQLyog—11.2.4
实验内容		预备：先启动 SQLyog 连入 MySQL，创建数据库 student 并往 student 库中导入 xszl.xls 中的 xsb 表、及 bjb 表，创建数据库 company 并通过导入 SQL 脚本往 company 库中导入 t_employee 表，然后通过 DOS 命令进入 MySQL，在 MySQL 提示符状态下打开 student 库并依次完成以下操作： 1. 分别用传统方法和 ANSI 语法格式查询 xsb 表和 bjb 表构成的迪卡儿积（显示全部字段数据）； 2. 查询显示 xsb 表和 bjb 表自然连接后的结果（显示全部字段数据）； 3. 查询显示 xsb 表和 bjb 表按班级代号进行等值连接的结果（显示全部字段数据并与第 2 题进行比较）； 4. 查询显示 xsb 表和 bjb 表按班级代号进行不等连接的结果（显示全部字段数据并与第 2、3 题进行比较）； 5. 查询显示 xsb 表和 bjb 表按班级代号进行左外连接的结果（显示全部字段数据并与第 2、3、4 题进行比较，注意它们各自显示的记录条数）； 6. 查询显示 xsb 表和 bjb 表按班级代号进行右外连接的结果（显示全部字段数据并与第 2、3、4、5 题进行比较，注意它们各自显示的记录条数）； 7. 在 company 库的 t_employee 表中，使用自连接查询每个雇员的姓名、职位、领导姓名（注意该查询方式的不足之处）。 8. 在 company 库的 t_employee 表中，查询每个雇员的姓名、职位、领导姓名（要求无领导的雇员信息也要显示出来）

（续表）

实验名称		MySQL 中的多表连接查询	
实验支持与指导	软件文档与素材	下载地址 URL 链接:https://pan. baidu. com/s/1me0excInBrTQMKEuXQrtXA 密码:tkg7	下载地址二维码
	实验指导视频	视频 URL 地址 https://www. bilibili. com/video/BV1s4411S7EF/	视频二维码地址
	互学分享视频	https://www. bilibili. com/video/BV1554y1G7d5/	
实验步骤		纸上谈兵、沙盘推演	实操记录(可单独附页)
收获 与反思			

上机实验七:MySQL 中的合并查询与嵌套查询

实验名称		MySQL 中的合并查询与嵌套查询
		1. 掌握 MySQL 中的合并查询与嵌套查询有关的一些操作;
上机要求		1. 提前熟悉本次上机内容,在正式上机课前对完成本次上机各个任务的步骤和命令进行"纸上谈兵、沙盘推演"(尽量先不要去看老师给出的指导文件或视频,确实不能独立完成时再去看)、在本任务书(实验报告)中实验步骤栏"纸上谈兵、沙盘推演"列下写下自己的思考; 　　2. 在"纸上谈兵、沙盘推演"的基础上,建议先期在自己电脑上试做一遍,尤其是其中标为课前完成的内容; 　　3. 无论是课前还是上机课上,在做的过程中,务请记录下自己发现的一些问题及采取的解决办法; 　　4. 上机后请大家完成一份上机实验报告并发给老师 QQ 邮箱或上传至课程学习交流群里,实验报告格式要求按此任务书(实验报告)格式,完成其中的上机步骤操作记录及最后的收获与心得部分
实验设备与软件	设备	PC 电脑或笔记本一台(Windows7 操作系统)
	软件	MySQL5.6.20、SQLyog－11.2.4
实验内容		预备:先启动 SQLyog 连入 MySQL,创建数据库 student 并往 student 库中导入 xszl.xls 中的 xsb 表、xsb1 表、xsb2 表及 bjb 表,然后通过 DOS 命令或 MySQL 命令行客户端进入 MySQL,在 MySQL 提示符状态下打开 student 库并依次完成以下操作: 　　1. 对 xsb1 表和 xsb2 表进行合并查询(显示考生号、姓名、录取专业字段数据,要求去掉重复数据); 　　2. 对 xsb1 表和 xsb2 表进行合并查询(显示考生号、姓名、录取专业字段数据,要求保留重复数据); 　　3. 采用子查询在 xsb 表中查询投档成绩大于考生号为"13420281850175"的考生成绩的所有考生信息(仅显示考生号、姓名、总成绩等字段); 　　4. 采用子查询在 xsb 表中查询班级代号和专业都和考生"郑方"一样的所有考生信息(仅显示考生号、姓名、班级代号、专业等字段); 　　5. 采用带 IN 的子查询在 xsb 表中查询班级代号在 bjb 表可以查到的考生信息(仅显示考生号、姓名、班级代号等字段); 　　6. 采用子查询在 xsb 表中查询总成绩高于动画专业学生最低分的考生信息(仅显示考生号、姓名、总成绩等字段); 　　7. 采用子查询在 xsb 表中查询投档成绩高于动画专业学生最高分的考生信息(仅显示考生号、姓名、总成绩等字段)。 　　8. 采用带 EXISTS 的子查询在 xsb 表中查询班级代号在 bjb 表可以查到的考生信息(仅显示考生号、姓名、班级代号等字段); 　　9. 采用子查询在 xsb 表中查询各班班级代号、班级名称、班主任、学生人数、学生成绩平均分

（续表）

实验名称		MySQL 中的合并查询与嵌套查询	
实验支持与指导	软件文档与素材	下载地址 URL	下载地址二维码
		链接：https://pan. baidu. com/s/1cj9m164J4vBc3zjBKw8T8A 密码：ba4y	
	实验指导视频	视频 URL 地址	视频二维码地址
		https://www. bilibili. com/video/BV124411S7Q3/ https://www. bilibili. com/video/BV1oZ4y147np/	
	互学分享视频	https://www. bilibili. com/video/BV1xb4y1d7Zf/	
实验步骤		纸上谈兵、沙盘推演	实操记录（可单独附页）
收获与反思			

上机实验八：MySQL 中的视图操作

实验名称		MySQL 中的视图操作
实验目的		1. 掌握 MySQL 中的视图创建、使用、修改、删除等操作；
上机要求		1. 提前熟悉本次上机内容，在正式上机课前对完成本次上机各个任务的步骤和命令进行"纸上谈兵、沙盘推演"（尽量先不要去看老师给出的指导文件或视频，确实不能独立完成时再去看），在本任务书（实验报告）中实验步骤栏"纸上谈兵、沙盘推演"列下写下自己的思考； 2. 在"纸上谈兵、沙盘推演"的基础上，建议先期在自己电脑上试做一遍，尤其是其中标为课前完成的内容； 3. 无论是课前还是上机课上，在做的过程中，务请记录下自己发现的一些问题及采取的解决办法。 4. 上机后请大家完成一份上机实验报告并发给老师 QQ 邮箱或上传至课程学习交流群里，实验报告格式要求按此任务书（实验报告）格式，完成其中的上机步骤操作记录及最后的收获与心得部分
实验设备与软件	设备	PC 电脑或笔记本一台（Windows 7 操作系统或 Windows 10 操作系统）
	软件	MySQL5.6.20、SQLyog—11.2.4
实验内容		预备：先启动 SQLyog 连入 MySQL，创建数据库 student 并往 student 库中导入 xszl.xls 中的 xsb 表及 bjb 表，然后进入 MySQL，在 MySQL 提示符状态下打开 student 库并依次完成以下操作： 1. 查询 xsb 表中总成绩大于 400 的数据记录（显示考生号、姓名、总成绩字段数据）并把查询结果创建为视图 V1（ALGORITHHM 参数采用默认的 Merge）； 2. 查询显示 xsb 表和 bjb 表按班级代号进行自然连接的结果并把查询结果创建为视图 V2； 3. 查询显示 xsb 表及 bjb 表按班级代号进行等值连接的结果并把查询结果创建为视图 V3（显示考生号、姓名、专业、班级代号、班级名称）； 4. 查询显示 xsb 表及 bjb 表按班级代号进行左外连接的结果并把查询结果创建为视图 V4（显示考生号、姓名、专业、班级代号、班级名称）； 5. 在 xsb 表中查询总成绩高于动画专业学生最低分的考生信息（仅显示考生号、姓名、总成绩等字段）并把查询结果创建为视图 V5； 6. 使用 SHOW TABLES 查询当前库中已有的表与视图； 7. 使用 DESC 查询显示 V2 视图的结构信息； 8. 使用 SHOWCREATE VIEW 显示 V3 视图的创建信息； 9. 在 V1 视图中查询总成绩小于 450 的数据记录（注意最终显示的数据记录符合的条件是?）； 10. 将视图 V3 修改为显示 xsb 表及 bjb 表按班级代号进行不等连接的结果； 11. 删除 V4 视图； 12. 重新使用 SHOW TABLES 查询当前库中已有的表与视图

（续表）

实验名称		MySQL 中的视图操作	
实验支持与指导	软件文档与素材	下载地址 URL	下载地址二维码
		链接：https://pan.baidu.com/s/1eL6Sd6px38fdxjYFXoksrA 密码：90eq	
	实验指导视频	视频 URL 地址	视频二维码地址
		https://www.bilibili.com/video/BV1m4411S7Pg/	
	互学分享视频	https://www.bilibili.com/video/BV1zX4y1A7Yt/	
实验步骤		纸上谈兵、沙盘推演	实操记录（可单独附页）
收获与反思			

上机实验九:MySQL 中的索引创建等操作

实验名称		MySQL 中的索引创建等操作
实验目的		1. 掌握 MySQL 中的索引创建、查看、删除等操作
上机要求		1. 提前熟悉本次上机内容,在正式上机课前对完成本次上机各个任务的步骤和命令进行"纸上谈兵、沙盘推演"(尽量先不要去看老师给出的指导文件或视频,确实不能独立完成时再去看)、在本任务书(实验报告)中实验步骤栏"纸上谈兵、沙盘推演"列下写下自己的思考; 2. 在"纸上谈兵、沙盘推演"的基础上,建议先期在自己电脑上试做一遍,尤其是其中标为课前完成的内容; 3. 无论是课前还是上机课上,在做的过程中,务请记录下自己发现的一些问题及采取的解决办法; 4. 上机后请大家完成一份上机实验报告并发给老师 QQ 邮箱或上传至课程学习交流群里,实验报告格式要求按此任务书(实验报告)格式,完成其中的上机步骤操作记录及最后的收获与心得部分
实验设备与软件	设备	PC 电脑或笔记本一台(Windows 7 操作系统或 Windows 10 操作系统)
	软件	MySQL5.6.20、SQLyog—11.2.4
实验内容		预备:先启动 SQLyog 连入 MySQL,创建数据库 student,在 MySQL 提示符状态下打开 student 库并依次完成以下操作: 1. 在 student 库中创建带索引的数据表 t_stu1 表,表中的字段为学号、姓名、总分(注意为各字段选定合适的数据类型,下同),其索引依据及顺序为按学号升序进行唯一索引,之后对该索引的创建情况及引用情况分别进行校验; 2. 在 student 库中创建不带索引的数据表 t_stu2 表,表中的字段为学号、姓名、总分,之后用 CREATE INDEX 方法为该表创建索引(索引依据为总分、降序)、并对创建的索引进行校验(包括创建情况和引用情况的校验); 3. 删除 student 库中表 t_stu2 已存在的索引并进行查看和引用校验; 4. 使用"ALTER TABLE 表名 ADD INDEX"方法为表 t_stu2 重新添加索引并进行查看和引用校验。 5. 在 student 库中创建带索引的数据表 t_stu3 表,表中的字段为学号、姓名、总分,其索引为按姓名进行全文索引,之后对该索引的创建情况及引用情况分别进行校验; 6. 在 student 库中创建带索引的数据表 t_stu4 表,表中的字段为学号、姓名、班级、总分,索引设置为以姓名、总分为关键字的多字段索引,之后对创建的索引进行校验(包括创建情况和引用情况的校验); 7. 在 student 库中创建不带索引的数据表 t_stu5 表,表中的字段为学号、姓名、班级、总分,之后用分别两种方法为该表创建多字段索引(索引字段为姓名、班级)、并对创建的索引进行校验(包括创建情况和引用情况的校验)

（续表）

实验名称		MySQL 中的索引创建等操作	
实验支持与指导	软件文档与素材	下载地址 URL	下载地址二维码
		链接:https://pan. baidu. com/s/1lWFrKY3bGF－OJ5WruUYuTg 密码:hh9q	
	实验指导视频	视频 URL 地址	视频二维码地址
		https://www. bilibili. com/video/BV174411D7c1/	
	互学分享视频	https://www. bilibili. com/video/BV1A64y197RH/	
实验步骤		纸上谈兵、沙盘推演	实操记录(可单独附页)
收获与反思			

上机实验十:MySQL 的运算符与正则查询

实验名称	MySQL 的运算符与正则查询
实验目的	1. 掌握 MySQL 中的常用运算符的使用; 2. 掌握 MySQL 中包含正则表达式的查询
上机要求	1. 提前熟悉本次上机内容,在正式上机课前对完成本次上机各个任务的步骤和命令进行"纸上谈兵、沙盘推演"(尽量先不要去看老师给出的指导文件或视频,确实不能独立完成时再去看)、在本任务书(实验报告)中实验步骤栏"纸上谈兵、沙盘推演"列下写下自己的思考; 2. 在"纸上谈兵、沙盘推演"的基础上,建议先期在自己电脑上试做一遍,尤其是其中标为课前完成的内容; 3. 无论是课前还是上机课上,在做的过程中,务请记录下自己发现的一些问题及采取的解决办法; 4. 上机后请大家完成一份上机实验报告并发给老师 QQ 邮箱或上传至课程学习交流群里,实验报告格式要求按此任务书(实验报告)格式,完成其中的上机步骤操作记录及最后的收获与心得部分
实验设备与软件 — 设备	PC 电脑或笔记本一台(Windows 7 操作系统或 Windows 10 操作系统)
实验设备与软件 — 软件	MySQL5. 6. 20、SQLyog—11. 2. 4
实验内容	预备:先启动 SQLyog 连入 MySQL,创建数据库 company 并通过导入 SQL 脚本往 company 库中导入 t_employee 表,然后通过 DOS 命令或 MySQL 命令行客户端工具进入 MySQL,在 MySQL 提示符状态下打开 company 库并依次完成以下操作: 1. 在 MySQL 中使用合适的命令计算并显示出以下算术表达式的值: $(9-7)*4,8+15/3,17DIV2,39\%12$; 2. 在 MySQL 中使用合适的命令计算并显示出以下关系表达式的值: $36>27,15>=8,40<50,15<=15,NULL<>NULL,NULL<>1,5<>5$; 3. 在 MySQL 中使用合适的命令计算并显示出以下逻辑表达式的值: $4\&\&8,-2||NULL,NULL\ XOR\ 0,!\ 2$; 4. 在 MySQL 中使用合适的命令计算并显示出以下位表达式的值: $13\&17,20|8,14\ ^{\wedge}20,\sim16$ 5. 在 company 库的 t_employee 表中,查询 ename 字段值以字母"S"开头的记录; 6. 在 company 库的 t_employee 表中,查询 ename 字段值以字母"d"结尾的记录; 7. 在 company 库的 t_employee 表中,查询 ename 字段值以"S"开头、"d"结尾、中间两位为任意字符的记录;

（续表）

实验名称		MySQL 的运算符与正则查询	
实验内容		8. 在 company 库的 t_employee 表中,查询 ename 字段值中 S 前包含字符 A(不可为 0 个)的记录; 9. 在 company 库的 t_employee 表中,查询 ename 字段值中包含字符 S、H、L 任意一个的记录; 10. 在 company 库的 t_employee 表中,查询 ename 字段值中包含字符串 ES 或 RD 任意一个的记录; 11. 在 company 库的 t_employee 表中,查询 ename 字段值中包含字符串 L 两次的记录	
实验支持与指导	软件文档与素材	**下载地址 URL** 链接:https://pan. baidu. com/s/1YgNBurmTDI8TPLDlT73c—g 密码:h88q	**下载地址二维码**
	实验指导视频	**视频 URL 地址** https://www. bilibili. com/video/BV1K4411S7qC/	**视频二维码地址**
	互学分享视频	https://www. bilibili. com/video/BV1T64y197i5/	
实验步骤		**纸上谈兵、沙盘推演**	**实操记录(可单独附页)**

（续表）

实验名称	MySQL 的运算符与正则查询	
	纸上谈兵、沙盘推演	实操记录(可单独附页)
实验步骤		
收获与反思		

上机实验十一:存储函数与内部函数(上:存储函数)

实验名称	存储函数与内部函数(上:存储函数)	
实验目的	1. 掌握 MySQL 中存储函数的创建、调用、修改与删除。	
上机要求	1. 提前熟悉本次上机内容,在正式上机课前对完成本次上机各个任务的步骤和命令进行"纸上谈兵、沙盘推演"(尽量先不要去看老师给出的指导文件或视频,确实不能独立完成时再去看)、在本任务书(实验报告)中实验步骤栏"纸上谈兵、沙盘推演"列下写下自己的思考; 2. 在"纸上谈兵、沙盘推演"的基础上,建议先期在自己电脑上试做一遍,尤其是其中标为课前完成的内容; 3. 无论是课前还是上机课上,在做的过程中,务请记录下自己发现的一些问题及采取的解决办法; 4. 上机后请大家完成一份上机实验报告并发给老师 QQ 邮箱或上传至课程学习交流群里,实验报告格式要求按此任务书(实验报告)格式,完成其中的上机步骤操作记录及最后的收获与心得部分	
实验设备与软件	设备	PC 电脑或笔记本一台(Windows 7 操作系统或 Windows 10 操作系统)
	软件	MySQL5.6.20、SQLyog—11.2.4
实验内容	预备:先启动 SQLyog 连入 MySQL,创建数据库 student 并往 student 库中导入 xszl.xls 中的 xsb 表及 bjb 表,然后通过 DOS 命令或 MySQL 命令行客户端进入 MySQL,在 MySQL 提示符状态下打开 student 库并依次完成以下操作: 1. 不使用"begin……end"定义(创建)一个存储函数统计 xsb＄表中记录条数(统计结果通过函数值返回)并调用该函数、显示统计结果; 2. 使用"begin……end"定义(创建)一个存储函数统计 xsb＄表中记录条数(统计结果通过函数值返回)并调用该函数、显示统计结果; 3. 定义(创建)一个存储函数,将考生号作为参数,能够在 xsb＄表中查找到该考生的姓名并通过函数返回值在调用该函数时带出并显示出来; 4. 定义(创建)一个存储函数,使它可根据上底、下底和高求出梯形面积; 5. 使用 show function status 语句查看你所创建的函数; 6. 使用 show create function 语句查看你所创建的某一具体函数的信息; 7. 通过 information_schema.routines 查看你所创建的存储函数; 8. 修改第一题中创建的存储函数的 comment 特性为"统计记录条数"; 9. 删除第二题中创建的存储函数	

（续表）

实验名称		存储函数与内部函数(上:存储函数)	
实验支持与指导	软件文档与素材	下载地址 URL	下载地址二维码
		链接：https://pan.baidu.com/s/1G4gSxGeDWjQXm_1YtqN8EQ 密码:8wq1	
	实验指导视频	视频 URL 地址	视频二维码地址
		https://www.bilibili.com/video/BV1N4411S72Z/	
	互学分享视频	https://www.bilibili.com/video/BV1AV411p7zT/	
实验步骤		纸上谈兵、沙盘推演	实操记录(可单独附页)
收获与反思			

上机实验十二：存储函数与内部函数（下：内部函数）

实验名称		存储函数与内部函数（下：内部函数）
实验目的		1. 掌握 MySQL 中的典型（内部）函数的使用；
上机要求		1. 提前熟悉本次上机内容，在正式上机课前对完成本次上机各个任务的步骤和命令进行"纸上谈兵、沙盘推演"（尽量先不要去看老师给出的指导文件或视频，确实不能独立完成时再去看）、在本任务书（实验报告）中实验步骤栏"纸上谈兵、沙盘推演"列下写下自己的思考； 2. 在"纸上谈兵、沙盘推演"的基础上，建议先期在自己电脑上试做一遍，尤其是其中标为课前完成的内容； 3. 无论是课前还是上机课上，在做的过程中，务请记录下自己发现的一些问题及采取的解决办法； 4. 上机后请大家完成一份上机实验报告并发给老师 QQ 邮箱或上传至课程学习交流群里，实验报告格式要求按此任务书（实验报告）格式，完成其中的上机步骤操作记录及最后的收获与心得部分
实验设备与软件	设备	PC 电脑或笔记本一台（Windows 7 操作系统或 Windows 10 操作系统）
	软件	MySQL5.6.20、SQLyog－11.2.4
实验内容		［首先继续完成实验 11 中未完成的实验内容］ 预备：先启动 SQLyog 连入 MySQL，创建数据库 student 并往 student 库中导入 xszl. xls 中的 xsb 表及 bjb 表，然后通过 DOS 命令或 MySQL 命令行客户端进入 MySQL，在 MySQL 提示符状态下打开 student 库并依次完成以下操作： 1. 不使用"begin……end"定义（创建）一个存储函数统计 xsb＄表中记录条数（统计结果通过函数值返回）并调用该函数、显示统计结果； 2. 使用"begin……end"定义（创建）一个存储函数统计 xsb＄表中记录条数（统计结果通过函数值返回）并调用该函数、显示统计结果； 3. 定义（创建）一个存储函数，将考生号作为参数，能够在 xsb＄表中查找到该考生的姓名并通过函数返回值在调用该函数时带出并显示出来； 4. 定义（创建）一个存储函数，使它可根据上底、下底和高求出梯形面积； 5. 使用 show function status 语句查看你所创建的函数； 6. 使用 show create function 语句查看你所创建的某一具体函数的信息； 7. 通过 information_schema. routines 查看你所创建的存储函数； 8. 修改第一题中创建的存储函数的 comment 特性为"统计记录条数"；

（续表）

实验名称	存储函数与内部函数(下:内部函数)		
实验内容	9. 删除第二题中创建的存储函数； ［之后完成本次实验新的内容:关于内部函数的练习］ 10. 使用合适的内置数学函数计算:18％5,34,将 3.1415926 保留小数点后两位进行四舍五入； 11. 使用合适的内置字符串函数计算:"hello world"的长度； 12. 使用合适的内置字符串函数从"nice to meet you"中取得子串"meet"； 13. 使用合适的内置字符串函数重复 3 次输出"welcome"并将"abcde"按逆序输出； 14. 使用合适的内置字符串函数计算当前日期是一年中第几周并求 1970－1－1 与当前日期相差的天数		
实验支持与指导	软件文档与素材	下载地址 URL	下载地址二维码
		链接:https://pan.baidu.com/s/1kKTF7mgwgTqhCHTOHl6Xkw 密码:7f71	
	实验指导视频	视频 URL 地址	视频二维码地址
		https://www.bilibili.com/video/BV1M4411S7uN/	
	互学分享视频	https://www.bilibili.com/video/BV1PB4y1K7R3/	
实验步骤	纸上谈兵、沙盘推演		实操记录(可单独附页)

（续表）

实验名称	存储函数与内部函数（下：内部函数）	
	纸上谈兵、沙盘推演	实操记录（可单独附页）
实验步骤		
收获 与反思		

上机实验十三:条件判断函数与流程控制语句

实验名称		条件判断函数与流程控制语句
实验目的		1. 掌握 MySQL 中条件判断函数的运算规则及使用; 2. 掌握 MySQL 中分支控制语句在函数中的应用; 3. 掌握 MySQL 中循环控制语句在函数中的应用
上机要求		1. 提前熟悉本次上机内容,在正式上机课前对完成本次上机各个任务的步骤和命令进行"纸上谈兵、沙盘推演"(尽量先不要去看老师给出的指导文件或视频,确实不能独立完成时再去看)、在本任务书(实验报告)中实验步骤栏"纸上谈兵、沙盘推演"列下写下自己的思考; 2. 在"纸上谈兵、沙盘推演"的基础上,建议先期在自己电脑上试做一遍,尤其是其中标为课前完成的内容; 3. 无论是课前还是上机课上,在做的过程中,务请记录下自己发现的一些问题及采取的解决办法; 4. 上机后请大家完成一份上机实验报告并发给老师 QQ 邮箱或上传至课程学习交流群里,实验报告格式要求按此任务书(实验报告)格式,完成其中的上机步骤操作记录及最后的收获与心得部分
实验设备与软件	设备	PC 电脑或笔记本一台(Windows 7 操作系统或 Windows 10 操作系统)
	软件	MySQL5.6.20、SQLyog—11.2.4
实验内容		预备:先启动 SQLyog 连入 MySQL,创建数据库 company 并通过导入 SQL 脚本往 company 库中导入 t_employee 表,然后通过 DOS 命令进入 MySQL,在 MySQL 提示符状态下打开 company 库并依次完成以下操作: 1. 在 t_employee 表中,查询显示员工编号(empno)、姓名(ename)、工资(sal)、是否高于平均工资等信息; 2. 在 t_employee 表中,查询显示员工编号(empno)、姓名(ename)、上司(MGR)信息(上司为空时显示'————'); 3. 在 t_employee 表中,查询显示员工编号(empno)、姓名(ename)、职业(job)信息(salesman 显示'销售员'、manager 显示'经理'、president 显示'总裁'、analyst 显示'分析员'、clerk 显示'文员'); 4. 使用 IF 语句定义(创建)一个存储函数,将学生百分制成绩作为参数,要求根据该成绩是否大于等于60给出合格与否的等级字符制成绩作为函数值返回,之后调用该函数对其功能进行检验;

实验名称		条件判断函数与流程控制语句	
实验内容		5. 使用 CASE 语句定义（创建）一个存储函数，将学生百分制成绩作为输入参数，要求能够根据其所在分数段给出对应的等级字符制成绩（<60 为不及格，60－69 及格，70－89 中等，90－100 为优秀）作为函数值返回，之后调用该函数对其功能进行检验； 　　6. 使用 WHILE 语句定义（创建）一个存储函数，其输入参数为 100 以内整数，要求能够根据输入的任意整数求出其阶乘并通过函数值返回其结果，之后调用该函数对其功能进行检验； 　　7. 使用 REPEAT 语句定义（创建）一个存储函数，其输入参数为 100 以内整数，要求能够根据输入的任意整数求出其阶乘并通过函数值返回其结果，之后调用该函数对其功能进行检验	
实验支持与指导	软件文档与素材	下载地址 URL 链接：https://pan.baidu.com/s/1UaxZjtkCmr3p－OubZ2qQYA 　密码：uu0d	下载地址二维码
	实验指导视频	视频 URL 地址 https://www.bilibili.com/video/BV1J4411Z7UP/	视频二维码地址
	互学分享视频	https://www.bilibili.com/video/BV1og411j798/	
实验步骤		纸上谈兵、沙盘推演	实操记录（可单独附页）

（续表）

实验名称	条件判断函数与流程控制语句	
	纸上谈兵、沙盘推演	实操记录（可单独附页）
实验步骤		
收获与反思		

上机实验十四：存储过程

实验名称		存储过程
实验目的		1. 掌握 MySQL 中存储过程的创建、调用、修改与删除
上机要求		1. 提前熟悉本次上机内容，在正式上机课前对完成本次上机各个任务的步骤和命令进行"纸上谈兵、沙盘推演"（尽量先不要去看老师给出的指导文件或视频，确实不能独立完成时再去看），在本任务书（实验报告）中实验步骤栏"纸上谈兵、沙盘推演"列下写下自己的思考； 2. 在"纸上谈兵、沙盘推演"的基础上，建议先期在自己电脑上试做一遍，尤其是其中标为课前完成的内容； 3. 无论是课前还是上机课上，在做的过程中，务请记录下自己发现的一些问题及采取的解决办法； 4. 上机后请大家完成一份上机实验报告并发给老师 QQ 邮箱或上传至课程学习交流群里，实验报告格式要求按此任务书（实验报告）格式，完成其中的上机步骤操作记录及最后的收获与心得部分
实验设备与软件	设备	PC 电脑或笔记本一台（Windows 7 操作系统或 Windows 10 操作系统）
	软件	MySQL5.6.20、SQLyog－11.2.4
实验内容		预备：先启动 SQLyog 连入 MySQL，创建数据库 student 并往 student 库中导入 xszl.xls 中的 xsb 表，然后通过 DOS 命令或 MySQL 命令行客户端进入 MySQL，在 MySQL 提示符状态下打开 student 库并依次完成以下操作： 1. 定义（创建）一个存储过程统计 xsb 表中记录条数（统计结果在过程中直接输出）并调用该过程、显示统计结果； 2. 定义（创建）一个存储过程统计 xsb 表中记录条数（统计结果通过输出参数带出）并调用该过程、显示统计结果； 3. 定义（创建）一个存储过程，将考生号作为输入参数，在 xsb 表中查找到该考生的姓名并通过输出参数将查找到的姓名带出过程，之后调用该过程并显示出来到的姓名； 4. 使用 IF 语句定义（创建）一个存储过程，将学生百分制成绩作为输入参数，要求根据该成绩是否大于等于 60 给出合格与否的等级字符制成绩作为过程的输出参数，之后调用该过程对其功能进行检验； 5. 使用 WHILE 语句定义（创建）一个存储过程，其输入参数为 100 以内整数，要求能够根据输入的任意整数求出其阶乘并通过输出参数值带出其结果，之后调用该过程对其功能进行检验； 6. 使用 show procedure status 语句查看你所创建的过程； 7. 使用 show create procedure 语句查看你所创建的某一具体过程的信息； 8. 通过 information_schema.routines 查看你所创建的存储过程； 9. 修改第一题中创建的存储过程的 comment 特性为"统计记录条数"

（续表）

实验名称		存储过程	
实验支持与指导	软件文档与素材	下载地址 URL	下载地址二维码
		链接：https://pan. baidu. com/s/1eQ1IFPKbgXbXlB－a0nAvfg 密码：ngms	
	实验指导视频	视频 URL 地址	视频二维码地址
		https://www. bilibili. com/video/BV1j4411Z7Nt/	
	互学分享视频	https://www. bilibili. com/video/BV1PM4y1T7ri/	
实验步骤		纸上谈兵、沙盘推演	实操记录（可单独附页）
收获与反思			

上机实验十五:触发器、事务的创建与使用

实验名称	触发器、事务的创建与使用	
实验目的	1. 掌握 MySQL 中触发器的创建与使用; 2. 掌握 MySQL 中事务的创建与使用	
上机要求	1. 提前熟悉本次上机内容,在正式上机课前对完成本次上机各个任务的步骤和命令进行"纸上谈兵、沙盘推演"(尽量先不要去看老师给出的指导文件或视频,确实不能独立完成时再看)、在本任务书(实验报告)中实验步骤栏"纸上谈兵、沙盘推演"列下写下自己的思考; 2. 在"纸上谈兵、沙盘推演"的基础上,建议先期在自己电脑上试做一遍,尤其是其中标为课前完成的内容; 3. 无论是课前还是上机课上,在做的过程中,务请记录下自己发现的一些问题及采取的解决办法; 4. 上机后请大家完成一份上机实验报告并发给老师 QQ 邮箱或上传至课程学习交流群里,实验报告格式要求按此任务书(实验报告)格式,完成其中的上机步骤操作记录及最后的收获与心得部分	
实验设备与软件	设备	PC 电脑或笔记本一台(Windows 7 操作系统或 Windows 10 操作系统)
	软件	MySQL5.6.20、SQLyog—11.2.4
实验内容	预备:先启动 SQLyog 连入 MySQL,创建数据库 student 并往 student 库中导入 xszl. xls 中的 xszl 表,然后通过 DOS 命令进入 MySQL,在 MySQL 提示符状态下打开 student 库并依次完成以下操作: 1. 创建一个触发器,在对 xszl 表执行插入操作后启动事件:往表 oprecord 中插入一条记录(oprdno 为自动增加的序号,tablename 字段为 xszl,opname 字段为 insert,optime 字段为当前时间)并进行查看和验证。 1.1　先须创建一个 oprecord 表: create table oprecord(oprdno int primary key auto_increment,tablename varchar(15),opname varchar(12),optime datetime); Select ＊ from oprecord; 1.2　创建一个触发器 tri_insert CREATE　TRIGGER　tri_insert　AFTER　insert　ON　xszl　FOR　EACH ROW　insert into oprecord(tablename,opname,optime) value('xszl','insert',now()); 1.3　查看所创建的触发器 tri_insert	

（续表）

实验名称	触发器、事务的创建与使用
实验内容	SHOW TRIGGERS； 1.4　验证触发器 Insert into xszl(考生号,姓名)value('13420000000001','无名'); Select 考生号,姓名 from xszl where 姓名='无名'; Select ＊ from oprecord； 2. 针对 testdb 库中 testtable 表进行多条插入语句以事务方式提交、或回滚的练习。 2.1　该题预备工作:需进行 testdb 库及其中 testtable 表的创建 mysql＞create database testdb； Query OK,1 rows affected mysql＞use testdb； 　Database changed mysql＞CREATE TABLE `testtable`(id int(4),name varchar(8))； Query OK,0 rows affected(0.05 sec) mysql＞select ＊ from testtable； Empty set(0.01 sec) 2.2　以事务方式插入两条记录并完成其提交。 mysql＞START TRANSACTION； Query OK,0 rows affected(0.00 sec) mysql＞insert intotesttable values(1,'一一')； Query OK,1 row affected(0.00 sec) mysql＞insert intotesttable value(2,'二二')； Query OK,1 row affected(0.00 sec) mysql＞commit； Query OK,0 rows affected(0.00 sec) mysql＞select ＊ fromtesttable； ＋－－－－－－＋＋－－－－－－＋ |id　|| name| ＋－－－－－－＋＋－－－－－－＋ |1||一一| |2||二二| ＋－－－－－－＋＋－－－－－－＋ 2 rows in set(0.00 sec)

（续表）

实验名称	触发器、事务的创建与使用
实验内容	2.3　开启事务后插入一条记录并进行回滚操作。 mysql>START TRANSACTION; Query OK,0 rows affected(0.00 sec) mysql>insert into testtable values(3,'三三'); Query OK,1 row affected(0.00 sec) mysql>rollback; Query OK,0 rows affected(0.00 sec) mysql>select * fromtesttable; +−−−−−−++−−−−−−+ |id　||name| +−−−−−−++−−−−−−+ |1||一一| |2||二二| +−−−−−−++−−−−−−+ 2 rows in set(0.00 sec) 2.4　开启事务后插入一条记录并设置回滚点后、再插入一条记录进行回滚及提交操作。 mysql>START TRANSACTION; Query OK,0 rows affected(0.00 sec) mysql>insert into testtable values(3,'三三'); Query OK,1 row affected(0.00 sec) mysql>SAVEPOINTsp_01; mysql>insert into testtable values(4,'四四'); Query OK,1 row affected(0.00 sec) mysql>ROLLBACK TO SAVEPOINTsp_01; mysql>commit; Query OK,0 rows affected(0.00 sec) mysql>select * fromtesttable; +−−−−−−++−−−−−−+ |id　||name| +−−−−−−++−−−−−−+ |1||一一| |2||二二| |3||三三| +−−−−−−++−−−−−−+ 2 rows in set(0.00 sec)

（续表）

实验名称		触发器、事务的创建与使用	
实验支持与指导	软件文档与素材	下载地址 URL	下载地址二维码
		链接：https://pan. baidu. com/s/19bwJQjiTGz7eX8uya36Mbg 密码：mx2d	
	实验指导视频	视频 URL 地址	视频二维码地址
		https://www. bilibili. com/video/BV1L4411Z7Dx/	
	互学分享视频	https://www. bilibili. com/video/BV12o4y1D7hB/	
实验步骤		纸上谈兵、沙盘推演	实操记录（可单独附页）
收获与反思			

上机实验十六:MySQL 的用户管理与权限管理

实验名称		MySQL 的用户管理与权限管理
实验目的		1. 掌握 MySQL 中的用户管理与权限管理
上机要求		1. 提前熟悉本次上机内容,在正式上机课前对完成本次上机各个任务的步骤和命令进行"纸上谈兵、沙盘推演"(尽量先不要去看老师给出的指导文件或视频,确实不能独立完成时再去看)、在本任务书(实验报告)中实验步骤栏"纸上谈兵、沙盘推演"列下写下自己的思考; 2. 在"纸上谈兵、沙盘推演"的基础上,建议先期在自己电脑上试做一遍,尤其是其中标为课前完成的内容; 3. 无论是课前还是上机课上,在做的过程中,务请记录下自己发现的一些问题及采取的解决办法; 4. 上机后请大家完成一份上机实验报告并发给老师 QQ 邮箱或上传至课程学习交流群里,实验报告格式要求按此任务书(实验报告)格式,完成其中的上机步骤操作记录及最后的收获与心得部分
实验设备与软件	设备	PC 电脑或笔记本一台(Windows7 操作系统)
	软件	MySQL5.6.20、SQLyog—11.2.4
实验内容		预备:先启动 SQLyog 连入 MySQL,创建数据库 company 并通过导入 SQL 脚本往 company 库中导入 t_employee 表,然后通过 DOS 命令进入 MySQL,在 MySQL 提示符状态下依次完成以下操作: 1. 使用 grant 命令创建 exam1 用户,初始密码为"123456",让该用户对所有数据库拥有 SELECT、CREATE、DROP 和 GRANT 权限。 2. 使用 create user 创建用户 exam2、exam3,暂不对它们设置密码,也不分配权限。 3. 使用 update 命令将 exam1 密码修改为"abc"。 4. 使用 set 命令将 exam2 密码修改为"abc"。 5. 为 exam1 用户分配对 company 库中 t_employee 表的 select、create、drop 权限。 6. 查看 exam1 用户的权限。 7. 收回 exam1 用户的删除权限。 8. 删除 exam1 用户。 9. 刷新权限表后退出 root 用户,以 exam2 用户登录。 10. exam2 用户修改自己的登录密码为"abcabc"

（续表）

实验名称	MySQL 的用户管理与权限管理	
软件文档与素材	下载地址 URL	下载地址二维码
	链接：https://pan.baidu.com/s/1JlNEwOll466rWFZdlhNUGg 密码：uafc	
实验指导视频	视频 URL 地址	视频二维码地址
互学分享视频		

实验支持与指导

1. 使用 grant 命令创建 exam1 用户，初始密码为"123456"，让该用户对所有数据库拥有 SELECT、CREATE、DROP 和 GRANT 权限。

```
mysql> grant select,create,drop on *.* to 'exam1'@'localhost' identified  by '123456'with
grant option;
Query OK, 0 rows affected (0.02 sec)

mysql>
```

2. 使用 create user 创建用户 exam2、exam3，暂不对它们设置密码，也不分配权限。

```
mysql> Create user 'exam2'@'localhost','exam3'@'localhost';
Query OK, 0 rows affected (0.03 sec)

mysql>
```

3. 使用 update 命令将 exam1 密码修改为"abc"。

```
mysql> use mysql;
Database changed
mysql> Update user set password=password('abc') where user='exam1' and host='localhost';
Query OK, 1 row affected (0.08 sec)
Rows matched: 1  Changed: 1  Warnings: 0

mysql> _
```

4. 使用 set 命令将 exam2 密码修改为"abc"。

```
mysql> set password for 'exam_2'@'localhost'=password('abc');
Query OK, 0 rows affected (0.00 sec)

mysql> flush privileges;
Query OK, 0 rows affected (0.00 sec)
```

（续表）

实验名称		MySQL 的用户管理与权限管理

实验支持与指导	实验指导视频	5. 为 exam1 用户分配对 company 库中 t_employee 表的 select、create、drop 权限。
		
		``
		mysql> grant select,create,drop on company.t_employee to 'exam1'@'localhost';
		Query OK, 0 rows affected (0.00 sec)
		
		mysql> flush privileges;
		Query OK, 0 rows affected (0.00 sec)
		
		mysql>
		``
		
		6. 查看 exam1 用户的权限。
		
		``
		mysql> show grants for 'exam1'@'localhost';
		| Grants for exam1@localhost
		| GRANT SELECT, CREATE, DROP ON *.* TO 'exam1'@'localhost' IDENTIFIED BY PASSWORD '*0D3CED9BEC100777AEC23CCC359'
		| GRANT SELECT, CREATE, DROP ON `company`.`t_employee` TO 'exam1'@'localhost'
		2 rows in set (0.00 sec)
		
		mysql>
		``
		
		7. 收回 exam1 用户的删除权限。
		
		``
		mysql> revoke drop on *.* from 'exam1'@'localhost';
		Query OK, 0 rows affected (0.00 sec)
		
		mysql> flush privileges;
		Query OK, 0 rows affected (0.00 sec)
		``
		
		8. 删除 exam1 用户。
		
		``
		mysql> drop user 'exam1'@'localhost';
		Query OK, 0 rows affected (0.00 sec)
		
		mysql> flush privileges;
		Query OK, 0 rows affected (0.00 sec)
		
		mysql>
		``
		
		9. 刷新权限表后退出 root 用户，以 exam2 用户登录。
		先使用 quit 退出 MySQL 命令行后，之后以 exam2 用户登录的命令是：
		
		``
		C:\Users\Administrator>mysql -uexam_2 -pabc
		Warning: Using a password on the command line interface can be insecure.
		Welcome to the MySQL monitor. Commands end with ; or \g.
		Your MySQL connection id is 18
		Server version: 5.6.20 MySQL Community Server (GPL)
		
		Copyright (c) 2000, 2014, Oracle and/or its affiliates. All rights reserved.
		
		Oracle is a registered trademark of Oracle Corporation and/or its affiliates. Other names may be trademarks of their respective owners.
		
		Type 'help;' or '\h' for help. Type '\c' to clear the current input statement.
		
		mysql>
		``
		
		10. exam2 用户修改自己的登录密码为"abcabc"。
		
		``
		mysql> set password=password('abcabc');
		Query OK, 0 rows affected (0.00 sec)
		
		mysql>
		``

（续表）

实验名称	MySQL 的用户管理与权限管理	
实验步骤	纸上谈兵、沙盘推演	实操记录（可单独附页）
收获 与反思		

主要知识点串讲视频对照表

序号	知识点	串讲地址(二维码)	对应上机实验
1	MYSQL 服务器加载、启动与用户登录	HTTPS://WWW. BILIBILI. COM/ VIDEO/BV1DQ4Y1G7ZM/	实验 1
2	MYSQL 的数据库与存储引擎相关操作	HTTPS://WWW. BILIBILI. COM/ VIDEO/BV183411K79U/	实验 2
3	MYSQL 表的创串讲】	HTTPS://WWW. BILIBILI. COM/ VIDEO/BV18T4Y197T5/	实验 3
4	表的修改删除与表中数据记录的增删改	HTTPS://WWW. BILIBILI. COM/ VIDEO/BV1RH411T7ZA/	实验 4
5	单表查询	HTTPS://WWW. BILIBILI. COM/ VIDEO/BV1CT4Y197FC/	实验五

（续表）

序号	知识点	串讲地址（二维码）	对应上机实验
6	跨表查询	HTTPS：//WWW. BILIBILI. COM/ VIDEO/BV1ML411G7XR/	实验六
7	合并查询	HTTPS：//WWW. BILIBILI. COM/ VIDEO/BV1MG411N7NW/	实验七
8	嵌套查询	https：//www. bilibili. com/video/ BV12S4y197QP/	实验七
9	视图	HTTPS：//WWW. BILIBILI. COM/ VIDEO/BV1GL411M7J3/	实验八
10	索引及其相关操作	HTTPS：//WWW. BILIBILI. COM/ VIDEO/BV1G3411477D/	实验九

（续表）

序号	知识点	串讲地址(二维码)	对应上机实验
11	常量、变量	HTTPS://WWW. BILIBILI. COM/ VIDEO/BV1QI4Y1O7U2/	实验十
12	运算符、表达式	HTTPS://WWW. BILIBILI. COM/ VIDEO/BV1IL4Y1H7WV/	实验十
13	存储函数	HTTPS://WWW. BILIBILI. COM/ VIDEO/BV1FF411Z7Y5/	实验十一
14	条件判断函数	HTTPS://WWW. BILIBILI. COM/ VIDEO/BV1MZ4Y197VM/	实验十三
15	流程控制语句	HTTPS://WWW. BILIBILI. COM/ VIDEO/BV1ER4Y1D7TW/	实验十三

(续表)

序号	知识点	串讲地址(二维码)	对应上机实验
16	存储过程	HTTPS://WWW. BILIBILI. COM/ VIDEO/BV1PI4Y1O7IS/	实验十四
17	定义条件、处理程序等	HTTPS://WWW. BILIBILI. COM/ VIDEO/BV1ZL411J7IN/	实验十四
18	触发器	HTTPS://WWW. BILIBILI. COM/ VIDEO/BV1J34Y1R7V7/	实验十五
19	事务	HTTPS://WWW. BILIBILI. COM/ VIDEO/BV1X3411V7KL/	实验十五
20	用户与权限管理	https://www. bilibili. com/video/ BV1rR4y13772/	实验十六

参考文献

［1］王雨竹,高飞.MySQL 入门经典［M］.北京:机械工业出版社,2013.

［2］王晶晶,徐彩云,周方等.MySQL 数据库基础教程［M］.长春:吉林大学出版社,2015.

［3］卜耀华,石玉芳.MySQL 数据库应用与实践教程［M］.北京:清华大学出版社,2017.

［4］程学先,程传慧.数据库原理与技术(第二版)［M］.北京:中国水利水电出版社,2009.

［5］程甲华.数据库原理与应用［M］.西安:西北大学出版社,2017.

［6］程序小白 222222.https://blog.csdn.net/qq1424035130/article/details/84643188?utm_medium＝distribute.pc_relevant.none－task－blog－2~default~baidujs_title~default－0－84643188－blog－83627002.pc_relevant_antiscanv3&spm＝1001.2101.3001.4242.1&utm_relevant_index＝3［EB/OL］.［2018－11－30］.